教育部产学合作协同育人项目成果
新一代人工智能产业技术创新战略规划教材

Python

程序设计与应用

曹洁 张王卫 张世征 范乃梅 等◉编著

U0258324

人民邮电出版社

北　京

图书在版编目（CIP）数据

Python程序设计与应用 / 曹洁等编著. -- 北京：
人民邮电出版社，2020.9（2021.6重印）
新一代人工智能产业技术创新战略规划教材
ISBN 978-7-115-54187-1

Ⅰ. ①P… Ⅱ. ①曹… Ⅲ. ①软件工具－程序设计－
教材 Ⅳ. ①TP311.561

中国版本图书馆CIP数据核字(2020)第095000号

内 容 提 要

本书结合编者多年的程序设计、系统开发与课程讲授的经验，由浅入深、循序渐进地介绍了
Python 程序设计方法，使读者能够系统、全面地掌握程序设计的理论与应用。全书共 13 章，主要内
容包括：Python 基础知识与软件安装，数值、字符串、列表、元组、字典、集合数据类型，选择结
构与循环结构，函数与 lambda 表达式，正则表达式、re 模块以及 Match 对象的使用方法，文本文件、
Word 文档以及 Excel 文件的读与写，面向对象程序设计的相关知识，模块和包的创建与使用，Tkinter
图形用户界面设计，利用 matplotlib 库实现数据可视化，Python 连接以及使用其操作数据库的方法，
网络编程、网页解析以及网络爬虫等。

本书可作为计算机、人工智能、大数据等相关专业的程序设计课程教材，也可供非理工科专业
的学生学习使用，还可作为 Python 爱好者的自学参考用书。

◆ 编　著　曹　洁　张王卫　张世征　范乃梅　等
　　责任编辑　祝智敏
　　责任印制　王　郁　陈　犇

◆ 人民邮电出版社出版发行　　北京市丰台区成寿寺路 11 号
　　邮编　100164　　电子邮件　315@ptpress.com.cn
　　网址　https://www.ptpress.com.cn
　　三河市祥达印刷包装有限公司印刷

◆ 开本：787×1092　1/16
　　印张：17.75　　　　　　　　　2020 年 9 月第 1 版
　　字数：410 千字　　　　　　　2021 年 6 月河北第 2 次印刷

定价：59.80 元

读者服务热线：(010)81055256　印装质量热线：(010)81055316
反盗版热线：(010)81055315
广告经营许可证：京东市监广登字 20170147 号

新一代人工智能产业技术创新战略规划教材
专家委员会

总 顾 问： 高　文　中国工程院院士

特邀顾问： Victor Zue　美国工程院院士

顾　　问：

张立科　陈　涛　李世鹏　钱　诚　戴文渊　艾　渝

专家委员：（按照姓氏笔画排序）

丁慧洁　丁德成　马　季　马　蕾　王万森　卢汉清

卢湖川　田　奇　吕卫锋　任思远　刘　挺　李　波

杨小康　吴华安　吴　枫　吴　敏　余　滨　汪义旺

宋　晴　张新鹏　陈小贝　陈　良　陈启军　陈恩红

陈景东　岳丽华　周鸣争　庞俊彪　郝兴伟　胡江院

姚　明　桂　诚　徐其志　徐树公　卿来云　黄铁军

曹　洁　崔小蕾　焦李成　雷大正　操晓春

秘 书 长： 祝智敏

副秘书长： 王　宣

用人工智能点亮人间烟火

在序言的开头，我想先给大家讲一个故事，故事的主人公叫石城川，出生在四川农村，11 岁时因患病而听力严重受损。他说："我是一名聋人，双耳听力都是 120 分贝，属于耳聋里最严重的那种，就算戴上助听器也没有效果。"无声的世界里，纸和笔成了石城川和别人交流的工具。

2015 年，他发现科大讯飞有一种语音识别技术。尽管自己听不到自己的发音，但是通过这种人工智能技术可以矫正自己的发音，还可以识别正常人的语音并将其转换成文字，这样就可以实现自己和正常人的交流。虽然失去了听力，但是人工智能技术的出现让他重新拥有了"看见"语言的能力。他下定决心要利用这种技术来帮助更多的听障者进行正常沟通。后来，石城川创办了一家科技型社会企业，通过人工智能技术进行语言康复训练，在听障者和健听者之间建立起了沟通的桥梁，这家企业至今已经服务了约 20 万听障者。

这个令人动容的故事让我们真实地感受到了人工智能的温度和力量。回顾人工智能的历史进程，从 1956 年达特茅斯会议提出人工智能这一概念至今，我们已历经了 3 次人工智能浪潮。我们当下正处于第 3 次浪潮之中，新的人工智能算法的进步、移动互联网发展带来的鲜活大数据以及运算能力的提升，这 3 个要素叠加促进了这一次全新的人工智能浪潮。从早期的计算智能到感知智能，再到现在的认知智能，人工智能已从核心技术算法创新的关键期，到典型行业的试点应用突破期，现在开始进入大规模应用阶段。"解决社会刚需"将会成为人工智能规模化应用的关键驱动力，其带来的深远影响足以改变世界。

但是，人工智能也绝不是可以一蹴而就的，新一代的弄潮儿们，要把握住这一历史性机遇，乘风破浪，砥砺前行。

（1）要坚持源头技术创新。坚持源头技术创新，首先是底层算法的创新，其次是基于算法的一个个关键技术的创新，最后是应用创新。核心技术的发展决定了人工智能的产业进程。另外，国家科技的发展也离不开源头技术创新，我们如果不能保持源头技术创新，不能在技术上掌握主动权和保持先进，那么就如同被别人掐住了咽喉，既难受又危险。只有占据技术高点，才能在产业发展中赢得主动，在国际竞争中拥有话语权。

（2）要勇于开拓无人区。要敢于开风气之先，有一股"于满是荆棘的荒野里踏出一条路"的闯劲儿。无论是现在还是将来，国家都需要技术的拓荒者。尤其是人工智能时代的到来，容不得我们等待和观望，唯有不断进行技术开拓，才能在国际竞争中占有一席之地，在科技浪潮中赢得先机。

（3）要敢于挑战权威。想要在人工智能领域实现自主创新,或者取得重大突破，一定要敢于打破以往的权威认知。著名科学家贝尔纳曾经说过："构成我们学习最大障碍的是已知的东西，而不是未知的东西。"因此，我们要尊重权威并虚心学习，但同时也要有敢于挑战权威的决心和信心，敢于质疑，敢于探究，敢于实践。

Python 程序设计与应用

　　面向未来，我们已经能够清晰预见，人工智能将会像水和电一样，进入千家万户，赋能各行各业。长风破浪会有时，直挂云帆济沧海，中国人工智能产业的长远发展，需要生生不息的学习者和源源不断的从业者为之奋斗。让我们一起携手，用人工智能点亮人间烟火，建设美好世界。

科大讯飞股份有限公司执行总裁　陈涛

2020 年 7 月

PREFACE
前　言

在电气和电子工程师协会（Institute of Electrical and Electronics Engineers，IEEE）发布的 2019 年编程语言排行榜中，Python 夺冠。至此，Python 已经获得三连冠。Python 语法简洁清晰，代码可读性强，编程模式非常符合人类的思维方式，易学易用。对于同样的功能，用 Python 编写的代码更短、更简洁。Python 拥有很多面向不同应用的开源扩展库，用户能想到的功能基本上都已经被开发，用户只须把想要的代码拿来进行组装，即可构建个性化的应用。Python 支持命令式编程、函数式编程和面向对象程序设计。Python 广泛应用于数据分析、Web 开发、科学计算、人工智能、云计算、系统运维、数据可视化、数据爬取等领域。

本书内容组织具体介绍如下。

第 1 章 Python 语言概述：讲解 Python 软件的下载与安装，编写和执行 Python 代码的方式，为 Python 代码添加注释的方式，获取 Python 帮助的方式等。

第 2 章 Python 语言基础：首先，重点讲解数值、字符串、列表、元组、字典、集合等数据类型，针对每种类型详细介绍操作命令，并给出相应的实例；然后，讲解人机交互的输入/输出，以及 Python 的多样化格式输出；最后，讲解 Python 库的导入与 Python 扩展库的安装。

第 3 章 程序流程控制：讲解布尔表达式，选择结构中的单向 if 语句、双向 if-else 语句、嵌套 if-elif-else 语句，条件表达式，while 循环及循环控制策略，for 循环及 for 循环与 range()函数的结合使用方法，利用 break、continue 和 else 等控制循环的方式。

第 4 章 函数：讲解如何定义函数，函数的调用方式，函数参数的类型，lambda 表达式，函数的递归调用，常用内置函数等。

第 5 章 正则表达式：讲解正则表达式的构成，边界匹配，分组、选择和引用匹配，贪婪匹配与懒惰匹配，正则表达式模块 re，正则表达式对象以及 Match 对象。

第 6 章 文件与文件夹操作：讲解文本文件的打开与读写，文件指针的定位，os、os.path、shutil 对文件与文件夹的操作，Word 文档的读与写，Excel 文件的读与写。

第 7 章 面向对象程序设计：讲解类的定义与使用，类的对象属性、类属性、私有属性、公有属性以及@property 装饰器，类的对象方法、类方法以及静态方法，类的单继承与多重继承，类成员的继承与重写，查看继承层次关系的方法等。

第 8 章 模块和包：讲解模块的创建、导入、使用及主要属性，导入模块时搜索目录的顺序，如何使用 sys.path.append()临时增添系统目录，如何使用 pth 文件永久添加系统目录，如何使用 PYTHONPATH 环境变量永久添加系统目录，包的创建、导入与使用等。

第 9 章 图形用户界面设计，讲解如何使用 Tkinter 制作图形用户界面，常用 Tkinter 组件的使用，如何使用画布（Canvas）组件绘图，如何使用 pack、grid 和 place 等布局管理器布局组件等。

第 10 章 利用 matplotlib 库实现数据可视化：讲解如何使用 matplotlib 库绘制线形图、直方图、条形图、饼图以及散点图。

第 11 章 数据库编程：讲解如何使用 Python 中相应的模块操作 SQLite3、Access、MySQL

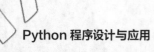

等数据库，以实现对数据库的查询、插入、更新与删除等操作，如何使用 Python 操作 JSON 文件。

第 12 章 网络编程：讲解计算机网络的网络协议、应用层协议、传输层协议、IP 地址、MAC 地址、Socket 编程、TCP 编程、UDP 编程以及 HTTP 编程（包括如何使用 requests 库实现 HTTP 请求并简单获取网页内容等）。

第 13 章 网络爬虫：讲解网络爬虫的基础知识，如何通过 Beautiful Soup 库提取网页信息，如何使用 urllib 库开发简单的网络爬虫，并给出使用 requests 库爬取京东网站上小米手机评论的网络爬虫综合案例。

需要说明的是，为了使书中所附代码与相关的内容高度对应，以避免读者产生误解，书中与代码相关的内容在介绍变量、数组等时仍使它们的字符保持与代码中相同的写法。

本书的特色总结如下：

（1）适合 Python 零基础读者学习使用；

（2）层次脉络清晰、内容简单易懂；

（3）知识讲解与代码实现相结合，且代码配有详细注释；

（4）精选综合案例，提升读者 Python 程序设计与应用实战技能；

（5）提供教学 PPT、源代码等教辅资源，教辅资源可从人邮教育社区 https://www.ryjiaoyu.com 下载。

本书由曹洁、张王卫、张世征、范乃梅、冯柳、王昌海、王玫合力编著，陈宁宁、马登宇等硕士研究生做了大量辅助性工作。本书的编写与出版得到了郑州轻工业大学与人民邮电出版社的大力支持与帮助，此外，本书还参考了大量专业图书和网络资料，在此一并表示衷心的感谢。

由于编者水平有限，书中不妥之处在所难免，热切期望得到专家和读者的批评指正。编者邮箱：42675492@qq.com。

编者

2020 年 6 月于郑州

CONTENTS

目　录

第1章

Python 语言概述......... 1

1.1　Python 语言特点..................2

1.2　Python 应用领域..................3

1.3　下载和安装 Python 软件........3

1.4　编写和执行 Python 代码的
方式......................................6

  1.4.1　用命令行格式的 Python
Shell 编写和执行代码........6

  1.4.2　用带图形界面格式的 Python
Shell 编写和执行交互式
代码......................................7

  1.4.3　用带图形界面格式的 Python
Shell 编写和执行程序代码....8

1.5　Python 注释.......................9

  1.5.1　单行注释..........................9

  1.5.2　多行注释..........................9

1.6　在线帮助...........................9

  1.6.1　Python 交互式帮助系统.....9

  1.6.2　Python 文档...................11

习题 1.....................................12

第2章

Python 语言基础........13

2.1　Python 对象和引用..............14

  2.1.1　对象的身份......................14

  2.1.2　对象的类型......................14

  2.1.3　对象的值.........................14

  2.1.4　对象的引用......................14

2.2　数值数据类型......................15

2.3　字符串数据类型...................17

  2.3.1　字符串创建......................17

  2.3.2　转义字符.........................17

  2.3.3　字符编码.........................18

  2.3.4　字符串运算符...................19

  2.3.5　字符串对象的常用方法......20

  2.3.6　字符串常量.....................25

2.4　列表数据类型......................26

  2.4.1　列表创建.........................26

  2.4.2　列表截取.........................26

  2.4.3　列表修改.........................27

  2.4.4　序列数据类型的常用操作...27

  2.4.5　用于列表的常用函数.........28

2.4.6 列表对象的常用方法.........29

2.4.7 列表生成式......................31

2.5 元组数据类型................. 32

2.5.1 元组创建.......................32

2.5.2 元组访问.......................32

2.5.3 元组修改.......................33

2.5.4 生成器推导式.................33

2.6 字典数据类型................. 34

2.6.1 字典创建.......................34

2.6.2 字典访问.......................35

2.6.3 字典元素的添加、修改与

删除 36

2.6.4 字典对象的常用方法.........36

2.6.5 字典推导式....................38

2.7 集合数据类型.................. 38

2.7.1 集合创建.......................38

2.7.2 集合元素添加.................38

2.7.3 集合元素删除.................39

2.7.4 集合运算.......................39

2.7.5 集合推导式....................40

2.8 Python 数据类型之间的

转换 40

2.9 Python 中的运算符............42

2.9.1 Python 算术运算符.........42

2.9.2 Python 比较（关系）

运算符......................42

2.9.3 Python 赋值运算符.........43

2.9.4 Python 位运算符...........43

2.9.5 Python 逻辑运算符..........44

2.9.6 Python 成员运算符..........44

2.9.7 Python 身份运算符..........44

2.9.8 Python 运算符的优先级...45

2.10 Python 中的数据输入 45

2.11 Python 中的数据输出........46

2.11.1 表达式语句输出.............47

2.11.2 print()函数输出.............47

2.11.3 字符串对象的 format()

方法输出......................49

2.12 Python 库的导入与扩展库的

安装..........................51

2.12.1 库的导入 51

2.12.2 扩展库的安装 52

习题 2 53

第 3 章

程序流程控制............. 55

3.1 布尔表达式........................ 56

3.2 选择结构........................ 56

3.2.1 单向 if 选择语句................56

3.2.2 双向 if-else 选择语句 57

3.2.3 嵌套 if 选择语句和多向

if-elif-else 选择语句.......59

3.3 条件表达式........................ 60

3.4　while 循环结构 61

3.5　while 循环控制策略 63

　3.5.1　交互式循环 64

　3.5.2　哨兵式循环 64

　3.5.3　文件式循环 65

3.6　for 循环结构 66

　3.6.1　for 循环的基本用法 66

　3.6.2　for 循环适用的对象 67

　3.6.3　for 循环与 range()函数的
　　　　结合使用 69

3.7　循环中的 break、continue
　　 和 else 71

　3.7.1　用 break 语句提前
　　　　终止循环 71

　3.7.2　用 continue 语句提前
　　　　结束本次循环 72

　3.7.3　循环语句的 else 子句 73

习题 3 74

第 4 章

函数 75

4.1　函数定义 76

4.2　函数调用 77

　4.2.1　带有返回值的函数调用 77

　4.2.2　不带返回值的函数调用 79

4.3　函数参数的类型 80

　4.3.1　位置参数 80

　4.3.2　关键字参数 80

　4.3.3　默认值参数 81

　4.3.4　可变长度参数 81

　4.3.5　序列解包参数 82

4.4　lambda 表达式 83

　4.4.1　lambda 和 def 的区别 83

　4.4.2　自由变量对 lambda
　　　　表达式的影响 85

4.5　函数的递归调用 86

4.6　常用内置函数 88

　4.6.1　map()函数 88

　4.6.2　reduce()函数 89

　4.6.3　filter()函数 90

习题 4 90

第 5 章

正则表达式 91

5.1　正则表达式的构成 92

5.2　正则表达式的模式匹配 95

　5.2.1　边界匹配 95

　5.2.2　分组、选择、引用、
　　　　匹配 95

　5.2.3　贪婪匹配与懒惰匹配 98

5.3 正则表达式模块 re 99

5.4 正则表达式对象 102

5.5 Match 对象 103

习题 5 104

第 6 章

文件与文件夹操作 105

6.1 文本文件 106

6.1.1 文本文件的字符编码 106

6.1.2 文本文件的打开 107

6.1.3 文本文件的写入 110

6.1.4 文本文件的读取 111

6.1.5 文本文件指针的定位 112

6.2 文件与文件夹操作 113

6.2.1 使用 os 操作文件与
文件夹 114

6.2.2 使用 os.path 操作文件与
文件夹 115

6.2.3 使用 shutil 操作文件与
文件夹 117

6.3 处理 Word 文档 119

6.3.1 创建与保存 Word 文档 119

6.3.2 读取 Word 文档 119

6.3.3 写入 Word 文档 120

6.4 处理 Excel 文件 121

6.4.1 利用 xlrd 模块读 Excel 文
件 122

6.4.2 利用 xlwt 模块写 Excel
文件 124

习题 6 124

第 7 章

面向对象程序设计 125

7.1 定义类 126

7.2 创建类的对象 126

7.3 类中的属性 127

7.3.1 类的对象属性 127

7.3.2 类属性 128

7.3.3 私有属性和公有属性 130

7.3.4 @property 装饰器 132

7.4 类中的方法 134

7.4.1 类的对象方法 134

7.4.2 类方法 136

7.4.3 类的静态方法 137

7.5 类的继承 138

7.5.1 类的单继承 138

7.5.2 类的多重继承 141

7.5.3 类成员的继承和重写 143

7.5.4 查看继承的层次关系 143

习题 7 144

第8章

模块和包 145

8.1 模块 146
8.1.1 模块的创建 146
8.1.2 模块的导入和使用 147
8.1.3 模块的主要属性 147

8.2 系统目录的添加 150
8.2.1 导入模块时搜索目录的
顺序 150
8.2.2 使用 sys.path.append()
临时添加系统目录 151
8.2.3 使用 pth 文件永久添加
系统目录 151
8.2.4 使用 PYTHONPATH 环境
变量永久添加系统目录 151

8.3 包 152
8.3.1 包的创建 152
8.3.2 包的导入与使用 153

习题 8 154

第9章

图形用户界面设计 155

9.1 图形用户界面库 156

9.2 Tkinter 图形用户界面库 156
9.2.1 Tkinter 概述 156
9.2.2 Tkinter 图形用户界面的
构成 157

9.3 常用 Tkinter 组件的使用 158
9.3.1 标签组件 158
9.3.2 按钮组件 160
9.3.3 单选按钮组件 162
9.3.4 多行文本框组件 164
9.3.5 复选框组件 166
9.3.6 列表框组件 169
9.3.7 菜单组件 171
9.3.8 消息组件 174
9.3.9 消息窗口 174
9.3.10 单行文本框组件 175
9.3.11 框架组件 177

9.4 使用 Canvas（画布）组件
绘图 178
9.4.1 Canvas（画布）组件 178
9.4.2 绘制直线 179
9.4.3 绘制矩形 180
9.4.4 绘制多边形 181
9.4.5 绘制椭圆 182
9.4.6 绘制文本 183
9.4.7 绘制图像 184

9.5 Tkinter 的主要几何布局
管理器 184
9.5.1 pack 布局管理器 184

9.5.2　grid 布局管理器 186

9.5.3　place 布局管理器 187

习题 9 188

第 10 章

利用 matplotlib 库实现数据可视化 189

10.1　matplotlib 库概述 190

10.2　绘制线形图 193

10.3　绘制直方图 199

10.4　绘制条形图 200

10.5　绘制饼图 204

10.6　绘制散点图 206

习题 10 207

第 11 章

数据库编程 209

11.1　数据库基础 210

11.1.1　关系型数据库 210

11.1.2　通用数据库访问模块 210

11.2　SQLite3 数据库 211

11.2.1　Connection 对象 212

11.2.2　Cursor 对象 213

11.3　Access 数据库 215

11.3.1　创建 Access 数据库 216

11.3.2　操作 Access 数据库 219

11.4　MySQL 数据库 219

11.4.1　连接 MySQL 数据库 219

11.4.2　创建游标对象 220

11.4.3　执行 SQL 语句 220

11.4.4　创建数据库 221

11.4.5　创建数据表 221

11.4.6　插入数据 222

11.4.7　查询数据 223

11.4.8　更新数据和删除数据 224

11.5　JSON 数据 225

11.5.1　JSON 数据格式 225

11.5.2　Python 解码和编码 JSON 数据 226

11.5.3　Python 操作 JSON 文件 227

习题 11 228

第 12 章

网络编程 229

12.1　计算机网络基础知识 230

12.1.1　网络协议 230

12.1.2　应用层协议 231

12.1.3 传输层协议 231

12.1.4 IP 地址和 MAC 地址 232

12.2 Socket 编程 232

12.2.1 Socket 概念 232

12.2.2 Socket 类型 233

12.2.3 Socket 对象的常用

方法 233

12.3 TCP 编程 236

12.4 UDP 编程 239

12.5 HTTP 编程 241

12.5.1 HTTP 特性 241

12.5.2 HTTP 通信过程............242

12.5.3 HTTP 报文结构............242

12.5.4 使用 requests 库实现

HTTP 请求 248

12.5.5 Cookie 251

12.5.6 使用 requests 库简单获取

网页内容 252

习题 12 252

第 13 章

网络爬虫 253

13.1 网络爬虫概述 254

13.1.1 网页的概念 254

13.1.2 网络爬虫工作流程 254

13.2 通过 Beautiful Soup 库提取

网页信息 254

13.2.1 Beautiful Soup 库的

安装 255

13.2.2 Beautiful Soup 库的

导入 255

13.2.3 BeautifulSoup 类的

基本元素 255

13.2.4 HTML 内容搜索 257

13.3 使用 urllib 库开发简单的

爬虫 259

13.3.1 发送不带参数的 GET

请求 260

13.3.2 模拟浏览器发送带参数的

GET 请求 260

13.3.3 URL 解析 261

13.4 抓取京东网站上小米手机的

评论 262

13.4.1 京东网站页面分析 262

13.4.2 编写京东网站上小米手机

评论爬虫代码 265

习题 13 267

参考文献 268

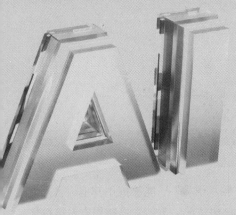

第 1 章
Python 语言概述

      Python 语言是一种解释型、面向对象、动态数据类型的高级程序设计语言，具有丰富和强大的库。本章主要讲述下载和安装 Python 软件的方法，编写和执行 Python 代码的方式，为 Python 代码添加注释的方式，获取 Python 帮助的方式。

1.1 Python 语言特点

Python 语言是从 ABC 语言发展而来的，常被昵称为"胶水语言"，能够把用其他语言（尤其是 C/C++）制作的各种模块很轻松地联结在一起。Python 语法简洁清晰，强制用空白字符作为语句缩进。目前，Python 有两种版本：Python 2 和 Python 3。Python 3 是比较新的版本，但是它不向下兼容 Python 2。

Python 语言的特点介绍如下。

1. 简单

阅读一个良好的 Python 程序，感觉就像是在读英语一样。Python 代码能够使人们专注于解决问题，而不是去搞明白语言本身。

2. 开源

Python 是自由/开源软件（Free/Libre and Open Source Software，FLOSS）之一。它的每一个模块和库都是开源的，它们的代码可以从网上找到。庞大的开发者社区每个月都会为 Python 带来很多改进。

3. 解释性

Python 源代码可以直接被执行。在计算机内部，Python 解释器会把源代码转换为字节码的中间形式，然后再把它翻译成计算机使用的机器语言并执行。

4. 面向对象

Python 既支持面向过程的编程，也支持面向对象的编程，Python 中的数据都是由类所创建的对象。在"面向过程"的语言中，程序是由过程或可复用代码的函数构建起来的。在"面向对象"的语言中，程序是由数据和功能组合而成的对象构建起来的。

5. 可移植性

Python 具有很强的可移植性。用解释器作为接口读取和执行代码的最大优势就是可移植性强。事实上，任何现有系统（如 Linux、Windows 和 Mac 等）安装相应版本的解释器后，Python 代码无须修改就能在其上执行。

6. 可扩展性

部分程序可以使用其他语言编写，如 C/C++，然后在 Python 程序中使用。

7. 可嵌入性

可以把 Python 嵌入 C/C++程序中，从而提供脚本功能。

8. 丰富的库

Python 拥有许多功能丰富的库，可用来处理正则表达式、线程、数据库、网页浏览器、文件传输协议（File Transfer Protocol，FTP）、电子邮件、可扩展标记语言（Extensible Markup Language，XML）、超文本标记语言（HyperText Markup Language，HTML）、WAV 文件、图形用户界面（Graphical User Interface，GUI）和其他与系统有关的操作。

1.2　Python 应用领域

Python 被广泛应用于众多领域，举例介绍如下。

1．Web 开发

Python 拥有很多免费库、免费 Web 网页模板系统以及与 Web 服务器进行交互的库，可以实现 Web 开发与 Web 框架搭建。目前，比较有名的 Python Web 框架为 Django。

2．爬虫开发

在爬虫领域，Python 几乎占据了霸主地位，将网络中的一切数据作为资源，通过自动化程序进行有针对性的数据采集与处理。

3．云计算开发

Python 是从事云计算工作必须要掌握的一门编程语言。云计算框架 OpenStack 就是用 Python 开发的。

4．人工智能

NASA 和 Google 早期大量使用 Python，为 Python 积累了丰富的科学运算库。人工智能（Artificial Intelligence，AI）时代已经来临，目前市面上大部分人工智能代码都是用 Python 编写的，尤其在 PyTorch 出现之后，Python 作为 AI 时代的首选语言这一地位基本确定。

5．自动化运维

Python 是一门综合性语言，能满足绝大部分自动化运维的需求，前端和后端都可以做。

6．数据分析

Python 已成为数据科学事实上的标准语言和标准平台之一，NumPy、Pandas、SciPy 和 matplotlib 库共同构成了 Python 数据分析的基础。

7．科学计算

NumPy、Pandas、SciPy、matplotlib 等众多库的开发，使 Python 越来越适合做科学计算、绘制高质量的 2D 和 3D 图像。

1.3　下载和安装 Python 软件

打开 Python 官网，选中 "Downloads" 下拉菜单中的 "Windows"，如图 1-1 所示，点击 "Windows" 打开 Python 软件下载页面，如图 1-2 所示，根据自己的系统选择 32 位或者 64 位以及相应的版本，下载扩展名为.exe 的可执行文件。

32 位和 64 位的版本安装起来没有区别，这里下载的是 Python 3.6 版本，双击打开后，进入 Python 安装界面，如图 1-3 所示，勾选 "Add Python 3.6 to PATH" 选项，意思是把 Python 的安装路径添加到系统环境变量的 PATH 变量中。安装时不要选择默认，选择 Customize installation（自定义安装）。

图 1-1 Windows 版本的 Python 下载

图 1-2 Python 软件下载页面

图 1-3 Python 安装界面

　　点击"Customize installation"，进入下一个安装界面，勾选该界面中的所有选项，如图 1-4 所示。

　　点击"Next"按钮到下一步，勾选"Install for all users"选项，点击"Browse"并选择安装软件的目录，本书选择的是 D:\Python，如图 1-5 所示。

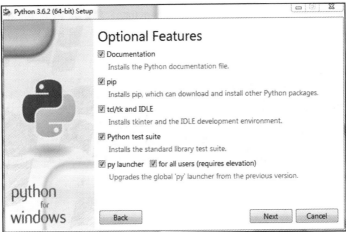

图 1-4　所有选项全选界面

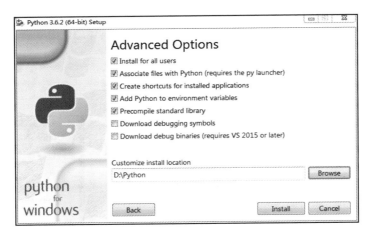

图 1-5　勾选 Install for all users 项的安装界面

点击"Install"开始安装，安装成功的界面如图 1-6 所示。

图 1-6　安装成功的界面

按 "win+R" 组合键，输入 cmd 进入终端，输入 python，然后按回车键，验证一下安装是否成功，主要是看环境变量是否已设置好。如果出现 Python 版本信息，则说明安装成功，如图 1-7 所示。

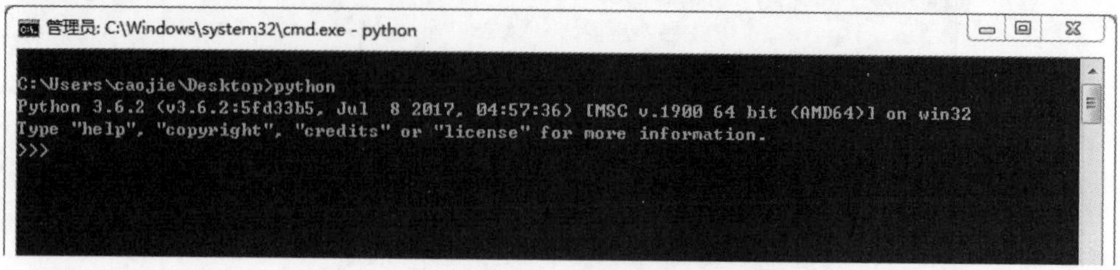

图 1-7　验证 Python 是否安装成功的界面

1.4　编写和执行 Python 代码的方式

Python 语言包容万象，又不失简洁，用起来非常灵活，具体怎么用取决于开发者的喜好、能力和所要完成的任务。

1.4.1　用命令行格式的 Python Shell 编写和执行代码

Python 有个 Shell，其提供了一个 Python 执行环境，方便用户进行交互式开发，即写一行代码就可以立刻执行，并能看到执行结果。

在 Windows 环境下，Python 的 Shell 分为两种：命令行格式的 Python 3.6（64-bit）和带图形界面格式的 IDLE（Python 3.6 64-bit）。

在 Windows 环境下，安装好 Python 后，可以在开始菜单中找到对应的命令行格式的 Python 3.6（64-bit），如图 1-8 所示。

图 1-8　开始菜单中的 Python 3.6（64-bit）

打开后，命令行格式的 Python 3.6（64-bit）如图 1-9 所示。

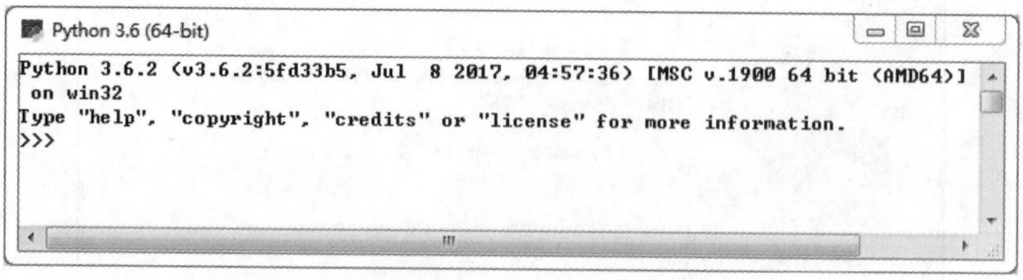

图 1-9　命令行格式的 Python 3.6（64-bit）

其中显示出了 Python 的版本信息和系统信息，接下来就是 3 个大于号>>>，然后就可以像在普通文本中输入 Python 代码一样，在此处一行一行地输入代码，回车执行后就可以显示对应的执行结果，如图 1-10 所示。

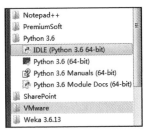

图 1-10 执行命令显示 Python 的版本号

从图 1-10 中可以看到，输入 print(platform.python_version())并回车执行后，会立即显示出命令执行的结果信息，即 Python 的版本号。正由于此处可以直接、动态、交互式地显示出对应的执行结果，它才被叫作 Python 交互式的 Shell，简称 Python Shell。

1.4.2 用带图形界面格式的 Python Shell 编写和执行交互式代码

带图形界面格式的 Python Shell 的打开方式和命令行格式的 Python Shell 的打开方式类似，找到对应的带图形界面格式的 IDLE（Python 3.6 64-bit），如图 1-11 所示。

图 1-11 带图形界面格式的 IDLE（Python 3.6 64-bit）

打开后，IDLE 的执行界面如图 1-12 所示。

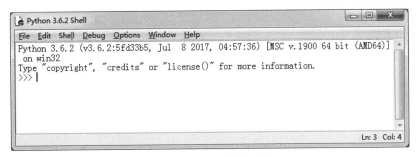

图 1-12 IDLE 执行界面

对应地，一行一行地输入前面输入的代码，执行结果也和前面类似，如图 1-13 所示。

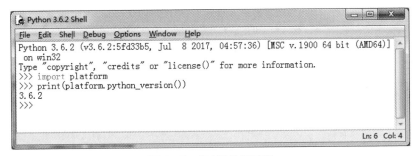

图 1-13 IDLE 执行结果

1.4.3 用带图形界面格式的 Python Shell 编写和执行程序代码

交互式模式一般用来实现一些简单的业务逻辑,编写的通常都是单行 Python 语句,并通过交互式命令行执行它们。这对于学习 Python 命令以及使用内置函数虽然很有用,但当需要编写大量的 Python 代码时,就很烦琐了。因此,需要通过编写程序(也叫脚本)文件来避免烦琐。执行 Python 程序文件时,Python 会依次执行文件中的每条语句。

在 IDLE 中编写和执行程序文件的步骤:(1)启动 IDLE;(2)选择菜单 File→New File 创建一个程序文件,输入代码(如图 1-14 所示)并将文件保存为扩展名为 py 的文件 1.py;(3)选择菜单 Run→Run Module F5 执行程序,1.py 执行的结果如图 1-15 所示。

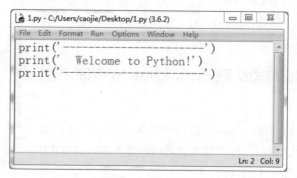

图 1-14 输入代码

图 1-15 1.py 执行的结果

如果能够熟练使用开发环境提供的一些快捷(组合)键,则可大幅度提高开发效率。在 IDLE 中一些比较常用的快捷(组合)键如表 1-1 所示。

表 1-1 IDLE 常用的快捷(组合)键

快捷(组合)键	含义
Ctrl+]	增加代码块缩进
Ctrl+[	减少代码块缩进
Alt+3	注释代码块
Alt+4	取消代码块注释
Alt+p	浏览上一条输入的命令

续表

快捷（组合）键	含义
Alt+n	浏览下一条输入的命令
Tab	补全单词，列出全部可选单词以供选择

1.5　Python 注释

在团队合作时，个人编写的代码经常会被多人调用。为了让别人能更容易地理解代码的用途，可以使用注释（非常有效）。Python 中的注释有单行注释和多行注释两种。

1.5.1　单行注释

井号（#）常被用作单行注释符号。在代码中使用#时，它右边的任何数据在程序执行时都会被忽略，即被当作注释。

```
>>> print('Hello world.')  #输出 Hello world.
Hello world.
```

1.5.2　多行注释

在 Python 中，当注释有多行时，须用多行注释符"" ""来对多行进行注释，例如：

```
'''
这是多行注释，用 3 个单引号
这是多行注释，用 3 个单引号
这是多行注释，用 3 个单引号
'''
```

1.6　在线帮助

在编写和执行 Python 程序时，人们可能对某些模块、类、函数、关键字等的含义不太清楚，这时就可以借助 Python 内置的帮助系统获取帮助。

1.6.1　Python 交互式帮助系统

借助 Python 的 help(object)函数可进入交互式帮助系统来获取 Python 对象 object 的使用帮助信息。

【例 1-1】　使用 help(object)获取交互式帮助信息。

（1）输入 help()，按回车键进入交互式帮助系统，如图 1-16 所示。

（2）输入 modules，按回车键显示所有已安装的模块，如图 1-17 所示。

（3）输入 modules random，按回车键显示与 random 相关的模块，如图 1-18 所示。

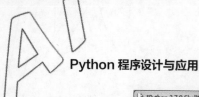

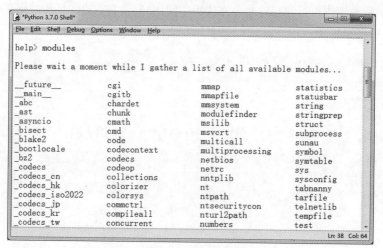

```
*Python 3.7.0 Shell*
File Edit Shell Debug Options Window Help
Python 3.7.0 (v3.7.0:1bf9cc5093, Jun 27 2018, 04:59:51) [MSC v.1914 64 bi
t (AMD64)] on win32
Type "copyright", "credits" or "license()" for more information.
>>> help()

Welcome to Python 3.7's help utility!

If this is your first time using Python, you should definitely check out
the tutorial on the Internet at https://docs.python.org/3.7/tutorial/.

Enter the name of any module, keyword, or topic to get help on writing
Python programs and using Python modules.  To quit this help utility and
return to the interpreter, just type "quit".

To get a list of available modules, keywords, symbols, or topics, type
"modules", "keywords", "symbols", or "topics".  Each module also comes
with a one-line summary of what it does; to list the modules whose name
or summary contain a given string such as "spam", type "modules spam".

help>
                                                             Ln: 5  Col: 0
```

图 1-16　进入交互式帮助系统

```
*Python 3.7.0 Shell*
File Edit Shell Debug Options Window Help

help> modules

Please wait a moment while I gather a list of all available modules...

__future__          cgi                 mmap                statistics
__main__            cgitb               mmapfile            statusbar
_abc                chardet             mmsystem            string
_ast                chunk               modulefinder        stringprep
_asyncio            cmath               msilib              struct
_bisect             cmd                 msvcrt              subprocess
_blake2             code                multicall           sunau
_bootlocale         codecontext         multiprocessing     symbol
_bz2                codecs              netbios             symtable
_codecs             codeop              netrc               sys
_codecs_cn          collections         nntplib             sysconfig
_codecs_hk          colorizer           nt                  tabnanny
_codecs_iso2022     colorsys            ntpath              tarfile
_codecs_jp          commctrl            ntsecuritycon       telnetlib
_codecs_kr          compileall          nturl2path          tempfile
_codecs_tw          concurrent          numbers             test
                                                             Ln: 38  Col: 64
```

图 1-17　显示所有已安装的模块

```
*Python 3.7.0 Shell*
File Edit Shell Debug Options Window Help
help> modules random

Here is a list of modules whose name or summary contains 'random'.
If there are any, enter a module name to get more help.

_random - Module implements the Mersenne Twister random number generator.
ctypes.test.test_random_things
random - Random variable generators.
secrets - Generate cryptographically strong pseudo-random numbers suitabl
e for
test.test_random
numpy.random - ========================
numpy.random.info - ========================
numpy.random.mtrand
numpy.random.setup
numpy.random.tests
numpy.random.tests.test_random
numpy.random.tests.test_regression
sklearn.linear_model.randomized_l1 - Randomized Lasso/Logistic: feature s
election based on Lasso and
sklearn.linear_model.tests.test_randomized_l1
                                                             Ln: 701  Col: 46
```

图 1-18　显示与 random 相关的模块

（4）输入 os，按回车键显示 os 模块的帮助信息，如图 1-19 所示。

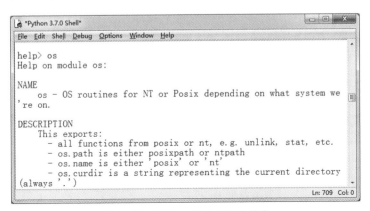

图 1-19　显示 os 模块的帮助信息

（5）输入 os.getcwd，按回车键显示 os 模块中的 getcwd() 函数的帮助信息，如图 1-20 所示。

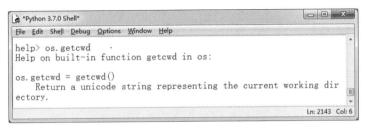

图 1-20　显示 os 模块中的 getcwd() 函数的帮助信息

（6）输入 quit，按回车键退出帮助系统，如图 1-21 所示。

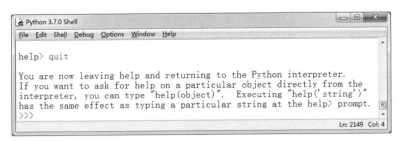

图 1-21　退出帮助系统

1.6.2　Python 文档

Python 文档提供了有关 Python 语言及标准模块的详细说明信息，是学习和进行 Python 语言编程不可或缺的工具，其使用步骤如下。

（1）打开 Python 文档。在 IDLE 环境下，按 F1 键打开 Python 文档，如图 1-22 所示。

（2）浏览模块帮助信息。在左侧的目录树中，展开 The Python Standard Library，在其下面找到所要查看的模块，如选中 math---Mathematical functions 下的 Power and logarithmic functions，在右面可以看到该模块下的函数说明信息，如图 1-23 所示。

11

Python 程序设计与应用

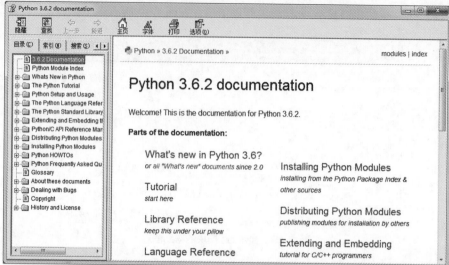

图 1-22　打开 Python 文档

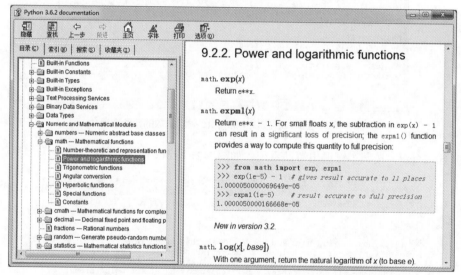

图 1-23　Power and logarithmic functions 模块下的函数说明信息

（3）此外，也可以通过左侧第 2 行工具栏中的"搜索"选项卡搜索要查看的模块。

习题 1

1. 简述 Python 语言的主要特点。
2. 简述 Python 的应用领域。
3. 简述下载和安装 Python 软件的主要步骤。
4. 如何使用 Python 交互式帮助系统获取相关的帮助资源？
5. 简述编写和执行 Python 代码的方式。

第 2 章
Python 语言基础

本章主要介绍 Python 语言的基础知识，为在后续章节中学习相关内容做铺垫。首先，介绍 Python 的基本数据类型的操作命令，并给出相应的操作实例。其次，介绍人机交互的输入和输出。再次，简单介绍 Python 如何读写文件。最后，介绍 Python 库的导入以及 Python 扩展库的安装。

2.1 Python 对象和引用

Python 程序用于处理各种类型的数据（即对象），不同的数据属于不同的数据类型，支持不同的运算操作。对象其实就是编程中把数据和功能包装后形成的一个对外具有特定交互接口的内存块。每个对象都有 3 个属性，分别是身份（identity）、类型（type）和值（value）。身份，就是对象在内存中的地址；类型，用于表示对象所属的数据类型（类）；值，就是对象所表示的数据。

2.1.1 对象的身份

对象的身份用于唯一标志一个对象，通常对应于对象在内存中的存储位置。任何对象的身份都可以使用内置函数 id()得到。

```
>>> a=123                #123 创建了一个 int（整型）对象，并用 a 来表示
>>> id(a)                #获取对象的身份
492688880                #身份用这样一串数字表示
```

2.1.2 对象的类型

对象的类型决定了对象可以存储什么类型的值，有哪些属性和方法，可以进行哪些操作。可以使用内置函数 type()来查看对象的类型。

```
>>> type(a)              #查看 a 的类型
<class 'int'>            #类型为 int 类型
>>> type(type)
<class 'type'>           #Python 一切皆对象，type 也是一种特殊的类型对象
```

2.1.3 对象的值

对象所表示的数据，可使用内置函数 print()打印输出。

```
>>> print(a)
123
```

对象的 3 个特性"身份""类型"和"值"是在创建对象时设定的。如果对象支持更新操作，则它的值是可变的，否则为只读（数字、字符串、元组对象等均不可变）。只要对象还存在，这 3 个特性就会一直存在。

2.1.4 对象的引用

在 Python 中，每个变量在使用前都必须被赋值，变量被赋值以后才会被创建。在 Python 中，变量用一个变量名表示，变量名的命名规则如下。

（1）变量名只能是字母、数字或下画线的任意组合。

（2）变量名的第一个字符不能是数字。

（3）以下 Python 关键字不能被声明为变量名。

```
'and', 'as', 'assert', 'break', 'class', 'continue', 'def', 'del', 'elif', 'else',
'except', 'exec', 'finally', 'for', 'from', 'global', 'if', 'import', 'in', 'is', 'lambda',
'not', 'or', 'pass', 'print', 'raise', 'return', 'try', 'while', 'with', 'yield'
    >>> x='Python'
```

简单来看，上边的代码执行了以下操作。

① 如果变量 x 不存在，则上述代码会创建一个变量 x，x 是字符串对象'Python'的引用，即变量 x 指向的对象的值为'Python'。一个 Python 对象就是位于计算机内存中的一个内存块，为了使用对象，必须通过赋值操作 "=" 把对象赋值给一个变量（也称之为把对象绑定到变量、变量成为对象的引用），这样便可通过该变量来操作内存块中的数据。

② 如果变量 x 存在，则将变量 x 和字符串对象'Python'进行连接，变量 x 成为字符串对象'Python'的一个引用，变量可看作指向对象的内存空间的一个指针。

注意　变量总是会连接到对象，而不会连接到其他变量。Python 这样做涉及对象的一种优化方法。Python 缓存了某些不变的对象，以便对其进行复用，而不用每次均创建新的对象。

```
>>> 6                    #字面量 6 创建了一个 int 类型的对象
6
>>> id(6)                #获取对象 6 在内存中的地址
502843216
>>> a=6                  #a 成为对象 6 的一个引用
>>> b=6                  #b 成为对象 6 的一个引用
>>> id(a)
502843216
>>> id(b)
502843216                #a 和 b 都指向了同一对象
```

2.2　数值数据类型

在 Python 中，每个对象都有一个数据类型，数据类型定义为一个值的集合以及定义在这个值集上的一组运算操作。一个对象上可执行且只允许执行其对应数据类型所定义的操作。Python 中有 6 个标准的数据类型：number（数值）、string（字符串）、list（列表）、tuple（元组）、dictionary（字典）、set（集合）。

Python 包括 4 种内置的数值数据类型。

（1）int（整型）。用于表示整数，如 12、1024、-10 等。

（2）float（浮点型）。用于表示实数，如 3.14、1.2、2.5e2（$=2.5×10^2=250$）、-3e-3（$=-3×10^{-3}=-0.003$）等。

（3）bool（布尔型）。bool 对应两个布尔值：True 和 False，它们分别对应 1 和 0。

```
>>> True+1
2
```

```
>>> False+1
1
```

（4）complex（复数型）。在 Python 中，复数有两种表示方式，一种是 a+bj（a，b 为实数），另一种是 complex(a,b)，如 3 + 4j、1.5+0.5j、complex(2,3)等都表示复数。

对于整数数据类型 int，其值的集合为所有的整数，支持的运算操作包括+（加法）、–（减法）、*（乘法）、/（除法）、//（整除）、**（幂操作）、%（取余）等，举例如下。

```
>>> 18/4
4.5
>>> 18//4          #整数除法返回向下取整后的结果
4
>>> 2**3           #返回 2³ 的计算结果
8
>>> 7//-3          #向下取整
-3
>>> 17 % 3         #取余
2
```

除了上述运算操作之外，还有一些常用的数学函数，如表 2-1 所示。

表 2-1 常用的数学函数

数学函数	描述
abs(x)	返回 x 的绝对值，如 abs(–10)返回 10
math.ceil(x)	返回数值 x 的上入整数，ceil()是不能被直接访问的，需要导入 math 模块，即首先执行 import math，然后 math.ceil(4.2)才会返回 5
exp(x)	返回 e 的 x 次幂，e^x，如 math.exp(1)返回 2.718281828459045
math.floor(x)	返回数字 x 的下舍整数，math.floor(5.8)返回 5
math.log(x)	返回 x 的自然对数，math.log(8)返回 2.0794415416798357
math.log10(x)	返回以 10 为基数的 x 的对数，math.log10(100)返回 2.0
max(x,y,z···)	返回给定参数序列的最大值
min(x,y,z···)	返回给定参数序列的最小值
math.modf(x)	返回 x 的小数部分与整数部分组成的元组，它们的数值符号与 x 相同，整数部分以浮点型表示，如 math.modf(3.25)返回(0.25, 3.0)
pow(x,y)	返回数字 x 的 y 次方，pow(2,3)返回 8
math.sqrt(x)	返回数字 x 的平方根，math.sqrt(4)返回 2.0
round(x[, n])	返回浮点数 x 的四舍五入值，如给出 n 值，则代表四舍五入到小数点后的位数，round(3.8267,2)返回 3.83

此外，还可以用 isinstance 来判断一个变量的类型。

```
>>> a=123
>>> isinstance(a, int)
True
```

可以使用 del 语句删除一个或多个对象引用。

```
>>> del a
>>> a                            #显示 a 的值时出现 a 未被定义
Traceback (most recent call last):
File "<pyshell#6>", line 1, in <module>
a
NameError: name 'a' is not defined
```

注意

- Python 可以同时为多个变量赋值，如 a = b = c = 1。
- Python 可以同时为多个对象指定变量，如下面的代码所示。

```
>>> a, b, c = 1, 2, 3
>>> print(a,b,c)
1 2 3
```

- 一个变量可以通过赋值指向不同类型的对象。
- 在进行混合计算时，Python 会把整型转换成浮点型。

2.3 字符串数据类型

Python 中的字符串属于不可变序列，是用单引号"'"、双引号"""、三单引号"'''"或三双引号"""""等界定符括起来的字符序列，在字符序列中可使用反斜杠"\"转义特殊字符。Python 没有单独的字符类型，一个字符就是长度为 1 的字符串。

2.3.1 字符串创建

只要为变量分配一个用字符串界定符括起来的字符序列，即可创建一个字符串。例如：

```
var1 = 'Hello World!'
var2 = "Python is a general purpose programming language."
```

三双引号允许一个字符串跨多行，字符串中可以包含换行符、制表符以及其他特殊字符。

```
>>> str_more_quotes = """
Time
is
money
"""
```

2.3.2 转义字符

如果要在字符串中包含""""，如 learn "python" online，则字符串的外面需要用"'"括起来。

```
>>> str1='learn "python" online '
>>> print(str1)
learn "python" online
```

如果要在字符串中既包含"'"又包含"""，如 he said "I'm hungry."，则可在"'"和"""前面各插入一个转义字符"\"。注意，转义字符不计入字符串的内容。

```
>>> str2='He said \" I\'m hungry.\"'
>>> print(str2)
He said " I'm hungry."
```

在字符串中需要使用特殊字符时，Python 会用反斜杠 "\" 来转义特殊字符，如表 2-2 所示。

表 2-2　反斜杠 "\" 转义特殊字符

转义特殊字符	描述
\在行尾时	续行符
\\	反斜杠符号
\'	单引号
\"	双引号
\a	响铃
\b	退格（Backspace）
\000	空
\n	换行
\v	纵向制表符
\t	横向制表符
\r	回车
\f	换页

```
>>> str_n = "hello\nworld"          #用\n 换行显示
>>> print(str_n)
hello
world
```

有时，我们并不想让转义字符生效，只想显示字符串原来的意思，这就要用 r 或 R 来定义原始字符串，例如：

```
>>> str3=r'hello\nworld'
>>> print(str3)
hello\nworld                         #没有换行，显示的是原来的字符串
```

2.3.3　字符编码

字符编码最开始是美国信息交换标准代码（American Standard Code for Information Interchange，ASCII），使用 8 位二进制表示，当初英文就是编码的全部。后来，其他国家的语言加入进来，ASCII 显然不够用。这时，一种万国码出现了，它的名字叫 Unicode。Unicode 对所有语言使用两个字节，部分汉字使用 3 个字节。但这导致了一个问题，Unicode 不仅不兼容 ASCII，而且会造成空间的浪费，于是 utf-8 应运而生。utf-8 对英文使用一个字节的编码，由于这个特点，它很快得到了全面的应用。

可以通过以下代码查看 Python 3 的字符默认编码。

```
>>> import sys
>>> sys.getdefaultencoding()
'utf-8'
```

Python 3 中字节码 bytes 用 b'xxx'表示，其中的 x 可以用字符，也可以用 ASCII 表示。Python 3 中的二进制文件（如文本文件）统一采用字节码读写。将表示二进制的 bytes 进行适当编码就可以使其变为字符，如 utf-8。若要将字符串类型转化为 bytes 类型，则须使用字符串对象的 encode() 方法（函数）；反之，则须使用 decode() 方法（函数）。

```
>>> str4 = '中国'
>>> str4 = str4.encode('utf-8')
>>> str4
b'\xe4\xb8\xad\xe5\x9b\xbd'
>>> str4 = str4.decode()
>>> str4
'中国'
```

此外，Python 还提供了内置的 ord() 函数以获取字符的整数表示，内置的 chr() 函数可把编码转换为对应的字符。

2.3.4　字符串运算符

对字符串进行操作的常用操作符如表 2-3 所示。

表 2-3　对字符串进行操作的常用操作符

操作符	描述
+	连接字符串
*	重复输出字符串
[]	通过索引获取字符串中的字符
[:]	截取字符串中的一部分
in	成员运算符，如果字符串中包含给定的字符串，则返回 True
not in	成员运算符，如果字符串中不包含给定的字符串，则返回 True
r/R	原始字符串，在字符串的第一个引号前加上字母 r 或 R 后，字符串中的所有字符将直接按照字面的意思来使用，不再转义特殊字符或不能打印的字符
%	格式化字符串

```
>>> str1= 'Python'
>>> str2= ' good'
>>> str3=str1+str2          #连接字符串
>>> print(str3)
Python good
>>> print (str1 * 2)        #输出字符串两次
PythonPython
```

Python 中的字符串有两种索引方式，从左往右以 0 开始，从右往左以 –1 开始。

```
>>> print (str1[2:5])       #输出第 3～5 个字符组成的子字符串
tho
>>> print (str1[0:-1])      #输出第 1 个～倒数第 2 个字符
Pytho
>>> print (str1[1:])        #输出第 2 个以及后面的所有字符
```

```
ython
>>> str_r = r"First \          #使用 r 或 R 可以让字符串保持原貌，反斜杠不发生转义
catch your hare."
>>> print (str_r)
First \
catch your hare.
```

"%" 格式化字符串的操作将在 2.11 节进行介绍。

2.3.5 字符串对象的常用方法

一旦创建字符串对象 str，即可使用字符串对象 str 的方法来操作字符串。

1. 去空格、特殊符号和头尾指定字符应用实例

str.strip([chars])：不带参数的 str.strip() 方法，表示去除字符串 str 开头和结尾的空白字符，包括 "\n" "\t" "\r"、空格等。带参数的 str.strip(chars) 表示去除字符串 str 开头和结尾指定的 chars 字符序列，只要有就删除。

```
>>> b = '\t\ns\tpython\n'
>>> b.strip()
's\tpython'
>>> c = '16\t\ns\tpython\n16'
>>> c.strip('16')
'\t\ns\tpython\n'
```

str.lstrip()：去除字符串 str 开头的空白字符。

```
>>> d = '  python  '
>>> d.lstrip()
'python  '
```

str.rstrip()：去除字符串 str 结尾的空白字符。

```
>>> d.rstrip()
'  python'
```

注意 str.lstrip([chars]) 和 str.rstrip([chars]) 方法的工作原理跟 str.strip([chars]) 一样，只不过它们只针对字符序列的开头或结尾。

```
>>> 'aaaaaaddffaaa'.lstrip('a')
'ddffaaa'
>>> 'aaaaaaddffaaa'.rstrip('a')
'aaaaaaddff'
```

2. 字符串大小写转换应用实例

- str.lower()：将字符串 str 中的大写字母转换成小写字母。

```
>>> 'ABba'.lower()
'abba'
```

- str.upper()：将字符串 str 中的小写字母转换成大写字母。

```
>>> 'ABba'.upper()
'ABBA'
```

- str.swapcase()：将字符串 str 中的大小写互换。

```
>>> 'ABba'.swapcase()
'abBA'
```

- str.capitalize()：返回一个只有首字母大写的字符串。

```
>>> 'ABba'.capitalize()
'Abba'
>>> 'a bB CF Abc'.capitalize()
'A bb cf abc'
```

string.capwords(str[, sep])：首先，以 sep 为分隔符（不带参数 sep 时，默认以空格为分隔符），分割字符串 str；然后，将每个字段的首字母转换成大写，将每个字段除首字母外的字母均转换成小写；最后，用 sep 将这些字段连接到一起以组成一个新字符串。capwords(str)是 string 模块中的函数，使用之前需要先导入 string 模块，即 import string。

```
>>> import string
>>> string.capwords("ShaRP tools make good work.")
'Sharp Tools Make Good Work.'
>>> string.capwords("ShaRP tools make good work.",'oo')   #以 oo 为分隔符
'Sharp tooLs make gooD work.'
```

3. 字符串分割应用实例

str.split(s,num) [n]：按 s 中指定的分隔符（默认为所有的空白字符，包括空格、换行符"\n"、制表符"\t"等），将字符串 str 分裂成 num+1 个子字符串所组成的列表。列表是写在方括号[ ]之中、用逗号分隔开的元素序列。若带有[n]，则表示选取分割后的第 n 个分片，n 表示返回的列表中元素的下标，从 0 开始编号。若字符串 str 中没有给定的分隔符，则把整个字符串作为列表的一个元素返回。在默认情况下，会将空格作为分隔符，分隔后，空串会自动忽略。

```
>>> str='hello    world'
>>> str.split()
['hello', 'world']
>>> s='hello \n\t\r  \t\r\n world  \n\t\r'
>>> s.split()
[' hello ', ' world ']
```

若显式指定空格为分隔符，则不会自动忽略空白字符串，如：

```
>>> str='hello   world'          #包含 3 个空格
>>> str.split(' ')
['hello', '', '', 'world']
>>> str = 'www.baidu.com'
>>> str.split('.')[2]            #选取分割后的第 2 片作为结果返回
'com'
>>> str.split('.')              #无参数全部切割
['www', 'baidu', 'com']
>>> str.split('.',1)            #分隔 1 次
['www', 'baidu.com']
>>> s1, s2, s3=str.split('.', 2)  #s1, s2, s3 分别被赋值，得到被切割的 3 个部分
```

```
>>> s1
'www'
>>> s = 'call\nme\nbaby'                #按换行符 "\n" 进行分割
>>> s.split('\n')
['call', 'me', 'baby']
>>> s="hello world!<[www.google.com]>byebye"
>>> s.split('[')[1].split(']')[0]    #分割两次，分割出网址
'www.google.com'
```

str.partition(s)：该方法用来根据指定的分隔符 s 将字符串 str 进行分割，返回一个包含 3 个元素的元组。元组是写在小括号( )之中、用逗号分隔开的元素序列。如果未能在原字符串中找到 s，则元组的 3 个元素为：原字符串，空串，空串；否则，从原字符串中的第一个 s 字符开始拆分，元组的 3 个元素为：s 之前的字符串，s 字符，s 之后的字符串举例如下。

```
>>> str = "http://www.█████.com/"
>>> str.partition("://")
('http', '://', 'www.█████.com/')
```

4. 字符串搜索与替换应用实例

str.find(substr [,start [, end]])：返回 str 中指定范围（默认是整个字符串）内第 1 次出现的 substr 的第 1 个字母的标号，也就是说从左边算起的第 1 次出现的 substr 的首字母标号，如果 str 中没有 substr，则返回−1。

```
>>> 'He that can have patience, can have what he will. '.find('can')
8
>>> 'He that can have patience, can have what he will. '.find('can',9)
27
```

str.index(substr [, start, [end]])：在字符串 str 中查找子串 substr 第 1 次出现的位置，与 find() 不同的是，若未找到，则抛出异常。

```
>>> 'He that can have patience, can have what he will. '.index('good')
ValueError: substring not found
```

str.replace(oldstr, newstr [, count])：把 str 中的 oldstr 字符串替换成 newstr 字符串，如果指定了 count 参数，则表示替换最多不超过 count 次。如果未指定 count 参数，则表示全部替换，有多少替换多少。

```
>>> 'aababadssdf56sdabcddaa'.replace('ab','**')
'a****adssdf56sd**cddaa'
>>> str = "This is a string example.This is a really string."
>>> str.replace(" is", " was")
'This was a string example.This was a really string.'
```

str.count(substr[, start, [end]]) ：在字符串 str 中统计字符串 substr 出现的次数，如果不指定开始位置（start）和结束位置（end），则表示从头统计到尾。

```
>>> 'aadgdxdfadfaadfgaa'.count('aa')
3
```

5. 字符串映射应用实例

str.maketrans(instr, outstr)：用于创建字符映射的转换表（映射表），第 1 个参数 instr 表示需

要转换的字符串，第 2 个参数 outstr 表示需要转换的目标字符串。两个字符串的长度必须相同，两者间具有一一对应的关系。

str.translate(table)：使用 str.maketrans(instr, outstr) 生成的映射表 table 对字符串 str 进行映射。

```
>>> table=str.maketrans('abcdef','123456')    #创建映射表
>>> table
{97: 49, 98: 50, 99: 51, 100: 52, 101: 53, 102: 54}
>>> s1='Python is a greate programming language.I like it.'
>>> s1.translate(table)              #使用映射表 table 对字符串 s1 进行映射
'Python is 1 gr51t5 progr1mming l1ngu1g5.I lik5 it.'
```

6. 判断字符串的开始和结束应用实例

str.startswith(substr[, start, [end]])：用于检查字符串 str 是否是以字符串 substr 开头的，如果是，则返回 True；否则，返回 False。如果参数 start 和 end 指定值，则在指定范围内检查。

```
>>> s='Work makes the workman.'
>>> s.startswith('Work')          #检查整个字符串是否是以 Work 开头
True
>>> s.startswith('Work',1,8)       #指定检查范围的起始位置和结束位置
False
```

str.endswith(substr[, start[, end]])：用于检查字符串 str 是否是以字符串 substr 结尾的，如果是，则返回 True；否则，返回 False。如果参数 start 和 end 指定值，则在指定范围内检查。

```
>>> s='Constant dropping wears the stone.'
>>> s.endswith('stone.')
True
>>> s.endswith('stone.',4,16)
False
```

下面的代码可以列出指定目录下扩展名为.txt 或.docx 的文件。

```
import os
items = os.listdir("C:\\Users\\caojie\\Desktop")    #返回指定路径下的文件和文件夹列表
newlist = []
for names in items:
   if names.endswith((".txt",".docx")):
       newlist.append(names)
print(newlist)
```

执行上述代码得到的输出结果如下。

```
['hello.txt', '开会总结.docx', '新建 Microsoft Word 文档.docx', '新建文本文档.txt']
```

7. 连接字符串应用实例

str.join(sequence)：返回通过指定字符 str 连接序列 sequence 中的元素后所生成的新字符串。

```
>>> str = "-"
>>> seq = ('a', 'b', 'c','d')
>>> str.join( seq )
'a-b-c-d'
>>> seq4 = {'hello':1,'good':2,'boy':3,'world':4}  #创建了一个字典类型的变量 seq4
```

```
>>> '*'.join(seq4)                                      #对字典中元素的键进行连接操作
'hello*good*boy*world'
>>> ''.join(('/hello/','good/boy/','world'))            #合并目录
'/hello/good/boy/world'
```

8. 判断字符串是否全为数字、字符等应用实例

- str.isalnum()：如果 str 的所有字符都是数字或者字母，则返回 Ture；否则，返回 False。
- str.isalpha()：如果 str 的所有字符都是字母，则返回 Ture；否则，返回 False。
- str.islower()：如果 str 的所有字符都是小写，则返回 Ture；否则，返回 False。
- str.isupper()：如果 str 的所有字符都是大写，则返回 Ture；否则，返回 False。
- str.istitle()：如果 str 的所有单词都是首字母大写，则返回 Ture；否则，返回 False。
- str.isspace()：如果 str 的所有字符都是空白字符，则返回 Ture；否则，返回 False。

```
>>> 'J2EE'.isalnum()
True
>>> 'Nurturepassesnature'.isalpha()
True
>>> '1357efg'.isupper()
False
>>> '   '.isspace()
True
>>> num2.isdecimal()
False
>>> num.isnumeric()
True
>>> num3 = "四"                                          #汉字
>>> num3.isdigit()
False
>>> num3.isdecimal()
False
>>> num3.isnumeric()
True
```

9. 字符串对齐与填充应用实例

- str.center(width[, fillchar])：返回一个宽度为 width、str 居中的新字符串，如果 width 小于字符串 str 的宽度，则直接返回字符串 str；否则，使用填充字符 fillchar 去填充，默认填充空格。
- str.ljust(width[,fillchar])：返回一个指定宽度为 width、左对齐的新字符串，如果 width 小于字符串 str 的宽度，则直接返回字符串 str；否则，使用填充字符 fillchar 去填充，默认填充空格。
- str.rjust(width[,fillchar])：返回一个指定宽度为 width、右对齐的新字符串，如果 width 小于字符串 str 的宽度，则直接返回字符串 str；否则，使用填充字符 fillchar 去填充，默认填充空格。

```
>>> 'Hello world!'.center(20)
'    Hello world!    '
>>> 'Hello world!'.center(20,'-')
'----Hello world!----'
>>> 'Hello world!'.ljust(20,'-')
'Hello world!--------'
```

```
>>> 'Hello world!'.rjust(20,'-')
'--------Hello world!'
```

2.3.6　字符串常量

Python 标准库 string 中定义了数字、标点符号、英文字母、大写英文字母、小写英文字母等字符串常量。

```
>>> import string
>>> string.ascii_letters          #所有英文字母
'abcdefghijklmnopqrstuvwxyzABCDEFGHIJKLMNOPQRSTUVWXYZ'
>>> string.ascii_lowercase        #所有小写英文字母
'abcdefghijklmnopqrstuvwxyz'
>>> string.ascii_uppercase        #所有大写英文字母
'ABCDEFGHIJKLMNOPQRSTUVWXYZ'
>>> string.digits                 #数字 0～9
'0123456789'
>>> string.hexdigits              #十六进制数字
'0123456789abcdefABCDEF'
>>> string.octdigits              #八进制数字
'01234567'
>>> string.punctuation            #标点符号
'!"#$%&\'()*+,-./:;<=>?@[\\]^_`{|}~'
>>> string.printable              #可打印字符
'0123456789abcdefghijklmnopqrstuvwxyzABCDEFGHIJKLMNOPQRSTUVWXYZ!"#$%&\'()*+,-./:;<
=>?@[\\]^_`{|}~ \t\n\r\x0b\x0c'
>>> string.whitespace             #空白字符
' \t\n\r\x0b\x0c'
```

通过 Python 中的一些随机方法，可生成任意长度和复杂度的密码，代码如下。

```
>>> import random
>>> import string
>>> chars=string.ascii_letters+string.digits
>>> chars
'abcdefghijklmnopqrstuvwxyzABCDEFGHIJKLMNOPQRSTUVWXYZ0123456789'
# random 模块的 choice()方法返回列表、元组或字符串的一个随机元素
# range(a,b)返回整数序列 a、a+1、…、b-1, 只有一个参数时, 表示从 0 开始
>>> ''.join([random.choice(chars) for i in range(8)])    #随机选择 8 次以生成 8 位随机密码
'yFWppkvB'
>>> random.choice([1,3,5,7,9])                           #从列表中随机选取一个元素返回
3
>>> random.choice(string.ascii_uppercase)               #生成一个随机大写英文字母
'V'
>>> random.choice((0,1,2,3,4,5,6,7,8,9))                 #从元组中随机选取一个元素返回
4
```

注意

- 字符串中反斜杠可以用来转义，在字符串前使用 r 可以让反斜杠不发生转义。
- Python 中的字符串有两种索引方式，从左往右以 0 开始，从右往左以-1 开始。

● Python 中的字符串不能改变，向一个索引位置赋值（如 str1[0] = 'm'）会导致错误。

2.4 列表数据类型

列表是写在方括号[ ]之中、用逗号分隔开的元素序列。列表是可变的，创建后允许修改、插入或删除其中的元素。列表中元素的数据类型可以不相同，列表中可以同时存在数字、字符串、元组、字典、集合等数据类型的对象，甚至可以包含列表（即嵌套）。

2.4.1 列表创建

可以使用列表 list 的构造方法来创建列表，如下所示。

```
>>> list1 = list()    #创建空列表
>>> list2 = list ('chemistry')
>>> list2
['c', 'h', 'e', 'm', 'i', 's', 't', 'r', 'y']
```

也可以使用更简单的方法来创建列表，即使用 "=" 直接将一个列表赋值给变量以创建一个列表对象，如下所示。

```
>>> lista= []
>>> listb = [ 'good', 123 , 2.2, 'best', 70.2 ]
```

2.4.2 列表截取

可以使用下标操作符 list[index]访问列表 list 中下标为 index 的元素。列表下标是从 0 开始的，也就是说，下标的范围从 0 到 len(list)−1，len(list)可获取列表 list 的长度。list[index]可以像变量一样被使用。例如：list[2] = list[0] + list[1]表示将 list[0] 与 list[1]中的值相加并赋值给 list[2]。

Python 允许将负数作为下标来引用相对于列表末端的位置，而且将列表长度和负数下标相加即可得到实际的位置。

```
>>> list1=[1,2,3,4,5]
>>> list1[-3]
3
```

列表截取（也称分片、切片）操作使用 list[start:end]返回列表 list 的一个片段。这个片段是由从下标 start 到下标 end−1 的元素所构成的一个子列表。

起始下标 start 以 0 为从头开始，以−1 为从末尾开始。起始下标 start 和结尾下标 end 是可以省略的，在这种情况下，起始下标为 0，结尾下标为 len(list)。如果 start>=end，则 list[start:end]将返回一个空表。列表被截取后会返回一个包含指定元素的新列表。

```
>>> list1 = [ 'good', 123 , 2.2, 'best', 70.2 ]
>>> print (list1[1:3])          #输出第 2~3 个元素
[123, 2.2]
```

2.4.3　列表修改

有时可能要修改列表，如添加新元素、删除元素、改变元素的值。

```
>>> x = [1,1,3,4]
>>> x[1] = 2              #将列表中第 2 个 1 改为 2
>>> y=x+[5]              #为列表 x 添加一个元素 5，得到一个新列表
>>> y
[1, 2, 3, 4, 5]
>>> y[5:]=[6]           #在列表末尾添加一个元素 6
>>> y
[1, 2, 3, 4, 5, 6]
```

列表元素分段改变：

```
>>>name = list('Perl')
>>>name[1:] = list('ython')
>>>name
['P', 'y', 't', 'h', 'o', 'n']
```

在列表中插入序列：

```
>>> number=[1,6]
>>> number[1:1]=[2,3,4,5]
>>> number
[1, 2, 3, 4, 5, 6]
```

在列表中删除元素：

```
>>> names = ['one', 'two', 'three', 'four', 'five', 'six']
>>> del names[1]          #删除 names 的第 2 个元素
>>> names
['one', 'three', 'four', 'five', 'six']
>>> names[1:4]=[]          #删除 names 的第 2~4 个元素
>>> names
['one', 'six']
```

当不再使用列表时，可使用 del 命令删除整个列表：

```
>>> del names
>>> names
NameError: name 'names' is not defined
```

删除列表 names 后，列表 names 就不存在了，再次访问时会抛出异常 NameError，提示访问的 names 不存在。

2.4.4　序列数据类型的常用操作

在 Python 中，字符串、列表以及后面要讲的元组都是序列类型。所谓序列，即成员有序排列，并且可以通过偏移量访问它的一个或者几个成员。序列中的每个元素都被分配了一个数字——它的位置，也称为索引，第 1 个索引是 0，第 2 个索引是 1，以此类推。序列都可以进行的

Python 程序设计与应用

操作包括索引、切片、加、乘以及检查某个元素是否属于序列的成员等。此外，Python 已经内置了确定序列长度以及最大/最小元素的方法。序列的常用操作如表 2-4 所示。

表 2-4　序列的常用操作

操作	描述
x in s	如果元素 x 在序列 s 中，则返回 True
x not in s	如果元素 x 不在序列 s 中，则返回 True
s1+s2	连接两个序列 s1 和 s2，得到一个新序列
s*n, n*s	序列 s 复制 n 次，得到一个新序列
s[i]	得到序列 s 的第 i 个元素
s[i:j]	得到序列 s 从下标 i 到 j-1 的片段
len(s)	返回序列 s 所包含的元素个数
max(s)	返回序列 s 的最大元素
min(s)	返回序列 s 的最小元素
sum(x)	返回序列 s 中所有元素之和
<、<=、>、>=、==、!=	比较两个序列

```
>>> list1=['C', 'Java', 'Python']
>>> 'C' in list1
True
>>> 'chemistry' not in list1
True
```

2.4.5　用于列表的常用函数

（1）reversed()函数：函数功能是反转一个序列对象，将其元素从后向前颠倒以构建成一个迭代器。

```
>>> a=[9, 8, 7, 6, 5, 4, 3, 2, 1, 0]
>>> reversed(a)
<list_reverseiterator object at 0x0000000002F174E0>
>>> a
[9, 8, 7, 6, 5, 4, 3, 2, 1, 0]
>>> list(reversed(a))                          #将生成的迭代器对象列表化输出
[0, 1, 2, 3, 4, 5, 6, 7, 8, 9]
```

（2）sorted()函数：sorted(iterable[, key][, reverse])会返回一个排序后的新序列，不会改变原始的序列。sorted 的第 1 个参数 iterable 是一个可迭代的对象，第 2 个参数 key 用来指定带一个参数的函数（只写函数名），此函数将在每个元素排序前被调用；第 3 个参数 reverse 用来指定排序方式（正序或倒序）。

第 1 个参数是可迭代的对象：

```
>>> sorted([46, 15, -12, 9, -21,30])           #保留原列表
[-21, -12, 9, 15, 30, 46]
```

第 2 个参数 key 用来指定带一个参数的函数，此函数将在每个元素排序前被调用：

```
>>> sorted([46, 15, -12, 9, -21,30], key=abs)    #按绝对值大小进行排序
[9, -12, 15, -21, 30, 46]
```

key 指定的函数将会作用于 list 的每一个元素，并会根据 key 指定的函数返回的结果对它们进行排序。

第 3 个参数 reverse 用来指定正向还是反向排序。要进行反向排序，可以传入第 3 个参数 reverse=True：

```
>>> sorted(['bob', 'about', 'Zoo', 'Credit'])
['Credit', 'Zoo', 'about', 'bob']
>>> sorted(['bob', 'about', 'Zoo', 'Credit'], key=str.lower)    #按小写进行排序
['about', 'bob', 'Credit', 'Zoo']
>>> sorted(['bob', 'about', 'Zoo', 'Credit'], key=str.lower, reverse=True)
                                                               #按小写反向排序
['Zoo', 'Credit', 'bob', 'about']
```

（3）zip()打包函数：zip([it0,it1…])返回一个列表，其第 1 个元素是 it0、it1…这些序列元素的第 1 个元素组成的一个元组，其他元素依次类推。若传入参数的长度不等，则返回列表的长度和传入参数中长度最短的对象相同。zip()的返回值是可迭代对象，对其进行 list 可一次性显示所有结果。

```
>>> a, b, c = [1,2,3], ['a','b','c'], [4,5,6,7,8]
>>> list(zip(a,b))
[(1, 'a'), (2, 'b'), (3, 'c')]
>>> list(zip(c,b))
[(4, 'a'), (5, 'b'), (6, 'c')]
>>> str1 = 'abc'
>>> str2 = '123'
>>> list(zip(str1,str2))
[('a', '1'), ('b', '2'), ('c', '3')]
```

（4）enumerate()枚举函数：将一个可遍历的数据对象（如列表）组合为一个索引序列，序列中的每个元素均是由数据对象的元素下标和元素组成的元组。

```
>>> seasons = ['Spring', 'Summer', 'Fall', 'Winter']
>>> list(enumerate(seasons))
[(0, 'Spring'), (1, 'Summer'), (2, 'Fall'), (3, 'Winter')]
>>> list(enumerate(seasons, start=1))                          #下标从 1 开始
[(1, 'Spring'), (2, 'Summer'), (3, 'Fall'), (4, 'Winter')]
```

（5）shuffle()函数：random 模块中的 shuffle()函数可实现随机排列列表中的元素。

```
>>> list1=[2,3,7,1,6,12]
>>> import random                                              #导入模块
>>> random.shuffle(list1)
>>> list1
[1, 2, 12, 3, 7, 6]
```

2.4.6　列表对象的常用方法

列表对象一旦被创建，即可使用列表对象的方法来操作列表。列表对象的常用方法如表 2-5

所示。

表 2-5　列表对象的常用方法

方法	描述
list.append(x)	在列表 list 末尾添加新的对象 x
list.count(x)	返回 x 在列表 list 中出现的次数
list.extend(seq)	在列表 list 末尾一次性追加 seq 序列中的所有元素
list.index(x)	返回列表 list 中第一个值为 x 的元素的下标，若不存在，则抛出异常
list.insert(index, x)	在列表 list 中 index 位置处添加元素 x
list.pop([index])	删除并返回列表指定位置的元素，默认为最后一个元素
list.remove(x)	移除列表 list 中 x 的第一个匹配项
list.reverse()	反向列表 list 中的元素
list.sort(key=None, reverse=None)	对列表 list 进行排序，key 参数的值为一个函数，此函数只有一个参数且只返回一个值，此函数将在每个元素排序前被调用，reserve 表示是否逆序
list.clear()	删除列表 list 中的所有元素，但保留列表对象
list.copy()	用于复制列表，返回复制后的新列表

```
>>> list1=[2, 3, 7, 1, 56, 4]
>>> list1.append(7)          #在列表 list1 末尾添加新的元素 7
>>> list1
[2, 3, 7, 1, 56, 4, 7]
>>> list1.count(7)           #返回 7 在列表 list1 中出现的次数
2
>>> list2=[66,88,99]
>>> list1.extend(list2)      #在列表 list1 末尾一次性追加 list2 列表中的所有元素
>>> list1
[2, 3, 7, 1, 56, 4, 7, 66, 88, 99]
>>> list1.index(7)           #返回列表 list1 中第 1 个值为 7 的元素的下标
2
>>> list1.insert(2,6)        #在列表 list1 中下标为 2 的位置处添加元素 6
>>> list1
[2, 3, 6, 7, 1, 56, 4, 7, 66, 88, 99]
>>> list1.pop(2)             #删除并返回列表 list1 中下标为 2 处的元素
6
>>> list1
[2, 3, 7, 1, 56, 4, 7, 66, 88, 99]
>>> list1.pop()
99
>>> list1
[2, 3, 7, 1, 56, 4, 7, 66, 88]
>>> list1.remove(7)          #移除列表 list1 中 7 的第 1 个匹配项
>>> list1
[2, 3, 1, 56, 4, 7, 66, 88]
>>> list1.reverse()
>>> list1
[88, 66, 7, 4, 56, 1, 3, 2]
```

```
>>> list1.sort()
>>> list1
[1, 2, 3, 4, 7, 56, 66, 88]
>>> list2=['a','Andrew', 'is','from', 'string', 'test', 'This']
>>> list2.sort(key=str.lower)          #key 指定的函数将在每个元素排序前被调用
>>> print(list2)
['a', 'Andrew', 'from', 'is', 'string', 'test', 'This']
```

2.4.7 列表生成式

列表生成式也叫列表推导式，列表生成式是利用其他列表创建新列表的一种方法，格式为：

```
[生成列表元素的表达式 for 表达式中的变量 in 变量要遍历的序列]
[生成列表元素的表达式 for 表达式中的变量 in 变量要遍历的序列 if 过滤条件]
```

(注意)

● 要把生成列表元素的表达式放到前面，执行时，先执行后面的 for 循环。

● 可以有多个 for 循环，也可以在 for 循环后面添加 if 过滤条件。

● 变量要遍历的序列，可以是任何方式的迭代器（如元组、列表、生成器等）。

```
>>> a = [1,2,3,4,5,6,7,8,9,10]
>>> [2*x for x in a]
[2, 4, 6, 8, 10, 12, 14, 16, 18, 20]
```

如果没有给定列表，则可以用 range() 方法：

```
>>> [2*x for x in range(1,11)]
[2, 4, 6, 8, 10, 12, 14, 16, 18, 20]
```

for 循环后面还可以加上 if 判断，例如，要取列表 a 中的偶数：

```
>>> [2*x for x in a if x%2 == 0]
[4, 8, 12, 16, 20]
```

从一个文件名列表中获取全部.py 文件，可用列表生成式来实现：

```
>>> file_list = ['a.py', 'b.txt', 'c.py', 'd.doc', 'test.py']
>>> [f for f in file_list if f.endswith('.py')]
['a.py', 'c.py', 'test.py']
```

还可以使用 3 层循环，生成 3 个数的全排列：

```
>>> [i+ j + k for i in '123' for j in '123' for k in '123' if (i != k ) and (i != j)
    and (j != k) ]
['123', '132', '213', '231', '312', '321']
```

可以使用列表生成式把一个 list 中所有的字符串转换成小写：

```
>>> L = ['Hello', 'World', 'IBM', 'Apple']
>>> [s.lower() for s in L]
['hello', 'world', 'ibm', 'apple']
```

在一个由男人列表和女人列表组成的嵌套列表中，取出姓名中带有"涛"字的姓名，并将它们组成列表。

```
>>> names = [['王涛','元芳','吴言','马汉','李光地','周文涛'],
             ['李涛蕾','刘涛','王丽','李小兰','艾丽莎','贾涛慧']]
>>> [name for lst in names for name in lst if '涛' in name]  #注意遍历顺序,这是实现的关键
['王涛', '周文涛', '李涛蕾', '刘涛', '贾涛慧']
```

2.5 元组数据类型

元组数据类型 tuple 是 Python 中另一个非常有用的内置数据类型。元组是写在小括号 "( )" 之中、用逗号分隔开的元素序列,元组中的元素类型可以不相同。元组和列表的区别为:元组的元素是不可变的,创建之后就不能改变了,这一点与字符串是相同的;而列表则是可变的,创建之后仍允许修改、插入或删除其中的元素。

2.5.1 元组创建

使用 "=" 将一个元组赋值给变量,即可创建一个元组变量。

(1)创建空元组。

```
>>> tup = ()
```

(2)创建只有一个元素的元组。

```
>>> tup = (1,)     #只有一个元素时,在元素后面加上逗号,否则会被当成其他数据类型
```

(3)创建含有多个元素的元组。

```
tup = (1,2,["a","b","c"],"a")
```

(4)通过元组构造方法 tuple()将列表、集合、字符串转换成元组。

```
>>> tup1=tuple([1,2,3])                          #将列表[1,2,3]转换成元组
>>> tup1
(1, 2, 3)
```

2.5.2 元组访问

使用下标索引来访问元组中的值,实例如下。

```
>>> tuple1 = ( 'hello', 18 , 2.23, 'world', 2+4j)     #通过赋值操作创建一个元组
>>> tuple2 = ( 'best', 16)
>>> print(tuple1)                                     #输出完整元组
('hello', 18, 2.23, 'world', (2+4j))
>>> print(tuple1[1:3])                                #输出第 2~3 个元素
(18, 2.23)
>>> print (tuple2 * 3)                                #输出 3 次元组
('best', 16, 'best', 16, 'best', 16)
```

注意 构造包含 0 个或 1 个元素的元组的方法比较特殊:

```
>>> tuple3 = ()                            #包含 0 个元素的元组
>>> tuple4 = (20, )                        #包含 1 个元素的元组，需要在元素后添加逗号
```

任意无符号的对象，以逗号隔开，默认为元组，实例如下。

```
>>> A='a', 5.2e30, 8+6j, 'xyz'
>>> A
('a', 5.2e+30, (8+6j), 'xyz')
```

2.5.3　元组修改

元组属于不可变序列，一旦创建，其中的元素就不允许被修改了，也无法增加或删除元素。因此，元组没有提供 append()、extend()、insert()、remove()、pop()方法，也不支持对元组元素进行 del 操作，但能用 del 命令删除整个元组。

因为元组不可变，所以代码更安全。如果条件允许，则应尽量用元组代替列表。例如，后面第 4 章中，调用函数时使用元组传递参数可以防止在函数中修改元组，而使用列表就很难做到这一点。

元组中的元素值是不允许修改的，但可以对元组进行连接组合，以获得一个新元组：

```
>>> tuple3 = tuple1 + tuple2               #连接元组
>>> print(tuple3)
('hello', 18, 2.23, 'world', (2+4j), 'best', 16)
>>> del tuple3                             #删除元组
```

虽然 tuple 的元素不可改变，但它可以包含可变的对象，如 list 列表。我们可以改变元组中可变对象的值。

```
>>> tuple4 = ('a', 'b', ['A', 'B'])
>>> tuple4[2][0] = 'X'
>>> tuple4[2][1] = 'Y'
>>> tuple4[2][2:]= 'Z'
>>> tuple4
('a', 'b', ['X', 'Y', 'Z'])
```

从表面上看，tuple4 的元素确实变了，但其实变的不是 tuple4 的元素，而是 tuple4 中列表的元素，tuple4 一开始指向的列表并没有变成别的列表。元组所谓的"不变"是指：元组的每个元素指向永远不变，即指向'a'，就不能改成指向'b'；指向一个列表，就不能改成指向其他列表，但指向的这个列表本身是可变的。因此，要想创建一个内容也不变的元组，就必须保证元组的每个元素本身都不能变。

2.5.4　生成器推导式

```
>>> a = [1,2,3,4,5,6,7,8,9,10]
>>> b =(2*x for x in a)    #(2*x for x in a)被称为生成器推导式
>>> b                      #这里，b 是一个生成器对象! 并不是元组!
<generator object <genexpr> at 0x0000000002F3DBA0>
```

生成器是用来创建一个 Python 序列的对象的。使用它可以迭代庞大序列，且不需要在内存

中创建和存储整个序列，这是因为它的工作方式是每次处理一个对象，而不是一次处理和构造整个数据结构。在处理大量的数据时，最好考虑使用生成器表达式而不是列表推导式。每次迭代生成器时，它会记录上一次调用的位置，并且返回下一个值。

从形式上看，生成器推导式与列表推导式非常相似，只是生成器推导式使用圆括号，而列表推导式使用方括号。与列表推导式不同的是，生成器推导式的结果是一个生成器对象，而不是元组。若想使用生成器对象中的元素，则可以通过 list()或 tuple()方法将其转换为列表或元组，然后使用列表或元组读取元素的方法来使用其中的元素。此外，也可以使用生成器对象的__next__ ()方法或者内置函数 next()进行遍历，或者直接将其作为迭代器对象来使用。但无论使用哪种方式遍历生成器的元素，当所有元素遍历完之后，如果需要重新访问其中的元素，则必须重新创建该生成器对象。

```
>>> list(b)                          #将生成器对象转换为列表
[2, 4, 6, 8, 10, 12, 14, 16, 18, 20]
>>> list(b)                          #生成器对象已遍历结束，没有元素了
[]
>>> c = (x for x in range(11) if x%2==1)
>>> c.__next__ ()                    #使用生成器对象的__next__ ()方法获取元素
1
>>> c.__next__ ()
3
>>> next(c)                          #使用内置函数 next()获取生成器对象的元素
5
>>> [x for x in c]                   #使用列表推导式访问生成器对象剩余的元素
[7, 9]
```

■ 2.6 字典数据类型

字典类型 dict 是 Python 中另一个非常有用的内置数据类型。列表是有序的对象集合，字典是无序的对象集合，字典当中的元素是通过键来存取的，而不是通过偏移来存取的。

字典是写在花括号"{}"之中、用逗号分隔开的键（key）-值（value）对的集合。"键"必须使用不可变类型，如整型、浮点型、复数型、布尔型、字符串、元组等，但不能使用诸如列表、字典、集合或其他可变类型作为字典的键。在同一个字典中，"键"必须是唯一的，但"值"是可以重复的。

2.6.1 字典创建

使用赋值运算符将使用{}括起来的键-值对赋值给一个变量，即可创建一个字典变量。

```
>>> dict1 = {'Alice': '2341', 'Beth': '9102', 'Cecil': '3258'}
>>> dict1['Jack'] ='1234'        #为字典添加元素
```

可以使用字典的构造方法 dict()，利用二元组序列构建字典，如下所示。

```
>>> items=[('one',1),('two',2),('three',3),('four',4)]
>>> dict2 = dict(items)
>>> print(dict2)
{'one': 1, 'two': 2, 'three': 3, 'four': 4}
```

可以通过关键字创建字典，如下所示。

```
>>> dict3 = dict(one=1,two=2,three=3)
>>> print(dict3)
{'one': 1, 'two': 2, 'three': 3}
```

可以使用 zip 创建字典，如下所示。

```
>>> key = 'abcde'
>>> value = range(1, 6)
>>> dict(zip(key, value))
{'a': 1, 'b': 2, 'c': 3, 'd': 4, 'e': 5}
```

可以使用字典类型 dict 的 fromkeys(iterable[,value=None])方法创建一个新字典，并可以将迭代对象 iterable（如字符串、列表、元祖、字典）中的元素分别作为字典中的键，value 为字典中所有键对应的值，默认为 None。

```
>>> iterable1 = "abcdef"                    #创建一个字符串
>>> v1 = dict.fromkeys(iterable1, '字符串')
>>> v1
{'a': '字符串', 'b': '字符串', 'c': '字符串', 'd': '字符串', 'e': '字符串', 'f': '字符串'}
>>> iterable2 = [1,2,3,4,5,6]                #列表
>>> v2 = dict.fromkeys(iterable2,'列表')
>>> v2
{1: '列表', 2: '列表', 3: '列表', 4: '列表', 5: '列表', 6: '列表'}
>>> iterable3 = {1:'one', 2:'two', 3:'three'}   #字典
>>> v3 = dict.fromkeys(iterable3, '字典')
>>> v3
{1: '字典', 2: '字典', 3: '字典'}
```

2.6.2　字典访问

通过"字典变量[key]"这一方法返回键 key 对应的值 value，如下所示。

```
>>> print (dict1['Beth'])                   #输出键为'Beth'的值
9102
>>> print (dict1.values())                  #输出字典的所有值
dict_values(['2341', '9102', '3258', '1234'])
>>> print(dict1.keys())                     #输出字典的所有键
dict_keys(['Alice', 'Beth', 'Cecil', 'Jack'])
>>> dict1.items()                           #返回字典的所有元素
dict_items([('Alice', '2341'), ('Beth', '9102'), ('Cecil', '3258'), ('Jack', '1234')])
```

使用字典对象的 get()方法返回键 key 对应的值 value，如下所示。

Python 程序设计与应用

```
>>> dict1.get('Alice')
'2341'
```

2.6.3 字典元素的添加、修改与删除

向字典添加新元素的方法是增加新的键-值对：

```
>>> school={'class1': 60, 'class2': 56, 'class3': 68, 'class4': 48}
>>> school['class5']=70              #添加新的元素
>>> school
{'class1': 60, 'class2': 56, 'class3': 68, 'class4': 48, 'class5': 70}
>>> school['class1']=62              #更新键 class1 所对应的值
>>> school
{'class1': 62, 'class2': 56, 'class3': 68, 'class4': 48, 'class5': 70}
```

由上可知，当以指定"键"为索引为字典元素赋值时，有两种情况：①若该"键"不存在，则表示为字典添加一个新元素，即一个键-值对；②若该"键"存在，则表示修改该"键"所对应的"值"。

此外，使用字典对象的 update()方法可以将另一个字典的元素一次性全部添加到当前字典的对象中，如果两个字典中存在相同的"键"，则只保留另一个字典中的键-值对，如下所示。

```
>>> school1={'class1': 62, 'class2': 56, 'class3': 68, 'class4': 48, 'class5': 70}
>>> school2={ 'class5': 78,'class6': 38}
>>> school1.update(school2)
>>> school1       #'class5'所对应的值取 school2 中'class5'所对应的值 78
{'class1': 62, 'class2': 56, 'class3': 68, 'class4': 48, 'class5': 78, 'class6': 38}
```

使用 del 命令可以删除字典中指定的元素，也可以删除整个字典，如下所示。

```
>>> del school2['class5']        #删除字典元素
>>> school2
{'class6': 38}
```

可以使用字典对象的 pop()方法删除指定键的字典元素并返回该键所对应的值，如下所示。

```
>>> dict2 = {'one': 1, 'two': 2, 'three': 3, 'four': 4}
>>> dict2.pop('four')
4
>>> dict2
{'one': 1, 'two': 2, 'three': 3}
```

可以利用字典对象的 clear()方法删除字典中的所有元素，如下所示。

```
>>> school1.clear()
>>> school1
{}
```

2.6.4 字典对象的常用方法

一旦字典对象被创建，即可使用字典对象的方法来操作字典。字典对象的常用方法如表 2-6 所示，其中 dict1 是一个字典对象。

36

表 2-6　字典对象的常用方法

方法	描述
dict1.clear()	删除字典中的所有元素，没有返回值
dict1.copy()	返回一个字典的浅复制，即复制时只会复制父对象，而不会复制对象内部的子对象，复制后对原 dict 内部的子对象进行操作时，浅复制 dict 会受操作的影响而变化
dict1.fromkeys(seq[, value]))	创建一个新字典，以序列 seq 中的元素为字典的键，value 为字典中所有键对应的初始值
dict1.get(key)	返回指定键 key 对应的值
dict1.items()	返回字典的键-值对所组成的(键, 值)元组列表
dict1.keys()	以列表形式返回一个字典中所有的键
dict1.update(dict2)	把字典 dict2 的键-值对更新到 dict1 里
dict1.values()	以列表形式返回字典中所有的值
dict1.pop(key)	删除键 key 所对应的字典元素，返回 key 所对应的值
dict1.popitem()	随机返回并删除字典中的一个键-值对（一般删除末尾的键-值对）

```
>>> dict1={'Jack': 18, 'Mary': 16, 'John': 20}
>>> print("字典 dict1 的初始元素个数: %d" %  len(dict1))
字典 dict1 的初始元素个数: 3
>>> dict1.clear()
>>> print("clear()后, 字典 dict1 的元素个数: %d" % len(dict1))
clear()后, 字典 dict1 的元素个数: 0
>>> dict2={'姓名':'李华','性别':['男','女']}
>>> dict2_1=dict2.copy()                    #浅复制
>>> print(' dict2_1:',dict2_1)
dict2_1: {'姓名': '李华', '性别': ['男', '女']}
>>> dict2['性别'].remove('女')
>>> print('对 dict2 执行 remove 操作后, dict2_1:',dict2_1)
对 dict2 执行 remove 操作后, dict2_1: {'姓名': '李华', '性别': ['男']} #'女'已不存在
>>> dict5 = {'Spring': '春', 'Summer': '夏', 'Autumn': '秋', 'Winter': '冬'}
>>> dict5.items()
dict_items([('Spring', '春'), ('Summer', '夏'), ('Autumn', '秋'), ('Winter', '冬')])
>>> for key,values in dict5.items():     #遍历字典
    print(key,values)


Spring 春
Summer 夏
Autumn 秋
Winter 冬
>>> for item in dict5.items():          #遍历字典列表
    print(item)


('Spring', '春')
('Summer', '夏')
('Autumn', '秋')
('Winter', '冬')
```

2.6.5 字典推导式

字典推导（生成）式和列表推导式的用法是类似的，只不过是把中括号改成了花括号。

```
>>> dict6 = {'physics': 1, 'chemistry': 2, 'biology': 3, 'history': 4}
#把 dict6 的每个元素键的首字母大写、键值变为 2 倍
>>> dict7 = { key.capitalize(): value*2 for key,value in dict6.items() }
>>> dict7
{'Physics': 2, 'Chemistry': 4, 'Biology': 6, 'History': 8}
```

2.7 集合数据类型

集合是无序可变序列，使用一对花括号"{}"作为界定符，元素之间使用逗号分隔，集合中的元素互不相同。集合的基本功能是进行成员关系测试和删除重复元素。集合中的元素可以是不同的类型（如数字、元组、字符串等）。但是，集合中不能有可变元素（如列表、集合、字典等）。

2.7.1 集合创建

使用赋值操作直接将一个集合赋值给变量以创建一个集合对象。

```
>>> student = {'Tom', 'Jim', 'Mary', 'Tom', 'Jack', 'Rose'}
```

也可以使用 set()函数将列表、元组等其他可迭代对象转换为集合，如果原来的数据中存在重复元素，则在转换为集合的时候只保留一个。

```
>>> set1 = set('cheeseshop')
>>> set1
{'s', 'o', 'p', 'c', 'e', 'h'}
```

注意 创建一个空集合必须用 set()，而不是"{ }"，因为"{ }"是用来创建一个空字典的。

2.7.2 集合元素添加

虽然集合中不能有可变元素，但是集合本身是可变的。也就是说，可以添加或删除其中的元素。可以使用集合对象的 add()方法添加单个元素，使用 update()方法添加多个元素，update()可以使用元组、列表、字符串或其他集合作为参数。

```
>>> set3 = {'a', 'b'}
>>> set3.add('c')                            #添加一个元素
>>> set3
{'b', 'a', 'c'}
>>> set3.update(['d', 'e', 'f'])             #添加多个元素
>>> set3
{'a', 'f', 'b', 'd', 'c', 'e'}
>>> set3.update(['o', 'p'], {'l', 'm', 'n'}) #添加列表和集合
>>> set3
{'l', 'a', 'f', 'o', 'p', 'b', 'm', 'd', 'c', 'e', 'n'}
```

2.7.3　集合元素删除

可以使用集合对象的 discard()和 remove()方法来删除集合中特定的元素。两者之间唯一的区别在于：如果集合中不存在指定的元素，则使用 discard()，集合保持不变；但在这种情况下，使用 remove()会引发 KeyError。集合对象的 pop()方法是从左边删除集合中的元素并返回删除的元素。集合对象的 clear()方法用于删除集合的所有元素。

```
>>> set4 = {1, 2, 3, 4}
>>> set4.discard(4)
>>> set4
{1, 2, 3}
>>> set4.remove(5)        #删除元素，不存在元素就抛出异常
Traceback (most recent call last):
  File "<pyshell#91>", line 1, in <module>
    set4.remove(5)
KeyError: 5
>>> set4.pop()            #针对同一个集合，删除集合元素的顺序是固定的，返回的即删除的元素
1
```

2.7.4　集合运算

Python 集合支持交集、并集、差集、对称差集等运算，如下所示。

```
>>> A={1,2,3,4,6,7,8}
>>> B={0,3,4,5}
```

交集：两个集合 A 和 B 的交集是由既属于 A 又属于 B 的所有元素构成的集合，使用操作符"&"执行交集操作，也可使用集合对象的方法 intersection()执行交集操作，如下所示。

```
>>> A&B                   #求集合 A 和 B 的交集
{3, 4}
>>> A.intersection(B)
{3, 4}
```

并集：两个集合 A 和 B 的并集是由这两个集合的所有元素构成的集合，使用操作符"|"执行并集操作，也可使用集合对象的方法 union()执行并集操作，如下所示。

```
>>> A | B
{0, 1, 2, 3, 4, 5, 6, 7, 8}
>>> A.union(B)
{0, 1, 2, 3, 4, 5, 6, 7, 8}
```

差集：集合 A 与集合 B 的差集是属于 A 且不属于 B 的所有元素构成的集合，使用操作符"–"执行差集操作，也可使用集合对象的方法 difference()执行差集操作，如下所示。

```
>>> A - B
{1, 2, 6, 7, 8}
>>> A.difference(B)
{1, 2, 6, 7, 8}
```

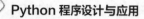

对称差：集合 A 与集合 B 的对称差集是由只属于其中一个集合而不属于另一个集合的所有元素构成的集合，使用操作符"^"执行对称差操作，也可使用集合对象的方法 symmetric_difference() 执行对称差操作，如下所示。

```
>>> A ^ B
{0, 1, 2, 5, 6, 7, 8}
>>> A.symmetric_difference(B)
{0, 1, 2, 5, 6, 7, 8}
```

子集：由某个集合中的一部分元素构成的集合，使用操作符"<"判断"<"左边的集合是否是"<"右边的集合的子集，也可使用集合对象的方法 issubset()完成，如下所示。

```
>>> C={1,3,4}
>>> C < A                        #C 集合是 A 集合的子集，返回 True
True
>>> C.issubset(A)
True
>>> C < B
False
```

2.7.5　集合推导式

集合推导式跟列表推导式差不多，它与列表推导式的区别在于：不使用方括号而使用花括号，结果中无重复元素。

```
>>> a = [1, 2, 3, 4, 5]
>>> squared = {i**2 for i in a}
>>> print(squared)
{1, 4, 9, 16, 25}
>>> strings = ['All','things','in','their','being','are','good','for','something']
>>> {len(s) for s in strings}        #长度相同的只留一个
{2, 3, 4, 5, 6, 9}
>>> {s.upper() for s in strings}
{'THINGS', 'ALL', 'SOMETHING', 'THEIR', 'GOOD', 'FOR', 'IN', 'BEING', 'ARE'}
```

2.8　Python 数据类型之间的转换

有时，人们需要转换数据的类型。数据类型的转换是通过将新数据类型作为函数名来实现的。数据类型之间的转换如表 2-7 所示。

表 2-7　数据类型之间的转换

函数	描述
int(x [,base])	将 x 转换为一个整数
float(x)	将 x 转换为一个浮点数
complex(real[,imag])	创建一个复数

续表

函数	描述
str(x)	将对象 x 转换为字符串
eval(str)	将字符串 str 当成有效的表达式来求值,并返回计算结果
tuple(s)	将序列 s 转换为一个元组
list(s)	将序列 s 转换为一个列表
set(s)	将序列 s 转换为可变集合
dict(d)	创建一个字典,d 必须是一个序列 (key,value)元组
frozenset(s)	将序列 s 转换为不可变集合
chr(x)	将整数 x 转换为一个字符
unichr(x)	将整数 x 转换为 Unicode 字符
ord(x)	将字符 x 转换为它的整数值
hex(x)	将整数 x 转换为一个十六进制字符串
oct(x)	将整数 x 转换为一个八进制字符串

下面重点讲述 eval(str)函数。eval(str)函数可将字符串 str 当成有效的表达式来求值并返回计算结果。eval()函数的常见作用介绍如下。

（1）计算字符串中有效的表达式,并返回结果。

```
>>> eval('pow(2,2)')
4
>>> eval('2 + 2')
4
```

（2）将字符串转换成相应的对象（如在 list、tuple、dict 和 string 之间进行转换）。

```
>>> a1 = "[[1,2], [3,4], [5,6], [7,8], [9,0]]"
>>> b = eval(a1)
>>> b
[[1, 2], [3, 4], [5, 6], [7, 8], [9, 0]]
>>> a2 = "{1:'xx',2:'yy'}"
>>> c = eval(a2)
>>> c
{1: 'xx', 2: 'yy'}
>>> a3 = "(1,2,3,4)"
>>> d = eval(a3)
>>> d
(1, 2, 3, 4)
```

eval()函数功能强大,但也很危险,若程序中有以下语句:

```
s=input('please input:')
print(eval(s))
```

则容易被恶意用户使用,实例如下。

（1）执行程序,如果用户恶意输入:

```
__import__('os').system('dir')
```

则 eval()之后的当前目录文件都会展现在用户面前。

（2）执行程序，如果用户恶意输入：

```
open('data.py').read()
```

而且当前目录中恰好有一个文件，名为 data.py，则恶意用户可读取到文件中的内容。

（3）执行程序，如果用户恶意输入：

```
__import__('os').system('del delete.py /q')
```

而且当前目录中恰好有一个文件，名为 delete.py，则恶意用户可删除该文件。

/q：指定静音状态，不提示用户确认删除。

2.9 Python 中的运算符

Python 支持的运算符类型有：算术运算符、比较（关系）运算符、赋值运算符、位运算符、逻辑运算符、成员运算符、身份运算符。

2.9.1 Python 算术运算符

常用的算术运算符如表 2-8 所示，其中变量 a 为 10，变量 b 为 23。

表 2-8　常用的算术运算符

算术运算符	描述	实例
+	加：两个对象相加	a + b 输出结果 33
−	减：得到负数或是一个数减去另一个数	a − b 输出结果−13
*	乘：两个数相乘或是返回一个被重复若干次的字符串	a * b 输出结果 230
/	除：如 b 除以 a 可表示成 b / a	b / a 输出结果 2.3
%	取余：返回除法的余数	b % a 输出结果 3
**	幂：如 a 的 b 次幂可表示成 a**b	a**b 为 10 的 23 次方
//	取整除：向下取接近商的整数	8//3 输出结果 2，9.0//2.0 输出结果 4.0，−9//2 输出结果−5

2.9.2 Python 比较（关系）运算符

比较（关系）运算符用于比较自身两边的值，并确定它们之间的关系。比较运算符如表 2-9 所示，其中变量 a 的值为 10，变量 b 的值为 23。

表 2-9　关系运算符

比较运算符	描述	实例
==	等于：比较两个对象是否相等	(a == b) 返回 False
!=	不等于：比较两个对象是否不相等	(a != b) 返回 True

比较运算符	描述	实例
>	大于：如 x>y 返回 x 是否大于 y	(a > b) 返回 False
<	小于：如 x<y 返回 x 是否小于 y，所有比较运算符返回 1 表示真，返回 0 表示假，1 和 0 分别与特殊的变量 True 和 False 等价	(a < b) 返回 True
>=	大于或等于	(a >= b) 返回 False
<=	小于或等于	(a <= b) 返回 True

2.9.3　Python 赋值运算符

赋值运算符如表 2-10 所示，其中变量 a 的值为 10，变量 b 的值为 23。

表 2-10　赋值运算符

赋值运算符	描述	实例
=	简单的赋值运算符	c = a + b 将 a + b 的运算结果赋值给 c
+=	加法赋值运算符	c += a 等效于 c = c + a
−=	减法赋值运算符	c −= a 等效于 c = c − a
*=	乘法赋值运算符	c *= a 等效于 c = c * a
/=	除法赋值运算符	c /= a 等效于 c = c / a
%=	取余赋值运算符	c %= a 等效于 c = c % a
**=	幂赋值运算符	c **= a 等效于 c = c ** a
//=	取整除赋值运算符	c //= a 等效于 c = c // a

2.9.4　Python 位运算符

位运算符是把数字看作二进制数来进行计算的。Python 中的位运算符如表 2-11 所示，其中变量 a 的值为 57，变量 b 的值为 12。

表 2-11　位运算符

位运算符	描述	实例
&	按位与运算符：如果参与运算的两个值的相应位都为 1，则该位的结果为 1，否则为 0	(a & b) 输出结果 8，二进制解释：0b1000
|	按位或运算符：只要对应的两个二进制位有一个为 1，结果位就为 1	(a | b) 输出结果 61，二进制解释：0b111101
^	按位异或运算符：当对应的两个二进制位相异时，结果为 1	(a^b) 输出结果 53，二进制解释：0b110101
~	按位取反运算符：对数据的每个二进制位取反，即把 1 变为 0，把 0 变为 1	(~a) 输出结果 −58，二进制解释：−0b111010
<<	左移动运算符：运算数的各二进制位全部左移若干位，由 "<<" 右边的数指定移动的位数，高位丢弃，低位补 0	a << 2 输出结果 228，二进制解释：0b11100100
>>	右移动运算符：把 ">>" 左边的运算数的各二进制位全部右移若干位，">>" 右边的数移动指定的位数	a >> 2 输出结果 14，二进制解释：0b1110

2.9.5 Python 逻辑运算符

Python 支持的逻辑运算符如表 2-12 所示，其中变量 a 的值为 10，变量 b 的值为 30。

表 2-12　逻辑运算符

逻辑运算符	逻辑表达式	描述	实例
and	x and y	布尔"与"：如果 x 为 False，则 x and y 返回 False，否则返回 y 的计算值	a and b 返回 30
or	x or y	布尔"或"：如果 x 是 True，则返回 x 的值，否则返回 y 的计算值	a or b 返回 10
not	not x	布尔"非"：如果 x 为 True，则返回 False；如果 x 为 False，则返回 True	not(a and b)返回 False

注意　在 Python 中，特殊值 False 和 None、所有类型的数字 0（包括浮点型、长整型和其他类型）、空序列（如空白字符串、元组和列表）以及空的字典都会被解释为 False。其他的都被解释为 True，包括特殊值 True。

2.9.6 Python 成员运算符

Python 成员运算符用于测试给定值是否为序列中的成员，序列可以是字符串、列表、元组等。成员运算符有两个，如表 2-13 所示。

表 2-13　成员运算符

成员运算符	逻辑表达式	描述
in	x in y	如果 x 在 y 序列中，则返回 True；否则，返回 False
not in	x not in y	如果 x 不在 y 序列中，则返回 True；否则，返回 False

2.9.7 Python 身份运算符

身份运算符用于比较两个对象的内存位置。常用的身份运算符如表 2-14 所示。

表 2-14　身份运算符

运算符	描述	实例
is	is 用来判断两个标识符是不是引用自同一个对象	x is y，类似 id(x) == id(y)。如果两者引用的是同一个对象，则返回 True；否则，返回 False
is not	is not 用来判断两个标识符是不是引用自不同对象	x is not y，类似 id(a) != id(b)。如果两者引用的不是同一个对象，则返回 True；否则，返回 False

is 与==的区别：is 用于判断两个变量引用的是否为同一个对象，==用于判断引用变量的值是否相等，一个比较的是引用对象，另一个比较的是两者的值。

```
>>>a = [1, 2, 3]
>>> b = a
>>> b is a
```

```
True
>>> b == a
True
>>> c = a[:]                    #列表切片返回得到一个新列表
>>> c is a
False
>>> id(a)
51406344
>>> id(c)
51406280
>>> c == a
True
```

2.9.8　Python 运算符的优先级

运算符的优先级与结合方向共同决定了运算符的计算顺序。运算时，最先计算括号内的表达式，括号也可以嵌套，最先计算的是最里面括号中的表达式。当计算不包含括号的表达式时，可以根据运算符优先规则与组合规则使用运算符。表 2-15 列出了从最高到最低优先级的运算符。

表 2-15　从最高到最低优先级的运算符

优先级	运算符	描述
从上到下由高到低	**	指数（最高优先级）
	~, +, −	按位翻转，一元加号和减号
	*, /, %, //	乘，除，取模，取整除
	+, −	加法，减法
	>>, <<	右移、左移运算符
	&	按位与运算符
	^, |	位运算符
	<=, <, >, >=	比较运算符
	<>, ==, !=	等于运算符
	=, %=, /=, //=, −=, +=, *=, **=	赋值运算符
	is, is not	身份运算符
	in, not in	成员运算符
	not, or, and	逻辑运算符

2.10　Python 中的数据输入

Python 程序通常包括输入和输出，以实现程序与外部世界的交互。程序通过输入接收待处理的数据，然后执行相应的处理，最后通过输出返回处理的结果。

Python 内置了输入函数 input() 和输出函数 print()，使用它们可以使程序与用户进行交互。input() 从标准输入中读入一行文本，默认的标准输入是键盘。input() 无论接收何种输入，都会被存为字符串。

```
>>> input()                          #input()执行后，会等待任意字符的输入，按回车键可结束输入
hello
'hello'
>>> name = input("请输入：")          #将输入的内容作为字符串赋值给 name 变量
请输入：zhangsan                      #请输入：为输入提示信息
>>> type(name)
<class 'str'>                         #显示 name 的类型为字符串 str
```

input()结合 eval()可同时接收多个数据输入，多个输入之间的间隔符必须是逗号。

```
>>> a, b, c=eval(input())
1,2,3
>>> print(a,b,c)
1 2 3
```

在命令行格式的 Python shell 中输入密码时，如果想要输入不可见，则需要利用 getpass 模块中的 getpass 方法，如图 2-1 所示。在 IDLE 中调用 getpass 函数，会显示输入的密码，只有在 Python Shell 或 Windows 下的 cmd 中才不会显示密码。

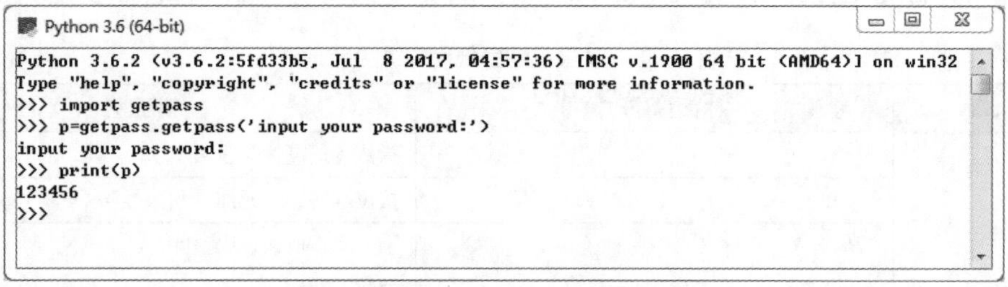

图 2-1　利用 getpass 实现输入不可见

getpass 模块提供了与平台无关的在命令行下输入密码的方法，该模块主要提供两个函数和一个报警。一个函数是 getuser，另一个函数是 getpass。一个报警为 GetPassWarning（当输入的密码可能会显示时抛出，该报警为 UserWarning 的一个子类）。getpass.getuser()函数返回登录的用户名，不需要参数。在 IDLE 中调用 getpass 函数，执行情况如下所示。

```
>>> import getpass
>>> p=getpass.getpass('input your password:')
Warning: Password input may be echoed.        #密码显示时抛出报警
input your password:123456
>>> print(p)
123456
>>> getpass.getuser()
'caojie'
```

2.11　Python 中的数据输出

Python 有 3 种输出值的方式：表达式语句、print()函数和字符串对象的 format()方法。

2.11.1　表达式语句输出

Python 中表达式语句可直接输出。

```
>>> "Hello World"
'Hello World'
```

2.11.2　print()函数输出

print()函数的语法格式：

```
print([object1,...], sep= "", end='\n', file=sys.stdout)
```

参数说明如下。

（1）[object1,...]为待输出的对象，可以一次输出多个对象，输出多个对象时，需要用 "," 分隔它们，并且会依次打印每个对象，遇到逗号 "," 会输出一个空格。举例如下。

```
>>> a1, a2, a3="aaa", "bbb", "ccc"
>>> print(a1,a2,a3)
aaa bbb ccc
```

（2）sep=""用来分隔多个对象，默认值是一个空格，还可以将其设置成其他字符。

```
>>> print(a1, a2, a3, sep="***")
aaa***bbb***ccc
```

（3）end="\n"参数用来设定以什么结尾，默认值是换行符，也可以将其设置成其他字符。用这个选项可以实现不换行输出，如使用 end=" "。

```
a1, a2, a3="aaa", "bbb", "ccc"
print(a1 , end="@")
print(a2 , end="@")
print(a3)
```

上述代码作为一个程序文件执行，得到的输出结果如下。

```
aaa@bbb@ccc
```

（4）参数 file 用来设置把 print 输出的值打印到什么地方，可以是默认的系统输出 sys.stdout，（默认输出到终端），也可以设置 file=文件，把内容存到该文件中。

```
>>> f = open(r'a.txt', 'w')
>>> print('python is good', file=f)
>>> f.close()
```

在上述代码中，python is good 被保存到了 a.txt 文件中。

print()函数输出说明如下。

（1）print()函数可直接输出字符串和数值类型。

```
>>> print(1)
1
>>> print('Hello World')
Hello World
```

（2）print()函数可直接输出变量。

无论什么类型的变量，如数值型、布尔型、列表型、字典型等，都可以被直接输出。

```
>>> s = 'Hello'
>>> print(s)
Hello
>>> L = [1,2,'a']
>>> print(L)
[1, 2, 'a']
>>> d = {'a':1,'b':2,'c':3}
>>> print(d)
{'a': 1, 'b': 2, 'c': 3}
```

（3）print()函数的格式化输出。

print()函数可使用一个字符串模板进行格式化输出，模板中有格式符，这些格式符会为真实值输出预留位置，并指定真实值输出的数据格式（类型）。Python 用一个元组将多个值传递给模板，每个值对应一个格式符，举例如下。

```
>>> print("%s speak plainer than %s." % ('Facts', 'words'))
Facts speak plainer than words.        #事实胜于雄辩
```

在上面的例子中，"%s speak plainer than %s."为格式化输出时的字符串模板。%s 为一个格式符，数据输出的格式为字符串类型。('Facts', 'words')的两个元素'Facts'和'words'分别传递给第 1 个 %s 和第 2 个%s 以进行输出。

在模板和元组之间，有一个%，它表示格式化操作。

整个"%s speak plainer than %s." % ('Facts', 'words')实际上构成了一个字符串表达式，可以将它像一个正常的字符串那样赋值给某个变量：

```
>>> a = "%s speak plainer than %s." % ('Facts', 'words')
>>> print(a)
Facts speak plainer than words.
>>> print('指定总宽度和小数位数|%8.2f|' % (123))
指定总宽度和小数位数|123.00|
```

还可以对格式符进行命名，用字典来传递真实值：

```
>>> print("I'm %(name)s. I'm %(age)d year old." % {'name':'Mary', 'age':18})
I'm Mary. I'm 18 year old.
>>> print("%(What)s is %(year)d." % {"What":"This year","year":2017})
This year is 2017.
```

可以看到，上面的代码中对两个格式符进行了命名，命名使用()括起来，每个命名对应字典的一个键。当格式字符串中含有多个格式符时，使用字典来传递真实值可避免为格式符传错值。

Python 支持的格式符如表 2-16 所示。

表 2-16 格式符

格式符	描述
%s	字符串（采用 str()显示）
%r	字符串（采用 repr()显示）
%c	单个字符
%b	二进制整数
%d	十进制整数
%o	八进制整数
%x	十六进制整数
%e	指数（基底为 e）
%f	浮点数
%%	字符%

可以用以下方式对输出格式进行进一步控制：

```
'%[(name)][flags][width].[precision]type'%x
```

其各组成部分介绍如下。

- name 可为空，用于对格式符进行命名。
- flags 可以为+、-、' '或 0。+表示右对齐；-表示左对齐；' '为一个空格，表示在正数的左侧填充一个空格，从而与负数对齐；0 表示使用 0 填充空位。
- width 表示显示的宽度。
- precision 表示小数点后精度。
- type 表示输出数据的格式（类型）。
- x 表示待输出的表达式。

具体示例如下。

```
>>> print("%+10x" % 10)
       +a
>>> print("%04d" % 5)
0005
>>> print("%6.3f%%" % 2.3)
 2.300%
```

2.11.3 字符串对象的 format()方法输出

str.format()方法输出使用花括号{}来包围 str 中被替换的字段，也就是待替换的字符串，而未被花括号包围的字符串会原封不动地出现在输出结果中。

1. 使用位置索引

以下两种写法是等价的：

```
>>> "Hello, {} and {}!".format("John", "Mary")     #不设置指定位置，按默认顺序
'Hello, John and Mary!'
>>> "Hello, {0} and {1}!".format("John", "Mary")   #设置指定位置
'Hello, John and Mary!'
```

花括号内部可以写上待输出的目标字符串的索引，也可以省略。如果省略，则按 format 后面括号里待输出的目标字符串顺序依次替换。

```
>>> '{1}{0}{1}'.format('言','文')
'文言文'
>>> print('{0}+{1}={2}'.format(1,2,1+2))
1+2=3
```

2. 使用关键字索引

除了可以通过位置来指定待输出的目标字符串的索引，还可以通过关键字来指定待输出的目标字符串的索引。

```
>>> "Hello, {boy} and {girl}!".format(boy="John", girl="Mary")
'Hello, John and Mary!'
>>> print("{a}{b}".format(b="3", a="Python"))      #输出 Python3
Python3
```

使用关键字索引时，无须关心参数的位置。在以后的代码维护中，能够快速地修改对应的参数，而不用对照字符串挨个去寻找相应的参数。然而，如果字符串本身含有花括号，则需要将其重复两次进行转义。例如，字符串本身含有{，为了让 Python 知道这是一个普通字符，而不是用于包围替换字段的花括号，只须将它改写成{{即可。

```
>>> "{{Hello}}, {boy} and {girl}!".format(boy="John", girl="Mary")
'{Hello}, John and Mary!'
```

3. 使用属性索引

在使用 str.format()来格式化字符串时，通常会将目标字符串作为参数传递给 format()方法。此外，还可以在格式化字符串中访问参数的某个属性，即使用属性索引。

```
>>> c = 3-5j
>>> '复数{0}的实部为{0.real}，虚部为{0.imag}。'.format(c)
'复数(3-5j)的实部为3.0，虚部为-5.0。'
```

4. 使用下标索引

```
>>> coord = (3, 5, 7)
>>> 'X: {0[0]}; Y: {0[1]}; Z: {0[2]}'.format(coord)
'X: 3; Y: 5; Z: 7'
```

5. str.format()的一般形式

str.format()格式化字符串的一般形式如下。

```
"… {field_name:format_spec}… "
```

格式化字符串主要由 field_name 和 format_spec 两部分组成，它们分别对应替换字段的名称（索引）和格式描述。

格式描述中主要有 6 个选项，分别是 fill、align、sign、width、precision 和 type。它们的位置关系如下。

```
[[fill]align][sign][0][width][,][.precision][type]
```

- "fill" 代表填充字符，可以是任意字符，默认为空格。
- "align" 对齐方式参数仅当指定最小宽度时有效，align 为 "<" 表示左对齐（默认选项）；为 ">" 表示右对齐；为 "=" 则仅对数字有效，即将填充字符放到符号与数字之间，例如：+0001234；为 "^" 表示居中对齐。
- "sign" 数字符号参数，仅对数字有效，sign 为 "+" 时，所有数字均带有符号；sign 为 "–" 时，仅负数带有符号（默认选项）。
- "," 参数自动在每 3 个数字之间添加 "," 分隔符。
- "width" 参数针对十进制数字，定义最小宽度，如果未指定，则由内容的宽度来决定。如果没有指定对齐方式，那么可以在 width 前面添加一个 0 以实现自动填充 0，等价于 fill 设为 0，并且 align 设为 "="。
- "precision" 参数用于指定浮点数的精度，或字符串的最大长度，不可用于整型数值。
- "type" 指定参数类型，默认为字符串类型。

具体示例如下。

```
>>> "{1:>8b}".format("181716",16)    #将 16 以二进制的形式输出
'   10000'
>>> "{:-^8}".format("181716")
'-181716-'
>>> "{:-<25}>".format("Here ")
'Here -------------------->'
```

2.12 Python 库的导入与扩展库的安装

Python 启动后，默认情况下它并不会将所有的功能都加载（也称 "导入"）进来，要使用某些模块（也称库，一般不做区分），必须先把这些模块加载进来，才可以使用这些模块中的函数。此外，有时甚至需要额外安装第三方的扩展库。所谓模块，就是把一组相关的函数或类组织到一个文件中，一个文件即是一个模块。函数是一段可以重复多次调用的代码。每个模块文件可看作一个独立、完备的命名空间，在一个模块文件内无法看到其他模块文件定义的变量名，除非它明确地导入了该文件。

2.12.1 库的导入

Python 本身内置了很多功能强大的库，如与操作系统相关的 os 库、与数学相关的 math 库等。Python 导入库或模块的方式有常规导入和使用 from 语句导入等。

1. 常规导入

常规导入是最常使用的导入方式，导入方式如下所示。

```
import 库名
```

通过这种方式可以一次性导入多个库，导入方式如下所示。

```
import os, math, time
```

在导入模块时，还可以重命名这个模块，如下所示。

```
import sys as system
```

上面的代码将导入的 sys 模块重命名为 system。人们既可以按照以前 "sys.方法" 的方式调用模块的方法，也可以用 "system.方法" 的方式调用模块的方法。

2. 使用 from 语句导入

很多时候只需要导入一个模块或库中的某个部分，这时候可通过联合使用 import 和 from 来实现这个目的。

```
from math import sin
```

上面这行代码可以让用户直接调用 sin：

```
>>> from math import sin
>>> sin(0.5)                    #计算 0.5 弧度的正弦值
0.479425538604203
```

也可以一次导入多个函数，导入方式如下。

```
>>> from math import sin, exp, log
```

还可以直接导入 math 库中的所有函数，导入方式如下。

```
>>> from math import *
>>> exp(1)
2.718281828459045
>>> cos(0.5)
0.8775825618903728
```

但是，如果利用上述方法导入库中的大量函数，则容易引起命名冲突，因为不同库中可能含有同名的函数。

2.12.2　扩展库的安装

当前，pip 已成为管理 Python 扩展库的主流方式，使用 pip 不仅可以查看本机已安装的 Python 扩展库，还支持 Python 扩展库的安装、升级和卸载等操作。常用的 pip 操作如表 2-17 所示。

表 2-17　常用的 pip 操作

pip 操作示例	描述
pip install xxx	安装 xxx 模块
pip list	列出已安装的所有模块
pip install --upgrade xxx	升级 xxx 模块
pip uninstall xxx	卸载 xxx 模块

使用 pip 安装 Python 扩展库时，需要保证计算机联网，然后在命令提示符环境中通过 pip install xxx 进行安装，这里分两种情况。

（1）如果 Python 安装在默认路径下，则打开控制台直接输入"pip install 扩展库名"再按回车键即可。

（2）如果 Python 安装在非默认环境下，则在控制台中须先进入 pip.exe 所在目录（位于 Scripts 文件夹下），然后再输入"pip install 扩展库名"并按回车键。某用户的 pip.exe 所在目录为"D:\Python\Scripts"，如图 2-2 所示。

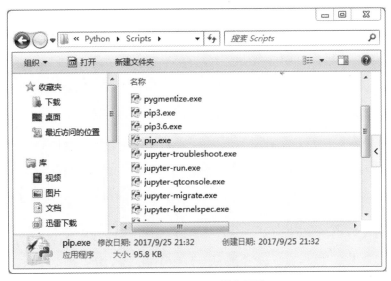

图 2-2 pip.exe 所在目录

此外，在 Python 安装文件夹中的 Scripts 文件夹下，按住 Shift 键再在空白处单击鼠标右键，选择"在此处打开命令窗口"直接进入 pip.exe 所在目录的命令提示符环境，进而即可通过"pip install 扩展库名"来安装扩展库。

习题 2

1. 在 Python 中，字典和集合都用一对_____作为定界符，字典中的每个元素由两部分组成，即_____和_____，其中_____不允许重复。

2. 在 Python 中，设有 s=('a','b','c','d','e','f)，则 s[2]值为_____；s[2:4]值为_____；s[:4]值为_____；s[2:]值为_____；s[1::2]值为_____；s[1:-1]值为_____。

3. 假设有列表 a=['Python','C','Java']和 b=[1, 3, 2]，请使用一个语句将这两个列表的内容转换为字典，并且要求以列表 a 中的元素为键，以列表 b 中的元素为值，则这个语句可以写为_____。

4. 假设有一个列表 a，现要求从列表 a 中每 3 个元素取 1 个，并且将取到的元素组成新的列表 b，则可以使用语句 b=_____。

5. 设计一个字典，并编写程序，将用户输入的内容作为键，然后输出字典中对应的值。如果用户输入的键不存在，则输出"您输入的键不存在！"。

6. 编写程序，使其实现当用户输入一个 3 位以上的整数时，其可输出该整数百位及百位以上的数字。例如，用户输入 1234，则程序输出 12。

7. 在 Python 中，导入模块中的对象有哪几种实现方式？

8. 使用 pip 命令安装 NumPy 和 SciPy 模块。

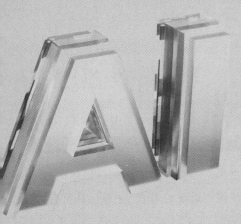

第 3 章

程序流程控制

Python 程序中的语句默认是按照书写顺序依次被执行的，我们称这样的语句之间的结构为顺序结构。在顺序结构中，各语句是按自上而下的顺序执行的，执行完上一条语句就自动执行下一条语句，语句之间的执行是不做任何判断的、无条件的。仅有顺序结构还是不够的，因为有时人们需要根据特定的情况有选择地执行某些语句，这时就需要一种具有选择结构的语句。另外，有时人们还需要在给定条件下重复执行某些语句，这些语句具有循环结构。有了顺序、选择和循环 3 种基本结构，就能够构建任意复杂的程序了。

3.1 布尔表达式

布尔表达式是由关系运算符和逻辑运算符按一定的语法规则组成的式子。关系运算符有：<（小于）、<=（小于或等于）、==（等于）、>（大于）、>=（大于或等于）、!=（不等于）。逻辑运算符有：and、or、not。

布尔表达式的值只有两个：True 和 False。在 Python 中，当 False、None、0、""、()、[]、{}作为布尔表达式时，它们会被解释器接收为假（False）。换句话说，特殊值 False 和 None、所有类型（包括浮点型、长整型和其他类型）的数字 0、空序列（如空白字符串、元组和列表）以及空的字典都会被解释为假。其他则会被解释为真，包括特殊值 True。

True 和 False 属于布尔数据类型（bool），它们都是保留字，不能在程序中被当作标识符。一个布尔变量可以代表 True 或 False 值中的一个。bool 函数（和 list、str 以及 tuple 一样）可以用来转换其他值。

```
>>> type(True)
<class 'bool'>
>>> bool('Practice makes perfect.')      #转换为布尔值
True
>>> bool(101)                            #转换为布尔值
True
>>> bool('')                             #转换为布尔值
False
>>> print(bool(4))
True
```

3.2 选择结构

选择结构通过判断某些特定条件是否满足来决定下一步执行哪些语句。Python 选择结构有多种：单向 if 选择语句、双向 if-else 选择语句、嵌套 if 选择语句、多向 if-elif-else 选择语句以及条件表达式。

3.2.1 单向 if 选择语句

if 语句用来判断给定的条件是否满足，根据判断的结果（真或假）决定是否执行给定的操作。if 语句是一种单选结构，它选择的是做或者不做。它由 3 部分组成：关键字 if 本身、布尔表达式和布尔表达式结果为真时要执行的代码。if 语句的语法格式如下。

```
if 布尔表达式 :
    语句块
```

if 语句的流程如图 3-1 所示。

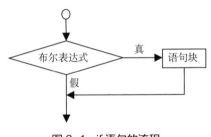

图 3-1　if 语句的流程

注意　单向 if 语句的语句块只有当布尔表达式的值为真（即非零）时，才会被执行；否则，程序就会直接跳过这个语句块，去执行紧跟在这个语句块之后的语句。这里的语句块，既可以包含多条语句，也可以只有一条语句。当语句块由多条语句组成时，它们要有统一的缩进形式，相对于 if 向右至少缩进一个空格，否则会出现逻辑错误，即语法检查没错，但是结果却非预期。

【例 3-1】　输入一个整数，如果这个整数是 5 的倍数，则输出"输入的整数是 5 的倍数"，如果这个整数是 2 的倍数，则输出"输入的整数是 2 的倍数"。（3-1.py）

说明　求解例 3-1 的程序文件将被命名为 3-1.py，后面章节会多次使用这种表示方式。

3-1.py 程序文件：

```
num=eval(input('输入一个整数： '))  #eval(str)将字符串 str 当成有效的表达式来求值
if num%5==0:
    print('输入的整数%d 是 5 的倍数'%num)
if num%2==0:
    print('输入的整数%d 是 2 的倍数'%num)
```

3-1.py 在 IDLE 中执行的结果如图 3-2 所示。

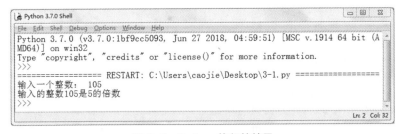

图 3-2　3-1.py 执行的结果

3.2.2　双向 if-else 选择语句

前面的 if 语句是一种单选结构，如果布尔表达式为真，则执行指定的操作，否则就会跳过该指定的操作。所以，if 语句选择的是做与不做的问题。而 if-else 语句是一种双选结构，根据表达式是真还是假来决定执行哪些语句，它选择的不是做与不做的问题，而是在两种备选操作中选择哪一个操作的问题。if-else 语句由 5 部分组成：关键字 if、布尔表达式、布尔表达式结果为真时要执行的语句块 1、关键字 else 以及布尔表达式结果为假时要执行的语句块 2。if-else 语句的语法格式如下。

```
if 布尔表达式：
    语句块 1
else:
    语句块 2
```

if-else 语句的流程如图 3-3 所示。

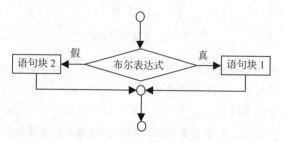

图 3-3　if-else 语句的流程

从 if-else 语句的流程示意图中可以看出：当布尔表达式为真时，执行语句块 1；当布尔表达式为假时，执行语句块 2。if-else 语句无论布尔表达式真假如何，它总要在两个语句块中选择一个语句块执行，双向结构的称谓由此而来。

【例 3-2】　编写一个小学生两位数减法的程序，程序随机产生两个两位数，然后向学生提问这两个数相减的结果是什么，在学生回答完问题之后，程序会显示一条信息以表明答案是否正确。（3-2.py）

```python
import random
num1 = random.randint(10, 100)
num2 = random.randint(10, 100)
if num1 < num2:
    num1, num2 = num2, num1
answer=int(input(str(num1) + '-' + str(num2) + '=' + ' ? '))
if num1-num2==answer:
    print('你是正确的!')
else:
    print('你的答案是错误的.')
    print(str(num1), '-' , str(num2), '=' , str(num1- num2))
```

在 cmd 窗口中，3-2.py 执行的结果如图 3-4 所示。

```
Python 3.7.0 Shell
File  Edit  Shell  Debug  Options  Window  Help
Python 3.7.0 (v3.7.0:1bf9cc5093, Jun 27 2018, 04:59:51) [MSC v.1914 64 bit (AMD6
4)] on win32
Type "copyright", "credits" or "license()" for more information.
>>>
================= RESTART: C:\Users\caojie\Desktop\3-2.py =================
63-26= ? 37
你是正确的!
>>>
                                                                    Ln: 7  Col: 4
```

图 3-4　3-2.py 执行的结果

注 意

● 每个条件后面均要使用冒号，表示接下来是满足条件后要执行的语句块。

● 使用缩进来划分语句块，相同缩进数的语句在一起会组成一个语句块。

3.2.3　嵌套 if 选择语句和多向 if-elif-else 选择语句

将一个 if 语句放在另一个 if 语句中就形成了一个嵌套 if 语句。

有时候，人们需要在多组操作中选择一组执行，这时就会用到多选结构，对于 Python 语言来说就是 if-elif-else 语句。该语句可以利用一系列布尔表达式进行检查，并在某个布尔表达式为真的情况下执行相应的代码。需要注意的是，虽然 if-elif-else 语句的备选操作较多，但是有且只有一组操作会被执行。if-elif-else 语句的语法格式如下。

```
if 布尔表达式 1 :
    语句块 1
elif 布尔表达式 2 :
    语句块 2
......
elif 布尔表达式 m :
    语句块 m
else :
    语句块 n
```

其中，关键字 elif 是 else if 的缩写。

【例 3-3】　利用多分支选择结构将成绩从百分制变换到等级制。（3-3.py）

```
score=float(input('请输入一个分数：'))
if score>=90.0:
        grade='A'
elif score>=80.0:
        grade='B'
elif score>=70.0:
        grade='C'
elif score>=60.0:
        grade='D'
else:
        grade='E'
print(grade)
```

在 cmd 窗口中，3-3.py 执行的结果如图 3-5 所示。

在例 3-3 中，if-elif-else 语句的执行过程如图 3-6 所示。首先测试第一个条件（score>=90.0），如果表达式的值为 True，则会 grade='A'。如果表达式的值为 False，则测试第 2 个条件（score>=80.0），若表达式的值为 True，则会 grade='B'。以此类推，如果所有的条件的值都是 False，则会 grade='E'。注意：一个条件只有在这个条件之前的所有条件都变成 False 之后才会被测试。

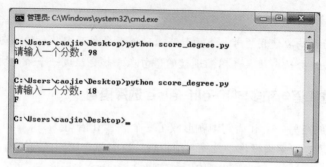

图 3-5　3-3.py 执行的结果

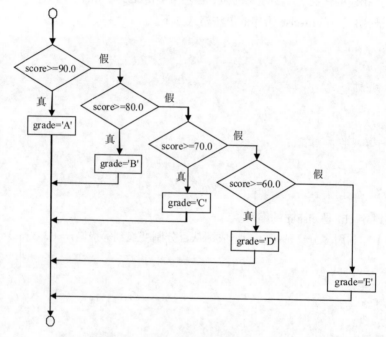

图 3-6　if-elif-else 语句的执行过程

3.3　条件表达式

有时，人们可能想给一个变量赋值，但又受一些条件的限制。例如，下面的语句在 x 大于 0 时将 1 赋给 y，在 x 小于或等于 0 时将 -1 赋给 y。

```
>>> x=2
>>> if x>0:
    y=1
else:
    y=-1
>>> print(y)
1
```

在 Python 中，还可以使用条件表达式 "y=1 if x>0 else –1" 来获取同样的效果。

```
>>> x=2
>>> y=1 if x>0 else -1
>>> print(y)
1
```

显然，对于上述问题使用条件表达式更简洁，用一行代码即可完成所有选择的赋值操作。条件表达式的语法结构如下所示。

```
表达式1 if 布尔表达式 else 表达式2
```

如果布尔表达式为真，则这个条件表达式的结果就是表达式 1；否则，结果就是表达式 2。

若想将变量 number1 和 number2 中较大的值赋给 max，则可使用下面的条件表达式完成。

```
max=number1 if number1>number2 else number2
```

判断一个数 number 是偶数还是奇数，并在是偶数时输出 "number 这个数是偶数"，是奇数时输出 "number 这个数是奇数"，可用一个条件表达式简单地编写一条语句来实现。

```
print(' number这个数是偶数' if number%2==0 else ' number 这个数是奇数')
```

3.4　while 循环结构

while 循环语句用于在某条件下循环执行某段程序，以处理需要重复处理的任务。while 语句的语法格式如下。

```
while 循环继续条件:
    循环体
```

while 循环流程如图 3-7 所示。循环体可以是一个单一的语句或一组具有统一缩进的语句。while 循环包含一个循环继续条件，即控制循环执行的布尔表达式，每次循环都会计算该布尔表达式的值，如果计算结果为真，则执行循环体；否则，终止整个循环并将程序控制权转移到 while 循环后的语句。while 循环是一种条件控制循环，它是根据一个条件的真假来控制是否继续循环的。使用 while 语句通常会遇到两种类型的问题：一种是循环次数事先确定的问题；另一种是循环次数事先不确定的问题。

显示 Python is very fun!100 次的 while 循环的流程如图 3-8 所示，循环继续条件是 count<100，该循环的循环体包含两条语句：

```
print('Python is very fun!')
count=count+1
```

【例 3-4】　计算 1+2+3+...+100，即 $\sum_{i=1}^{100} i$ 。（3-4.py）

问题分析：

（1）这是一个累积求和的问题，需要先后将 1～100 这 100 个数相加，重复进行 100 次加法

运算。这可使用 while 循环语句来实现，重复执行循环体 100 次，每次加一个数。

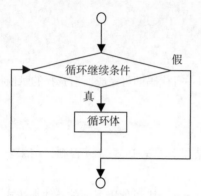

图 3-7　while 循环流程

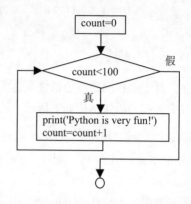

图 3-8　while 循环显示 Python is very fun! 100 次

（2）可以发现每次累加的数都是有规律的，后一个加数比前一个加数大 1，这样在加完上一个加数 i 后，使 i 加 1 就可以得到下一个加数。

```
n=100
sum = 0              #定义变量 sum 的初始值为 0
i = 1                #定义变量 i 的初始值为 1
while i <= n:
    sum = sum + i
    i =i+ 1
print("1 到 %d 之和为: %d" % (n,sum))
```

在 IDLE 中，3-4.py 执行的结果如下。

```
1～100 之和为: 5050
```

假设循环体被错误地写成如下所示。

```
n=100
sum = 0
i = 1
while i <= n:
    sum = sum + i
i = i + 1
print("1 到 %d 之和为: %d" % (n, sum))
```

由于整个循环体必须被内缩进循环内部，这里的语句 i = i + 1 不在循环内部，因此这是一个无限循环，因为 i 一直是 1，而 i <= n 总是为真。

注意　确保循环继续条件最终变成 False，以便结束循环。编写循环程序时，常见的程序设计错误是循环继续条件总是为 True，循环变成无限循环。如果一个程序执行后，经过相当长的时间也没有结束，那么它可能就是一个无限循环。如果通过命令行执行这个程序，则可按 Ctrl+C 来结束它。在服务器上响应客户端的实时请求时，无限循环非常有用。

【**例 3-5**】　打印出所有的"水仙花数"，所谓"水仙花数"是指一个三位的十进制数，其

各位数字的立方和等于该数字本身。例如：153 是一个"水仙花数"，因为 $153=1^3+5^3+3^3$。（3-5.py）

问题分析：

（1）"水仙花数"是一个三位的十进制数，因而本题需要对 100～999 范围内的每个数进行是否是"水仙花数"的判断。

（2）每次需要判断的数是有规律的，后一个数比前一个数大 1，这样在判断完上一个数 i 后，使 i 加 1 就可以得到下一个数，因而变量 i 既是循环变量，也是被判断的数。

```python
i = 100                      #为变量 i 赋初始值
print('所有的水仙花数是：', end='')
while i <= 999:              #循环继续的条件
    c = i%10                 #获得个位数
    b = i//10%10             #获得十位数
    a = i//100               #获得百位数
    if a**3+b**3+c**3==i:    #判断是否是"水仙花数"
        print(i,end=' ')     #打印水仙花数
    i = i+1                  #变量 i 增加 1
```

在 IDLE 中，3-5.py 执行的结果如下。

```
所有的水仙花数是：153 370 371 407
```

【例 3-6】　将一个列表中的数进行奇、偶分类，并分别输出所有的奇数和偶数。（3-6.py）

```python
numbers=[1,2,4,6,7,8,9,10,13,14,17,21,26,29]
even_number=[]
odd_number=[]
while len(numbers) > 0:
    number=numbers.pop()
    if(number%2 == 0):
        even_number.append(number)
    else:
        odd_number.append(number)
print('列表中的偶数有', even_number)
print('列表中的奇数有', odd_number)
```

在 IDLE 中，3-6.py 执行的结果如下。

```
列表中的偶数有[26, 14, 10, 8, 6, 4, 2]
列表中的奇数有[29, 21, 17, 13, 9, 7, 1]
```

■ 3.5　while 循环控制策略

要想编写一个能够正确工作的 while 循环，需要考虑以下 3 步。

第 1 步：确认需要循环的循环体语句，即确认重复执行的语句序列。

第 2 步：把循环体语句放在循环内。

第 3 步：编写循环继续条件，并添加合适的语句，以控制循环能在有限步内结束，即能使循环继续条件的值变成 False。

3.5.1 交互式循环

交互式循环是无限循环的一种，允许用户通过交互的方式重复循环体的执行，直到用户输入特定的值结束循环。

【例 3-7】 编写小学生 100 以内加法训练程序，使其在学生结束测验后能报告正确答案的个数和测验所用的时间，并能让学生自己决定随时结束测验。（3-7.py）

```python
import random
import time
correctCount=0                      #记录正确答对数
count=0                             #记录回答的问题数
continueLoop='y'                    #让用户来决定是否继续答题
startTime=time.time()               #记录开始时间
while continueLoop=='y':
    number1=random.randint(0,50)
    number2=random.randint(0,50)
    answer=eval(input(str(number1)+'+'+str(number2)+'='+'?'))
    if number1+number2==answer:
        print('你的回答是正确的！')
        correctCount+=1
    else:
        print('你的回答是错误的。')
        print(number1,'+',number2,'=',number1+number2)
    count+=1
    continueLoop=input('输入 y 继续答题，输入 n 退出答题：')
endTime=time.time()                 #记录结束时间
testTime=int(endTime-startTime)
print("正确率：%.2f%%\n测验用时：%d 秒" % ((correctCount/count)*100,testTime))
```

在 IDLE 中，3-7.py 执行的结果如下。

```
2+36=?38
你的回答是正确的！
输入 y 继续答题，输入 n 退出答题：y
8+28=?38
你的回答是错误的。
输入 y 继续答题，输入 n 退出答题：n
```

3.5.2 哨兵式循环

另一个控制循环结束的方法是指派一个特殊的输入值，这个值称作哨兵值，它表明输入的结束。所谓哨兵式循环是指执行循环语句直至遇到哨兵值，循环体语句才终止执行的循环。

哨兵式循环是求平均数的较好方案，思路如下。

（1）设定一个哨兵值作为循环终止的标志。

（2）任何值都可以作为哨兵值，但要与实际数据有所区别。

【例 3-8】　计算不确定人数的班级的平均成绩。（3-8.py）

```
total = 0
gradeCounter = 0   #记录输入的成绩个数
grade = int(input("输入一个成绩，若输入-1，则结束成绩输入："))
while grade != -1:
    total = total + grade
    gradeCounter = gradeCounter + 1
    grade = int(input("输入一个成绩，若输入-1，则结束成绩输入："))
if gradeCounter != 0:
    average = total / gradeCounter
    print("平均分是：%.2f"%(average))
else:
    print('没有录入学生成绩')
```

在 IDLE 中，3-8.py 执行的结果如下。

```
输入一个成绩，若输入-1，则结束成绩输入：86
输入一个成绩，若输入-1，则结束成绩输入：88
输入一个成绩，若输入-1，则结束成绩输入：-1
平均分是：87.00
```

3.5.3　文件式循环

在例 3-8 中，如果要输入的数据很多，那么通过键盘输入所有数据将非常麻烦。人们可以事先将数据录入到文件中，然后将这个文件直接作为程序的输入，以避免人工输入的麻烦，同时也便于编辑修改。面向文件的方法是数据处理的典型应用。例如，可以把数据存储在一个文本文件（如命名为 input.txt）里，并使用下面的命令来执行这个程序：

```
python StatisticalMeanValue.py < input.txt
```

这个命令称作输入重定向，用户不再需要在程序执行时从键盘录入数据，而是可以从文件 input.txt 中获取输入数据。同样地，输出重定向是把程序执行结果输出到一个文件里，而不是屏幕上。输出重定向的命令为：

```
python StatisticalMeanValue.py > output.txt
```

在同一条命令里，可以同时使用输入重定向与输出重定向。例如，下面这个命令从 input.txt 中读取输入数据，然后把输出数据写入文件 output.txt 中。

```
python StatisticalMeanValue.py < input.txt > output.txt
```

假设 input.txt 这个文件中包含下面的数字（每行一个）：

```
45
80
90
98
68
-1
```

在命令行窗口中，3-8.py 从文件 input.txt 中获取输入数据后执行的结果如图 3-9 所示。

图 3-9 从文件 input.txt 中获取输入数据后执行的结果

【例 3-9】 将例 3-8 的程序改写为文件读取方式更为简洁的程序，改写后的程序代码如下。
（3-9.py）

```
FileName=input('输入数据所在的文件的文件名：')
infile=open(FileName,'r')          #打开文件
sum=0
count=0
line=infile.readline()             #按行读取数据
while line!='-1':
    sum=sum+eval(line)
    count=count+1
    line=infile.readline()
if count!= 0:
    average = float(sum) / count
    print("平均分是", average)
else:
    print('没有录入学生成绩')
infile.close()                     #关闭文件
```

3-9.py 在命令行窗口中执行的结果如图 3-10 所示。

图 3-10 3-9.py 在命令行窗口中执行的结果

3.6 for 循环结构

3.6.1 for 循环的基本用法

循环结构在 Python 语言中有两种表现形式，一种是前面的 while 循环，另一种就是 for 循环。
for 循环是一种遍历型的循环，因为它会依次对某个序列中的全体元素进行遍历，遍历完所有元

素之后便终止循环。列表、元组、字符串都是序列，序列类型有着相同的访问模式：它的每个元素均可通过指定一个偏移量的方式得到，而多个元素可以通过切片操作的方式得到。

for 循环的语法格式如下。

```
for 控制变量 in 可遍历序列：
    循环体
```

这里的关键字 in 是 for 循环的组成部分，而非运算符 in。"可遍历序列"里保存了多个元素，且这些元素按照一个接一个的方式被存储。"可遍历序列"被遍历处理，每次循环时，都会将"控制变量"设置为"可遍历序列"的当前元素，然后执行循环体。当"可遍历序列"中的元素被遍历一遍后，退出循环。for 语句的流程如图 3-11 所示。

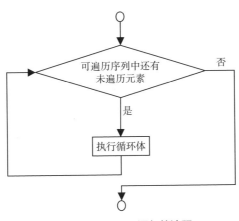

图 3-11　for 语句的流程

3.6.2　for 循环适用的对象

for 循环可用于迭代容器对象中的元素，这些对象可以是列表、元组、字典、集合、文件，甚至可以是自定义类或者函数，举例如下。

1. 作用于列表

【例 3-10】　向姓名列表中添加新姓名。（3-10.py）

```
Names = ['宋爱梅','王志芳','于光','贾隽仙','贾燕青','刘振杰','郭卫东','崔红宇','马福平']
print("-----添加之前，列表 A 的数据-----")
for Name in Names:
    print( Name,end=' ')
print(' ')
continueLoop='y'                             #让用户来决定是否继续添加
while continueLoop=='y':
    temp = input('请输入要添加的学生姓名:')        #提示并添加姓名
    Names.append(temp)
    continueLoop=input('输入 y 继续添加，输入 n 退出添加：')
print ("-----添加之后，列表 A 的数据-----")
for Name in Names:
    print(Name, end=' ')
```

在 IDLE 中，3-10.py 执行的结果如下。

```
-----添加之前，列表 A 的数据-----
宋爱梅 王志芳 于光 贾隽仙 贾燕青 刘振杰 郭卫东 崔红宇 马福平
请输入要添加的学生姓名:李明
输入 y 继续添加，输入 n 退出添加: y
请输入要添加的学生姓名:刘涛
输入 y 继续添加，输入 n 退出添加: n
-----添加之后，列表 A 的数据-----
宋爱梅 王志芳 于光 贾隽仙 贾燕青 刘振杰 郭卫东 崔红宇 马福平 李明 刘涛
```

2. 作用于元组

【例 3-11】 遍历元组。（3-11.py）

```python
test_tuple = [("a",1),("b",2),("c",3),("d",4)]
print("准备遍历的元组列表:", test_tuple)
print('遍历列表中的每一个元组')
for(i, j) in test_tuple:
    print(i, j)
```

在 IDLE 中，3-11.py 执行的结果如下。

```
准备遍历的元组列表: [('a', 1), ('b', 2), ('c', 3), ('d', 4)]
遍历列表中的每一个元组
a 1
b 2
c 3
d 4
```

3. 作用于字符串

【例 3-12】 遍历输出字符串中的汉字，若遇到标点符号，则换行输出。（3-12.py）

```python
import string
str1 = "大梦谁先觉?平生我自知,草堂春睡足,窗外日迟迟."
for i in str1:
    if i not in string.punctuation:
        print(i,end='')
    else:
        print(' ')
```

在 IDLE 中，3-12.py 执行的结果如下。

```
大梦谁先觉
平生我自知
草堂春睡足
窗外日迟迟
```

4. 作用于字典

【例 3-13】 遍历输出字典元素。（3-13.py）

```python
person={'姓名':'李明', '年龄':'26', '籍贯':'北京'}
#items()方法把字典中每对 key 和 value 组成一个元组，并把这些元组放在列表中进而返回。
for key,value in person.items():
```

```
        print('key=',key,', value=',value)
for x in person.items():    #只有一个控制变量时, 返回每一对 key,value 对应的元组
        print(x)
for x in person:                #不使用 items(), 只能取得每一对元素的 key 值
        print(x)
```

在 IDLE 中, 3-13.py 执行的结果如下。

```
key= 姓名 , value= 李明
key= 年龄 , value= 26
key= 籍贯 , value= 北京
('姓名', '李明')
('年龄', '26')
('籍贯', '北京')
姓名
年龄
籍贯
```

5. 作用于集合

【例 3-14】　遍历输出集合元素。（3-14.py）

```
weekdays = {'MON', 'TUE', 'WED', 'THU', 'FRI', 'SAT', 'SUN'}
# for 循环在遍历 set 时, 遍历的顺序和 set 中元素书写的顺序很可能是不同的
for d in weekdays:
        print (d,end=' ')
```

在 IDLE 中, 3-14.py 执行的结果如下。

```
THU TUE MON FRI WED SAT SUN
```

6. 作用于文件

【例 3-15】　for 循环遍历文件, 并打印文件的每一行。（3-15.py）

文件 1.txt 中存有两行文字:

向晚意不适, 驱车登古原。

夕阳无限好, 只是近黄昏。

```
fd = open('D:\\Python\\1.txt')    #打开文件, 创建文件对象
for line in fd:
        print(line,end='')
```

在 IDLE 中, 3-15.py 执行的结果如下。

```
向晚意不适, 驱车登古原。
夕阳无限好, 只是近黄昏。
```

3.6.3　for 循环与 range() 函数的结合使用

很多时候, for 循环都是和 range() 函数结合起来使用的, 例如: 利用两者来输出 0~20 的偶数, 如下所示。

```
for x in range(21):
        if x% 2 == 0:
            print(x,end=' ')
```

在 IDLE 中，上述程序代码执行的结果如下。

```
0 2 4 6 8 10 12 14 16 18 20
```

现在介绍程序的执行过程。首先，for 语句开始执行时，range(21)会生成一个由 0～20 组成的序列；然后，将序列中的第一个值（即 0）赋给变量 x，并执行循环体。在循环体中，x% 2 为取余运算，得到 x 除以 2 的余数，如果余数为零，则输出 x 值；否则跳过输出语句。执行循环体中的选择语句后，序列中的下一个值将被装入变量 x，继续循环，以此类推，直到遍历完序列中的所有元素为止。

range()函数用来生成整数序列，其语法格式如下。

```
range(start, stop[, step])
```

参数说明如下。

start：计数从 start 开始。默认是从 0 开始。例如：range(5)等价于 range(0, 5)。

end：计数到 end 结束，但不包括 end。range(a, b)函数返回连续整数 a、a+1、…、b−2 和 b−1 所组成的序列。

step：步长，默认为 1。例如：range(0, 5)等价于 range(0, 5, 1)。

range()函数用法举例。

（1）range()函数内只有一个参数时，表示会产生从 0 开始计数的整数序列：

```
>>> list(range(4))
[0, 1, 2, 3]
```

（2）range()函数内有两个参数时，则将第 1 个参数作为起始位，第 2 个参数作为结束位：

```
>>> list(range(0,10))
[0, 1, 2, 3, 4, 5, 6, 7, 8, 9]
```

（3）range()函数内有 3 个参数时，第 3 个参数是步长值（步长值默认为 1）：

```
>>> list(range(0,10,2))
[0, 2, 4, 6, 8]
```

（4）如果函数 range(a,b,k)中的 k 为负数，则可以反向计数，在这种情况下，序列为 a、a+k、a+2k…，但 k 为负数，最后一个数必须大于 b。

```
>>> list(range(10,2,-2))
[10, 8, 6, 4]
>>> list( range(4,-4,-1))
[4, 3, 2, 1, 0, -1, -2, -3]
```

注意

● 如果直接 print(range(5))，将会得到 range(0, 5)，而不会是一个列表。这是为了节省空间，防止过大的列表产生。

● range(5)的返回值类型是 range 类型，如果想得到一个列表，则使用 list(range(5))得到的就是一个列表[0, 1, 2, 3, 4]。如果想得到一个元组，则使用 tuple(range(5))得到的就是一个元组(0, 1, 2, 3, 4)。

【例 3-16】 输出斐波那契数列的前 n 项。斐波那契数列以兔子繁殖为例而被引入，故又

被称为"兔子数列",指的是这样一个数列:1、1、2、3、5、8、13、21、34……。可通过递归的方法定义:F(1)=1,F(2)=1,F(n)=F(n-1)+F(n-2)(n≥3,n∈**N**)。(3-16.py)

　　问题分析:从斐波那契数列可以看出,从第 3 项起每一项的数值都是前两项(可分别称为倒数第 2 项、倒数第 1 项)的数值之和,斐波那契数列每增加一项,对下一个新的项来说,刚生成的项为倒数第 1 项,其前面的项为倒数第 2 项。

```
a=1
b=1
n=int(input('请输入斐波那契数列的项数(>2 的整数):'))
print('前%d 项斐波那契数列为:'%(n),end='')
print(a,b,end=' ')
for k in range(3,n+1):
    c=a+b
    print(c,end=' ')
    a=b
    b=c
```

在 IDLE 中,3-16.py 执行的结果如下。

```
请输入斐波那契数列的项数(>2 的整数):8
前 8 项斐波那契数列为:1 1 2 3 5 8 13 21
```

【例 3-17】　输出斐波那契数列的前 n 项也可以通过列表来简单地实现。(3-17.py)

```
fibs = [1, 1]
n=int(input('请输入斐波那契数列的项数(>2 的整数):'))
for i in range(3,n+1):
    fibs.append(fibs[-2] + fibs[-1])
print('前%d 项斐波那契数列为:'%(n),end='')
print(fibs)
```

在 IDLE 中,执行上述程序代码得到的输出结果如下。

```
请输入斐波那契数列的项数(>2 的整数):8
前 8 项斐波那契数列为:[1, 1, 2, 3, 5, 8, 13, 21]
```

3.7　循环中的 break、continue 和 else

　　break 语句和 continue 语句提供了另一种控制循环的方式。break 语句用来终止循环语句,即循环条件没有 False 或者序列还没被完全遍历完,也会停止执行循环语句。如果使用嵌套循环,则 break 语句将停止执行最深层的循环,并开始执行下一行代码。continue 语句用于终止当前迭代而进入循环的下一次迭代。Python 的循环语句可以带有 else 子句,else 子句在序列遍历结束(for 语句)或循环条件为假(while 语句)时执行,但在循环被 break 终止时不执行。

3.7.1　用 break 语句提前终止循环

　　可以使用 break 语句跳出最近的 for 或 while 循环。下面的 TestBreak.py 程序演示了在循环中使用 break 的效果。

```
TestBreak.py
1.    sum=0
2.    for k in range(1, 30):
3.        sum=sum + k
4.        if sum>=200:
5.            break
6.
7.    print('k的值为', k)
8.    print('sum的值为', sum)
```

TestBreak.py 程序执行的结果如下。

```
k的值为 20
sum的值为 210
```

这个程序从 1 开始把相邻的整数依次加到 sum 上，直到 sum 大于或等于 200 为止。如果没有第 4~5 行，则这个程序将会计算 1~29 的所有数的和。但有了第 4~5 行，循环就会在 sum 大于或等于 200 时终止，即跳出 for 循环。若没有第 4~5 行，则输出结果如下。

```
k的值为 29
sum的值为 435
```

3.7.2　用 continue 语句提前结束本次循环

有时，并不希望终止整个循环的操作，而只希望提前结束本次循环，接着执行下次循环，这时可以用 continue 语句。当 continue 语句在循环结构中执行时，并不会退出循环结构，而是会立即结束本次循环，重新开始下一轮循环。也就是说，跳过循环体中在 continue 语句之后的所有语句，继续下一轮循环。换句话说，continue 退出一次迭代，而 break 退出整个循环。下面通过例子来说明循环中使用 continue 的效果。

【例 3-18】　要求输出 100~200 的不能被 7 整除的数以及不能被 7 整除的数的个数。（3-18.py）

分析：本题需要对 100~200 的每一个整数进行遍历，这可以通过一个循环来实现；对遍历中的每个整数，判断其能否被 7 整除，如果不能被 7 整除，则将其输出。

```
n = 0
for k in range(100, 201):
    if k%7==0:
        continue
    print(k, end=' ')
    n+=1
print('\n100~200之间不能被7整除的数一共有%d个'%(n))
```

在 IDLE 中，3-18.py 执行的结果如下。

```
100 101 102 103 104 106 107 108 109 110 111 113 114 115 116 117 118 120 121 122 123
124 125 127 128 129 130 131 132 134 135 136 137 138 139 141 142 143 144 145 146 148 149
150 151 152 153 155 156 157 158 159 160 162 163 164 165 166 167 169 170 171 172 173 174
176 177 178 179 180 181 183 184 185 186 187 188 190 191 192 193 194 195 197 198 199 200
```

100~200 不能被 7 整除的数一共有 87 个

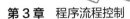

程序分析：有了第 3～4 行，当 k 能被 7 整除时，执行 continue 语句，流程跳转到表示循环体结束的第 7 行，即第 5～6 行不再执行。

3.7.3　循环语句的 else 子句

Python 的循环语句可以带有 else 子句。在循环语句中使用 else 子句时，else 子句只有在序列遍历结束（for 语句）或循环条件为假（while 语句）时才执行，但循环被 break 终止时不执行。带有 else 子句的 while 循环语句的语法格式如下。

```
while 循环继续条件:
    循环体
else:
    语句体
```

当 while 语句带有 else 子句时，如果 while 语句内嵌的"循环体"在整个循环过程中没有执行 break 语句（"循环体"中没有 break 语句或"循环体"中有 break 语句但始终未执行），那么循环过程结束后，就会执行 else 子句中的语句体。否则，如果 while 语句内嵌的"循环体"在循环过程中一旦执行 break 语句，那么程序的流程就将跳出循环结构，因为这里的 else 子句也是该循环结构的组成部分，所以 else 子句内嵌的"语句体"也就不会执行了。

带有 else 子句的 for 语句的语法格式如下。

```
for 控制变量 in 可遍历序列:
    循环体
else:
    语句体
```

与 while 语句类似，如果 for 语句在遍历所有元素的过程中从未执行 break 语句，则在 for 语句结束后，else 子句内嵌的语句体将得以执行；否则，一旦执行 break 语句，程序流程将连带 else 子句一并跳过。下面通过例子来说明循环中使用 else 的效果。

【例 3-19】　判断给定的自然数是否为素数。（3-19.py）

```
import math
number = int(input('请输入一个大于 1 的自然数: '))
# math.sqrt(number)返回 number 的平方根
for i in range(2, int(math.sqrt(number))+1):
    if number % i == 0:
        print(number, '具有因子', i, ', 所以', number,'不是素数')
        break                        #跳出循环, 包括 else 子句
else:                                #如果循环正常退出, 则执行该子句
    print(number, '是素数')
```

3-19.py 执行的结果如下。

```
请输入一个大于 1 的自然数: 28
28 具有因子 2, 所以 28 不是素数
```

【例 3-20】　for 循环正常结束执行 else 子句。（3-20.py）

```
for i in range(2, 11):
    print(i)
```

```
else:
    print('for statement is over.')
```

在 IDLE 中，3-20.py 执行的结果如下。

```
2,3,4,5,6,7,8,9,10,
for statement is over.
```

【**例 3-21**】 for 循环执行过程中被 break 终止时不会执行 else 子句。（3-21.py）

```
for i in range(10):
    if(i == 5):
        break
    else:
        print(i, end=' ')
else:
    print('for statement is over')
```

在 IDLE 中，3-21.py 执行的结果如下。

```
0 1 2 3 4
```

习题 3

1. 编写一个程序，判断用户输入的字符是数字字符、字母字符还是其他字符。

2. 输入三角形的 3 条边的长度，判断它们能否组成三角形。若能，则计算三角形的面积。

3. 输入 3 个整数 x，y，z，请把这 3 个整数由小到大输出。

4. 输入某年某月某日，判断这一天是这一年中的第几天？

5. 企业发放的奖金根据利润提成。利润(I)低于或等于 10 万元时，奖金按 10%提成；利润在 10 万元～20 万元时，低于 10 万元的部分按 10%提成，高于 10 万元的部分按 7.5%提成；利润在 20 万元～40 万元时，高于 20 万元的部分按 5%提成；利润在 40 万元～60 万元时，高于 40 万元的部分按 3%提成；利润在 60 万元～100 万元时，高于 60 万元的部分按 1.5%提成；利润高于 100 万元时，超过 100 万元的部分按 1%提成。从键盘输入当月利润（I），求应发放奖金的总数？

6. 由 1、2、3、4 这 4 个数字能组成多少个互不相同且无重复数字的三位数？它们分别是多少？

7. 按相反的顺序输出列表的值。

8. 将一个正整数分解质因数。例如：输入 90，打印出 90=2*3*3*5。

9. 判断 101～200 有多少个素数，并输出所有素数。

10. 如果一个数恰好等于它的因子之和，则这个数就被称为"完数"。例如：6=1 + 2 + 3。编程找出 1000 以内的所有完数。

11. 一个球从 100 米的高度处自由落下，每次落地后反跳回原高度的一半，再落下。求它在第 10 次落地时，共经过多少米？第 10 次的反弹高度是多少？

12. 猴子第一天摘下若干个桃子，当即吃了一半，还不过瘾，又多吃了一个；第二天早上又将剩下的桃子吃掉一半，又多吃了一个。以后每天早上都会吃前一天剩下的一半又多一个。到第 10 天早上猴子想再吃时，发现只剩下了一个桃子。求猴子第一天共摘了多少个桃子？

第4章

函　数

　　函数是组织好的、可重复使用的、用来实现单一或相关联功能的代码段。函数能提高应用的模块性和代码的重复利用率。通过前面章节的学习，已经了解了很多 Python 内置函数，这些内置函数可以给编程带来很多便利，同时也提高了用户开发程序的效率。除了使用 Python 内置函数，也可以根据实际需要定义符合用户要求的函数，即用户自定义函数。

4.1　函数定义

从本质意义上来说，函数用来完成一定的功能。函数可看作实现特定功能的小方法或是小程序。函数可被简单地理解成：你编写了一些语句，为了方便重复使用这些语句，把这些语句组合在一起，给它起了一个名字。使用时只要调用这个名字，就可以实现这些语句的功能了。另外，每次使用函数时可以提供不同的参数作为输入，以便对不同的数据进行处理；处理后，函数还可以将相应的结果反馈给人们。

在 Python 中，程序中用到的所有函数，必须"先定义，后使用"。例如，想用 rectangle() 函数去求长方形的面积和周长，必须事先按 Python 函数规范对它进行定义，指定函数的名称、参数、函数实现的功能、函数的返回值。在 Python 中，定义函数的语法格式如下。

```
def 函数名([参数列表]):
    '''注释'''
    函数体
```

在 Python 中，使用 def 关键字来定义函数，定义函数时需要注意以下事项。

（1）函数代码块以 def 关键词开头，代表定义函数。

（2）def 之后是函数名，由用户自己指定；def 和函数名中间至少要敲一个空格。

（3）函数名后跟圆括号，圆括号后要加冒号；圆括号内用于定义函数参数，即形式参数，简称形参。参数是可选的，函数可以没有参数。如果有多个参数，则参数之间须用逗号隔开。参数就像一个占位符，当调用函数时，就会将一个值传递给参数，这个值被称为实际参数，简称实参。在 Python 中，函数不需要声明形参的类型。

（4）函数体，指定函数应当完成什么操作，由语句组成，要有缩进。

（5）如果函数执行完之后有返回值，则称之为带返回值的函数，函数也可以没有返回值。带返回值的函数需要使用以关键字 return 开头的返回语句来返回一个值，执行 return 语句意味着函数执行的终止。函数返回值的类型由 return 后要返回的表达式的值决定，表达式的值是整型，函数返回值的类型就是整型，表达式的值是字符串，函数返回值的类型就是字符串类型。

（6）在定义函数时，开头部分的注释通常用于描述函数的功能和说明参数，但这些注释并不是定义函数时所必需的，可以使用内置函数 help() 来查看函数开头部分的注释内容。

下面定义一个能找出两个数中较小数的函数。这个函数被命名为 min，它有两个参数：num1 和 num2，函数返回这两个数中较小的那个数。图 4-1 解释了函数的组件以及函数的调用。

Python 允许嵌套定义函数，即在一个函数中定义另外一个函数。内层函数可以访问外层函数中定义的变量，但不能重新赋值，内层函数的局部命名空间不能包含外层函数定义的变量。嵌套函数定义举例如下。

```
def f1():              #定义函数 f1
    m=3                #定义变量 m=3
```

```
    def f2():          #在函数 f1 内定义函数 f2
        n=4            #定义局部变量 n=4
        print(m+n)
    f2()               #函数 f1 内调用函数 f2
f1()                   #调用 f1 函数
```

上述程序代码在 IDLE 中执行的结果如下。

```
7
```

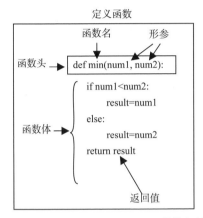
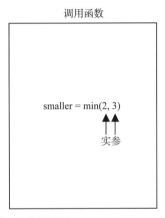

图 4-1　函数的组件以及函数的调用

4.2　函数调用

在函数定义中，定义了函数的功能，即定义了函数要执行的操作。要使函数发挥功能，必须调用函数，调用函数的程序被称为调用者。调用函数的方式是：函数名（实参列表），实参列表中的参数个数要与形参个数相同，参数类型也要一致。当程序调用一个函数时，程序的控制权就会转移到被调用的函数上。当执行完函数的返回值语句或执行到函数结束时，被调用函数就会将程序控制权交还给调用者。根据函数是否有返回值，函数调用可分为两种方式。

4.2.1　带有返回值的函数调用

这种函数调用通常会被当作一个值进行处理，如下所示。

```
smaller = min(2, 3)      #这里的 min 函数指的是图 4-1 中定义的函数
```

smaller = min(2, 3) 语句表示调用 min(2, 3)，并将函数的返回值赋给变量 smaller。
另外一个把函数当作值处理的调用函数的例子是：

```
print(min(2, 3))
```

这条语句将调用函数 min(2, 3) 后的返回值输出。

【例 4-1】 简单的函数调用。（4-1.py）

```
def fun():                                    #定义函数
    print('简单的函数调用1')
    return  '简单的函数调用2'
a=fun()                                       #调用函数 fun
print(a)
```

在 IDLE 中，4-1.py 执行的结果如下。

```
简单的函数调用1
简单的函数调用2
```

注意 即使函数没有参数，调用函数时也必须在函数名后面加上()，只有见到这个括号，才会根据函数名从内存中找到函数体，然后执行它。

【例 4-2】 函数的执行顺序。（4-2.py）

```
def fun():
    print('第 1 个 fun 函数')
def fun():
    print('第 2 个 fun 函数')
fun()
```

在 IDLE 中，4-2.py 执行的结果如下。

```
第 2 个 fun 函数
```

从上述执行结果可以看出，fun()调用函数时执行的是第 2 个 fun 函数，下面的 fun 将上面的 fun 覆盖掉了，也就是说程序中如果有多个同函数名同参数的函数，则调用函数时只有最近的函数会发挥作用。

在 Python 中，一个函数可以返回多个值。下面的程序定义了一个输入两个数并以升序返回这两个数的函数。

```
>>> def sortA(num1, num2):
    if num1< num2:
        return num1,num2
    else:
        return num2, num1
>>> n1, n2=sortA(2, 5)
>>> print('n1是', n1, '\nn2是', n2)
n1是 2
n2是 5
```

sortA 函数返回两个值，当它被调用时，需要用两个变量同时接收函数返回的两个值。

【例 4-3】 包含程序主要功能的名为 main 的函数。（4-3.py）
下面的程序文件用于求两个整数的和。

```
1. def sum(num1, num2):                        #定义 sum 函数
2.     result = 0
3.     for i in range(num1, num2 + 1):
4.         result += i
5.     return result
6. def main():                                  #定义 main 函数
7.     print("Sum from 1 to 10 is", sum(1, 10))   #调用 sum 函数
8.     print("Sum from 11 to 20 is", sum(11, 20)) #调用 sum 函数
```

```
9.      print("Sum from 21 to 30 is", sum(21, 30))    #调用 sum 函数
10. main()                                             #调用 main 函数
```

在 IDLE 中，4-3.py 执行的结果如下。

```
Sum from 1 to 10 is 55
Sum from 11 to 20 is 155
Sum from 21 to 30 is 255
```

这个程序文件包含 sum 函数和 main 函数。在 Python 中，main 也可以写成其他任何合适的标识符。程序文件在第 10 行调用 main 函数。习惯上，程序里通常会定义一个包含程序主要功能的名为 main 的函数。

这个程序的执行流程是：解释器从 4-3.py 文件的第 1 行开始，一行一行地读取程序语句，读到第 1 行的函数头时，将函数头以及函数体（第 1～5 行）存储在内存中。然后，解释器将 main 函数的定义（第 6～9 行）读取到内存中。最后，解释器读取到第 10 行时，调用 main 函数，main 函数中的语句被执行。程序的控制权转移到 main 函数，main 函数中的 3 条 print 输出语句分别调用 sum 函数以求出 1～10、11～20、21～30 的整数和，并将计算结果输出。4-3.py 中函数调用的流程如图 4-2 所示。

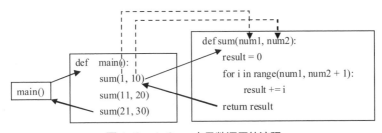

图 4-2　4-3.py 中函数调用的流程

注意　这里的 main()函数定义在 sum 函数之后，但也可以定义在 sum()函数之前。在 Python 中，函数在内存中被调用，在调用某个函数之前，该函数必须已经调入内存，否则会出现函数未被定义的错误。也就是说，在 Python 中不允许前向引用，即在函数定义之前，不允许调用该函数，下面进一步举例说明。

```
print(printhello())    #在函数 printhello 定义之前调用该函数
def printhello():      #定义 printhello 函数
    print('hello')
```

在 IDLE 中，执行上述代码将出现执行错误，具体错误如下。

```
Traceback (most recent call last):
  File "C:\Users\cao\Desktop\test FunctionCall.py", line 1, in <module>
    print(printhello())
NameError: name 'printhello' is not defined
```

4.2.2　不带返回值的函数调用

如果函数没有返回值，那么对函数的调用是通过将函数调用当作一条语句来实现的，如下

面含有一个形参的输出字符串的函数的调用。

```
>>> def printStr(str1) :
    "打印任何传入的字符串"
    print(str1)

>>> printStr('hello world')  #调用函数 printStr，将'hello world'传递给形参
hello world
```

另外，也可将要执行的程序保存成 file.py 文件中。打开 cmd，将路径切换到 file.py 文件所在的文件夹，在命令提示符后输入 file.py，按回车键即可执行相应的程序。

4.3　函数参数的类型

函数的作用就在于它处理参数的能力，在调用函数时，需要将实参传递给形参。函数参数的使用可以分为两个方面，一是函数形参是如何定义的，二是在调用函数时实参是如何传递给形参的。在 Python 中，定义函数时不需要指定参数的类型，形参的类型完全由调用者传递的实参本身的类型来决定。函数形参的表现形式主要有：位置参数、关键字参数、默认值参数、可变长度参数、序列解包参数。

4.3.1　位置参数

位置参数函数的定义方式为 functionName(参数 1，参数 2，…)。调用位置参数形式的函数时，须根据函数定义的参数位置来传递参数，也就是说在给函数传递参数时，须按照顺序依次传值，要求实参和形参的个数必须一致。举例说明如下。

```
>>> def print_person(name, sex):
    sex_dict={1:'先生',2:'女士'}
    print('来人的姓名是%s，性别是%s'%(name,sex_dict[sex]))
```

上面定义的 print_person(name, sex)函数中，name 和 sex 这两个参数都是位置参数，调用该函数时，传入的两个值会按照顺序依次赋值给 name 和 sex。

```
>>> print_person('李明', 1)  #必须包括两个实参，第 1 个是姓名，第 2 个是性别
来人的姓名是李明，性别是先生
```

通过 print_person('李明', 1)调用该函数，则'李明'传递给 name，1 传递给 sex，实参与形参的含义要相对应，即不能颠倒'李明'和 1 的顺序。

4.3.2　关键字参数

关键字参数主要指调用函数时的参数传递方式，关键字参数用于函数调用时，可通过键-值对的形式对参数加以指定。使用关键字参数调用函数时，会按参数名字传递实参值，关键字参数的顺序可以和形参顺序不一致，这不影响参数值的传递结果，还可避免用户需要牢记参数位置和顺序的麻烦。

```
>>> print_person(name='李明', sex=1)  #name、sex 为定义函数时设定的函数的形参名
来人的姓名是李明，性别是先生
```

```
>>> print_person(sex=1,name='李明')
来人的姓名是李明，性别是先生
```

4.3.3　默认值参数

在定义函数时，Python 支持默认值参数，即在定义函数时为形参设置默认值。在调用设置了默认值参数的函数时，可以通过显示赋值来替换其默认值，如果没有给设置了默认值的形式参数传递实参，则这个形参就将使用函数定义时设置的默认值。定义带有默认值参数的函数的语法格式如下。

```
def  functionName  (…，参数名=默认值)：
    函数体
```

可以使用"函数名.__defaults__"来查看函数所有默认值参数的当前值，返回值为一个元组，其中的元素依次表示每个默认值参数的当前值。带默认值参数的函数举例如下。

```
>>> def add(x, y=5):  #定义带默认值参数的函数，y 为默认值参数，默认值为 5
    return(x + y)
>>> add.__defaults__
(5,)
```

下面通过 add (6, 8)来调用该函数，此时程序会将 6 传递给 x，8 传递给 y，y 不再使用默认值 5。此外，也可通过 add (9)这个形式来调用该函数，此时程序会将 9 传递给 x，y 取默认值 5。

```
>>> add (6, 8)
14
>>> add (9)
14
```

注意　在定义带有默认值参数的函数时，默认值参数必须出现在函数形参列表的最右端，其任何一个默认值参数的右边都不能出现非默认值参数。

4.3.4　可变长度参数

定义带有可变长度参数的函数的语法格式如下。

```
functionName (arg1, *tupleArg, **dictArg))
```

tupleArg 和 dictArg 称为可变长度参数。tupleArg 前面的"*"表示这个参数是一个元组参数，用来接收任意多个实参并将它们放在一个元组中。dictArg 前面的"**"表示这个参数是一个字典参数（键-值对参数），用来接收类似于关键字参数一样显示赋值形式的多个实参，并将它们放入字典中。可以把 tupleArg、dictArg 看成两个默认参数，调用带有可变长度参数的函数时，多余的非关键字参数会被放在元组参数 tupleArg 中，多余的关键字参数会被放在字典参数 dictArg 中。

下面的程序演示了第 1 种形式的可变长度参数的用法，即在调用该函数时无论传递了多少个实参，统统将它们放入元组中。

```
>>> def f(*x):
    print(x)
>>> f(1,2,3)
(1, 2, 3)
```

下面的代码演示了第 2 种形式的可变长度参数的用法，即在调用该函数时自动接收关键字参数形式的实参，并将它们转换为键-值对放入字典中。

```
>>> def f(**x):
    print(x)
>>> f(x='Java',y='C',z='Python')
{'x': 'Java', 'y': 'C', 'z': 'Python'}
>>> f(a=1,b=3,c=5)
{'a': 1, 'b': 3, 'c': 5}
```

下面的代码演示了几种不同形式参数的混合使用。

```
>>> def varLength (arg1,*tupleArg,**dictArg):
    print("arg1=", arg1)
    print("tupleArg=", tupleArg)
    print("dictArg=", dictArg)
>>> varLength ("Python")
arg1= Python              #表明函数定义中的 arg1 是位置参数
tupleArg= ()              #表明函数定义中的 tupleArg 的数据类型是元组
dictArg= {}               #表明函数定义中的 dictArg 的数据类型是字典
>>> varLength('hello world','Python',a=1)
arg1= hello world
tupleArg= ('Python',)
dictArg= {'a': 1}
>>> varLength('hello world','Python','C',a=1,b=2)
arg1= hello world
tupleArg= ('Python', 'C')
dictArg= {'a': 1, 'b': 2}
```

4.3.5 序列解包参数

序列解包参数主要指调用函数时参数的传递方式，与函数定义无关。使用序列解包参数调用的函数通常是一个位置参数函数，序列解包参数由一个"*"和序列连接而成，Python 解释器会自动将序列解包成多个元素，并一一传递给各个位置参数。

创建列表、元组、集合、字典以及其他可迭代对象，称为"序列打包"，即值被"打包到了序列中"。"序列解包"是指将包含多个值的序列解开，然后放到变量的序列中。下面用序列解包的方法将一个元组的 3 个元素同时赋给 3 个变量。注意：变量的数量和序列元素的数量必须一致。

```
>>> x, y, z = (1,2,3)            #元组解包赋值
>>> print('x:%d, y:%d, z:%d'%(x, y, z))
x:1, y:2, z:3
```

如果变量的个数和元素的个数不匹配，则会出现错误。

```
>>> dict1 = {"one":1,"two":2,"three":3}
>>> x,y,z = dict1               #字典解包默认的是解包字典的键
>>> print(x,y,x)
one two one
```

```
>>> x1,y1,z1 = dict1.items()    #用字典对象的 items() 方法解包字典的键-值对
>>> print(x1,y1,x1)
('one', 1) ('two', 2) ('one', 1)
```

下面举例说明调用函数时的序列解包参数的用法。

```
>>> def print1(x, y, z):
        print(x, y, z)
>>> tuple1=('姓名', '性别', '籍贯')
>>> print1(*tuple1)              #调用函数时，*将 tuple1 解包成 3 个元素并分别赋给 x, y, z
姓名 性别 籍贯
>>> print(*[1, 2, 3])            #调用 print 函数，将列表[1, 2, 3]解包输出
1 2 3
>>> range(*(1,6))                #将(1,6)解包成 range 函数的两个参数
range(1, 6)
```

4.4 lambda 表达式

Python 使用 lambda 表达式来创建匿名函数，即没有函数名字的临时使用的小函数。lambda 表达式的主体是一个表达式，而不是一个代码块，但在表达式中可以调用其他函数，并支持默认值参数和关键字参数，表达式的计算结果相当于函数的返回值。lambda 表达式拥有自己的命名空间，且不能访问自有参数列表之外或全局命名空间里的参数。可以直接把 lambda 定义的函数赋值给一个变量，用变量名来表示 lambda 表达式所创建的匿名函数。

lambda 表达式的语法格式如下。

```
lambda [参数 1 [,参数 2,…,参数 n]]:表达式
```

在 lambda 表达式中，冒号前是参数，冒号后是返回值。lambda 表达式返回一个值。

单个参数的 lambda 表达式：

```
>>> g = lambda x:x*2
>>> g(3)
6
```

多个参数的 lambda 表达式：

```
>>> f=lambda x,y,z:x+y+z          #定义一个 lambda 表达式，求 3 个数的和
>>> f(1,2,3)
6
```

创建带有默认值参数的 lambda 表达式：

```
>>> h = lambda x, y = 2, z = 3 : x + y + z
>>> print(h(1, z = 4, y = 5))
10
```

4.4.1 lambda 和 def 的区别

（1）def 创建的函数是有名称的，而 lambda 创建的函数是匿名函数。

（2）lambda 会返回一个函数对象，但这个对象不会赋值给一个标识符，而 def 则会把函数

对象赋值给一个标识符，这个标识符就是定义函数时的"函数名"。举例说明如下。

```
>>> def f(x,y):
    return x+y
>>> a=f
>>> a(1,2)
3
```

（3）lambda 只是一个表达式，而 def 则是一个语句块。

正是由于 lambda 只是一个表达式，它可以直接作为 Python 列表或 Python 字典的成员，例如：

```
info = [lambda x: x*2, lambda y: y*3]
```

这里没有办法用 def 语句直接代替，因为 def 是语句而不是表达式，不能嵌套在里面。lambda 表达式中 ":" 后只能有一个表达式，包含 return 返回语句的 def 可以放在 lambda 表达式的 ":" 后面，不包含 return 返回语句的 def 不能放在 lambda 表达式的 ":" 后面。因此，像 if 或 for 或 print 这种语句就不能用于 lambda 中，lambda 一般只用来定义简单的函数，例如：

```
>>> def multiply(x,y):
    return x*y
>>> f=lambda x,y:multiply(x,y)
>>> f(3,4)
12
```

lambda 表达式常用来编写带有行为的列表或字典，例如：

```
>>> L = [(lambda x: x**2),
    (lambda x: x**3),
    (lambda x: x**4)]
>>> print(L[0](2), L[1](2), L[2](2))
4 8 16
```

列表 L 中的 3 个元素都是 lambda 表达式，每个表达式都是一个匿名函数，一个匿名函数对应一个行为。下面是带有行为的字典举例。

```
>>> D = {'f1':(lambda x, y: x + y),
    'f2':(lambda x, y: x - y),
    'f3':(lambda x, y: x * y)}
>>> print(D['f1'](5, 2),D['f2'](5, 2),D['f3'](5, 2))
7 3 10
```

lambda 表达式可以嵌套使用，但是从可读性的角度来说，应尽量避免使用嵌套的 lambda 表达式。

map 函数可以将 lambda 表达式映射到一个序列上，即将 lambda 表达式依次作用到序列的每个元素上。

map 函数接收两个参数，一个是函数，另一个是序列。map 函数会将传入的函数依次作用到序列中的每个元素上，并以 map 对象的形式返回作用后的结果。举例说明如下。

```
>>> def f(x):
    return x*2
>>> L = [1, 2, 3, 4, 5]
>>> list(map(f, L))
```

```
[2, 4, 6, 8, 10]
>>> list(map((lambda x: x+5),L))        #对列表 L 中的每个元素加 5
[6, 7, 8, 9, 10]
>>> list(map(str,[1,2,3,4,5,6,7,8,9]))  #将一个整型列表转换成字符串类型的列表
['1', '2', '3', '4', '5', '6', '7', '8', '9']
                                         #lambda 表达式可以用在列表对象的 sort 方法中
>>> import random
>>> data = list(range(0, 20, 2))
>>> data
[0, 2, 4, 6, 8, 10, 12, 14, 16, 18]
>>> random.shuffle(data)
>>> data
[2, 12, 10, 6, 16, 18, 14, 0, 4, 8]
>>> data.sort(key = lambda x: x)         #使用 lambda 表达式指定排序规则
>>> data
[0, 2, 4, 6, 8, 10, 12, 14, 16, 18]
>>> data.sort(key = lambda x: -x)        #使用 lambda 表达式指定排序规则
>>> data
[18, 16, 14, 12, 10, 8, 6, 4, 2, 0]
#使用 lambda 表达式指定排序规则，将数字转换成字符串后，按字符串的长度来排序
>>> data.sort(key = lambda x: len(str(x)))
>>> data
[0, 2, 4, 6, 8, 10, 12, 14, 16, 18]
>>> data.sort(key = lambda x: len(str(x)), reverse=True)
>>> data
[10, 12, 14, 16, 18, 0, 2, 4, 6, 8]
```

（4）lambda 表达式的 ":" 后面，只能有一个表达式，返回一个值，而 def 则可以在 return 后面有多个表达式，返回多个值。例如：

```
>>> def function(x):
    return x+1,x*2,x**2
>>> print(function(3))
(4, 6, 9)
>>> (a, b, c) = function(3)          #通过元组接收返回值，并将它们存放在不同的变量中
>>> print(a,b,c)
4 6 9
```

function 函数返回 3 个值，当它被调用时，需要 3 个变量同时接收函数返回的 3 个值。

4.4.2 自由变量对 lambda 表达式的影响

在 Python 中，函数是一个对象，和整数、字符串等对象有很多相似之处，例如，其可以作为其他函数的参数。Python 中的函数还可以携带自由变量。下面通过一个例子来分析 Python 函数在执行时是如何确定自由变量的值的。

```
>>> i = 1
>>> def f(j):
    return i+j
>>> print(f(2))
```

```
3
>>> i = 5
>>> print(f(2))
7
```

可见，当定义函数 f() 时，Python 不会记录函数 f() 里面的自由变量 "i" 对应什么对象，而只会告诉函数 f() 你有一个自由变量，它的名字叫 "i"。接着，当函数 f() 被调用并执行时，Python 会告诉函数 f()：①空间上，你需要在你被定义时的外层命名空间（也称为作用域）中查找 i 对应的对象，这里将这个外层命名空间记为 S；②时间上，当自身被调用并执行时，须在 S 中查找 i 对应的最新对象。上面例子中的 i = 5 之后，f(2) 随之返回 7，恰好反映了这一点。再看下面这个类似的例子。

```
>>> fTest = map(lambda i:(lambda j: i**j), range(1,6))
>>> print([f(2) for f in fTest])
[1, 4, 9, 16, 25]
```

在上面例子中，f Test 是一个行为列表，里面的每个元素都是一个 lambda 表达式，每个表达式中的 i 值都会通过 map 函数映射确定下来。执行 print([f(2) for f in f Test]) 语句时，f 会在 f Test 中依次选取里面的 lambda 表达式，并将 2 传递给 lambda 表达式中的 j，所以输出结果为[1, 4, 9, 16, 25]。再如下面的例子。

```
>>> fs = [lambda j:i*j for i in range(6)]
#fs 中的每个元素相当于含有参数 j 和自由变量 i 的函数
>>> print([f(2) for f in fs])
[10, 10, 10, 10, 10, 10]
```

之所以会出现[10, 10, 10, 10, 10, 10]这样的输出结果，是因为列表 fs 中的每个函数在被定义时它们包含的自由变量 i 都是循环变量。因此，列表中的每个函数被调用执行时，它们的自由变量 i 都对应着循环结束 i 所指的对象值 5。

4.5 函数的递归调用

在调用一个函数的过程中，直接或间接地又调用了该函数本身，这称为函数的递归调用。递归函数就是一个调用自己的函数。递归常用来解决结构相似的问题。所谓结构相似，是指构成原问题的子问题与原问题在求解方法上类似。具体地，整个递归问题的求解可以分为两部分：第 1 部分是一些特殊的情况（也称为最简单的情况），有直接的解法；第 2 部分与原问题相似，但比原问题的规模小，并且依赖第 1 部分的结果。每次递归调用都会简化原始问题，让它不断地接近最简单的情况，直至变成最简单的情况。实际上，递归就是把一个大问题转化成一个或几个小问题，再把这些小问题进一步分解成更小的问题，直至每个小问题都可以直接解决。因此，递归有以下两个基本要素。

（1）边界条件：确定递归到何时终止，也称为递归出口。

（2）递归模式：大问题是如何分解为小问题的，也称为递归体。

递归函数只有具备了这两个要素，才能在有限次计算后得出结果。

许多数学函数都是使用递归来定义的，如数字 n 的阶乘 n!可以按下面的递归方式进行定义：

$$n! = \begin{cases} n! = 1 & (n = 0) \\ n \times (n-1)! & (n > 0) \end{cases}$$

对于给定的 n 如何求 n!呢？

求 n!可以用递推方法，即从 1 开始，乘 2，乘 3……一直乘到 n。这种方法容易理解，也容易实现。递推法的特点是从一个已知的事实（如 1!=1）出发，按一定的规律推出下一个事实（如 2!=2×1!），再从这个新的已知的事实出发，推出下一个新的事实（3!=3×2!），直到推出 n!=n×(n−1)!为止。

求 n!也可以用递归方法，即假设已知(n−1)!，使用 n!=n×(n−1)!就可以立即得到 n!。这样，计算 n!的问题就简化为了计算 n×(n−1)!。当计算(n−1)!时，可以递归地应用这个思路直到 n 递减为 0。

假定计算 n!的函数是 factorial(n)。如果 n=1 调用这个函数，则立即就能返回它的结果，这种不需要继续递归就能知道结果的情况称为基础情况或终止条件。如果 n>1 调用这个函数，则它会把这个问题简化为计算 n−1 的阶乘这一子问题。这一子问题和原问题在本质上是一样的，具有相同的计算特点，但是其比原问题更容易计算、计算规模更小。

计算 n!的函数 factorial(n)可简单地描述如下。

```
def factorial(n):
    if n==0:
        return 1
    return n*factorial(n - 1)
```

一个递归调用可能会导致更多的递归调用，因为这个函数会持续地把一个子问题分解为规模更小的新的子问题，但这种递归不能无限地继续下去，必须有终止的那一刻，即通过若干次递归调用之后能终止继续调用，也就是说要有一个递归调用终止的条件，这时应当很容易求出问题的结果。当递归调用达到终止条件时，就将结果返回给调用者。然后调用者据此进行计算，并将计算的结果返回给它自己的调用者。这个过程会持续进行，直到结果被传回给原始的调用者为止。例如，y= factorial (n)，y 调用 factorial (n)，结果被传回给原始的调用者就是传回给 y。

如果计算 factorial (5)，则可以根据函数定义看到计算 5!的过程，如下所示。

```
===> factorial (5)
===> 5 * factorial (4)                      #递归调用 factorial (4)
===> 5 * (4 * factorial (3))                #递归调用 factorial (3)
===> 5 * (4 * (3 * factorial (2)))          #递归调用 factorial (2)
===> 5 * (4 * (3 * (2 * factorial (1))))    #递归调用 factorial (1)
===> 5 * (4 * (3 * (2 * (1*factorial (0)))))#递归调用 factorial (0)
===> 5 * (4 * (3 * (2 * (1*1))))     # factorial (0)的结果已知，返回结果，接着计算 1*1
===> 5 * (4 * (3 * (2 * 1)))               #返回 1*1 的计算结果，接着计算 2*1
===> 5 * (4 * (3 * 2))                     #返回 2*1 的计算结果，接着计算 3*2
===> 5 * (4 * 6)                           #返回 3*2 的计算结果，接着计算 4*6
===> 5 * 24                                #返回 4*6 的计算结果，接着计算 5*24
===> 120                                   #返回 5*24 的计算结果到调用处，计算结束
```

图 4-3 描述了 factorial()函数从 n=2 开始的递归调用过程。

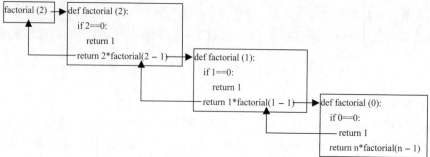

图 4-3　factorial()函数从 n=2 开始的递归调用过程

```
>>> factorial (5)                   #计算 5 的阶乘
120
```

可以修改一下代码，详细地输出计算 5!的每一步。

```
>>> def factorial(n):
    print("当前调用的阶乘 n = " + str(n))
    if n == 0:
        return 1
    else:
        res = n * factorial(n - 1)
        print("目前已计算出%d*factorial(%d)=%d"%(n, n - 1, res))
        return res
>>> factorial(5)
当前调用的阶乘 n = 5
当前调用的阶乘 n = 4
当前调用的阶乘 n = 3
当前调用的阶乘 n = 2
当前调用的阶乘 n = 1
当前调用的阶乘 n = 0
目前已计算出 1*factorial(0)=1
目前已计算出 2*factorial(1)=2
目前已计算出 3*factorial(2)=6
目前已计算出 4*factorial(3)=24
目前已计算出 5*factorial(4)=120
120
```

4.6　常用内置函数

4.6.1　map()函数

map(func, seq1[, seq2,…])：第 1 个参数可以是一个函数，后面的参数为一个或多个可迭代的序列，将 func 依次作用在序列 seq1[, seq2,…]的每一个元素上，得到一个新的序列。

（1）当序列只有一个时，将函数 func 作用于这个序列的每一个元素上，并得到一个新的序列。

```
>>> L=[1,2,3,4,5]
>>> list(map((lambda x: x+5), L))        #将 L 中的每个元素加 5
[6, 7, 8, 9, 10]
```

（2）当序列多于一个时，将每个序列的同一位置的元素同时传入多元的 func() 函数（有几个列表，func() 函数就应该是几元函数），把得到的每一个返回值存放在一个新的序列中。

```
>>> def add(a, b):               #定义一个二元函数
    return a+b
>>> a=[1, 2, 3]
>>> b=[4, 5, 6]
>>> list(map(add, a, b))         #将a，b两个列表同一位置的元素相加求和
[5, 7, 9]
>>> list(map(lambda x, y: x ** y, [2, 4, 6],[3, 2, 1]))
[8, 16, 6]
>>> list(map(lambda x, y, z: x + y + z, (1, 2, 3), (4, 5, 6), (7, 8, 9)))
[12, 15, 18]
```

（3）如果函数有多个序列参数，而且每个序列的元素数量不同，则会根据元素数量最少的序列进行求解。

```
>>> list1 = [1, 2, 3, 4, 5, 6, 7]      # 7个元素
>>> list2 = [10, 20, 30, 40, 50, 60]   # 6个元素
>>> list3 = [100, 200, 300, 400, 500]  # 5个元素
>>> list(map(lambda x, y, z : x**2 + y + z, list1, list2, list3))
[111, 224, 339, 456, 575]
```

4.6.2　reduce()函数

reduce() 函数在库 functools 里，如果要使用它，则要从这个库里导入。reduce() 函数的语法格式如下。

```
reduce(function, sequence[, initializer])
```

reduce() 函数会对参数序列 sequence 中的元素进行累积，即用传入 reduce 中的函数 function()（必须是一个二元操作函数），先对序列中的第 1、2 个数据进行 function() 函数运算，然后再对得到的结果与第 3 个数据进行 function() 函数运算，以此类推，直到遍历完序列中的所有元素为止。

参数说明如下。

function：有两个参数的函数名。

sequence：序列对象。

initializer：初始值，为可选参数。

（1）不带初始参数 initializer 的 reduce(function, sequence) 函数，先将 sequence 的第 1 个元素作为 function() 函数的第 1 个参数、sequence 的第 2 个元素作为 function() 函数的第 2 个参数进行 function() 函数运算，然后将得到的返回结果作为下一次 function() 函数的第 1 个参数、序列 sequence 的第 3 个元素作为下一次 function() 函数的第 2 个参数进行 function() 函数运算，以此类推，直到 sequence 中的所有元素都得到处理为止。

```
>>> from functools import reduce
>>> def add(x,y):
    return x+y
>>> reduce(add, [1, 2, 3, 4, 5])       #计算列表和: 1+2+3+4+5
```

```
15
>>> reduce(lambda x, y: x * y, range(1, 11))      #求得10的阶乘
3628800
```

（2）带初始参数 initializer 的 reduce(function, sequence, initializer)函数，先将初始参数 initializer 的值作为 function()函数的第 1 个参数、sequence 的第 1 个元素作为 function()的第 2 个参数进行 function()函数运算，然后将得到的返回结果作为下一次 function()函数的第 1 个参数、序列 sequence 的第 2 个元素作为下一次 function()函数的第 2 个参数进行 function()函数运算，以此类推，直到 sequence 中的所有元素都得到处理为止。

```
>>> from functools import reduce
>>> reduce(lambda x, y: x + y, [2, 3, 4, 5, 6], 1)
21
```

4.6.3 filter()函数

filter()函数用于过滤序列，即过滤掉序列中不符合条件的元素，返回由符合条件的元素组成的迭代器对象。可以通过 list()或者 for 循环从迭代器对象中取出内容。filter()函数的语法格式如下。

```
filter(function, iterable)
```

参数说明如下。

function：判断函数，返回值必须是布尔类型。

iterable：可迭代对象。

函数作用：filter(function, iterable)的第 1 个参数为函数名，第 2 个参数为序列，序列的每个元素作为参数传递给函数以进行判断。若是 True，则保留该元素；若是 False，则过滤掉该元素。

【例 4-4】 过滤出列表中的所有奇数。

```
>>> def is_odd(n):
    return n%2 == 1
>>> newlist = filter(is_odd, range(20))
>>> list(newlist)
[1, 3, 5, 7, 9, 11, 13, 15, 17, 19]
```

习题 4

1. Python 如何定义一个函数？

2. 使用函数有什么好处？

3. 简述位置参数、关键字参数、默认值参数、可变长度参数、序列解包参数的区别。

4. 什么是 lambda 函数？它有什么好处？

5. 编写函数以实现反向显示一个整数，如 1234，反向显示为 4321。

6. 双素数是指一对差值为 2 的素数，例如：3 和 5 就是一对双素数。编写程序，找出所有小于 1000 的双素数。

7. 一只青蛙一次可以跳上 1 级台阶，也可以跳上 2 级台阶……也可以跳上 n 级台阶。求该青蛙跳上一个 n 级的台阶一共有多少种跳法？

第5章

正则表达式

正则表达式（Regular Expression，Regex）描述了一种字符串匹配的模式（pattern），可以用来检查一个字符串中是否含有某种子字符串。构造正则表达式的方法和创建数学表达式的方法一样，即用多种元字符与运算符将小的表达式结合在一起以创建更大的表达式。正则表达式的组件可以是单个的字符、字符集合、字符范围、字符间的选择或者所有这些组件的任意组合。

5.1 正则表达式的构成

在处理文本字符串时，通常需要检查文本字符串中是否含有满足某些规则（模式）的字符串，正则表达式就是用于描述这些规则的。具体来说，正则表达式是由普通字符（如大写字母、小写字母、数字等）、预定义字符（如\d 表示 0～9 这 10 个数字组成的集合[0-9]，用于匹配数字）以及元字符（如*匹配位于*之前的字符）组成的字符序列模式（pattern），也称为模板。模式描述了在搜索文本时要匹配的字符串，举例如下。

'feelfree+b'，可以匹配'feelfreeb''feelfreeeb''feelfreeeeeb'等，+号表示匹配位于+之前的字符 1 次或多次出现。

'feelfree*b'，可以匹配'feelfreb''feelfreeb''feelfreeeeb'等，*号表示匹配位于*之前的字符 0 次或多次出现。

'colou?r'，可以匹配'color'或者'colour'，?号表示匹配位于?之前的字符 0 次或 1 次出现。

Python 是通过 re 模块来实现正则表达式的处理功能的。导入 re 模块后，使用 re 模块下的 search()函数可进行模式匹配。

```
re.search(pattern, string, flags=0)        #扫描整个字符串并返回第一个成功的匹配
```

函数参数说明如下。

pattern：正则表达式模式。

string：要匹配的字符串。

flags：标志位，用于控制正则表达式的匹配方式，如是否区分大小写、多行匹配等。

下面简单给出 search()函数的使用举例。

```
>>> import re
>>> pattern='feelfree+b'
>>> string='ufeelfreeeeebv'
>>> g=re.search(pattern, string)        #在 string 内查找与模式 pattern 相匹配的字符串
>>> g
<re.Match object; span=(1, 13), match='feelfreeeeeb'>
>>> g.group()                            #提取匹配的内容
'feelfreeeeeb'
```

一些用"\"开始的字符表示预定义的字符，表 5-1 列出了一些常用的预定义字符。

表 5-1　常用的预定义字符

预定义字符	描述
\d	表示 0～9 这 10 个数字组成的集合[0-9]，用于匹配数字
\D	表示非数字字符集，等价于[^0-9]，用于匹配一个非数字字符
\f	用于匹配一个换页符
\n	用于匹配一个换行符
\r	用于匹配一个回车符

续表

预定义字符	描述
\s	表示空白字符集[\f\n\r\t\v]，用于匹配空白字符，包括空格、制表符、换页符等
\S	表示非空白字符集，等价于[^ \f\n\r\t\v]，用于匹配非空白字符
\w	表示单词字符集[a-zA-Z0-9_]，用于匹配单词字符
\W	表示非单词字符集[^a-zA-Z0-9_]，用于匹配非单词字符
\t	用于匹配一个制表符
\v	用于匹配一个垂直制表符
\b	匹配单词头或单词尾
\B	与\b 含义相反

　　元字符就是一些有特殊含义的字符。若要匹配元字符，则必须首先使元字符"转义"，即将反斜杠字符"\"放在它们前面，使之失去特殊含义而成为一个普通字符。表 5-2 列出了一些常用的元字符。

表 5-2　常用的元字符

元字符	描述
\	将下一个字符标记为或特殊字符、或原义字符、或向后引用等。例如，'n' 匹配字符 'n'，'\n' 匹配换行符，'\\' 匹配 "\"，'\(' 匹配 "("
.	匹配任何单字符(换行符'\n'除外)，要匹配'.'，须使用'\.'
^…	匹配以'^'后面的'…'字符序列开头的行首，要匹配'^'字符本身，须使用'\^'
…$	匹配以'$'之前的'…'字符序列结束的行尾，要匹配'$'字符本身，须使用'\$'
(…)	标记一个子表达式的开始和结束位置，即将位于'()'内的字符作为一个整体看待
*	匹配位于'*'之前的字符或子表达式 0 次或多次，要匹配'*'字符，须使用'*'
+	匹配位于'+'之前的字符或子表达式 1 次或多次，要匹配'+'字符，须使用'\+'
?	匹配位于'?'之前的字符或子表达式 0 次或 1 次；当'?'紧随任何其他限定符*、+、?、{n}、{n,}、{m, n}之后时，这些限定符的匹配模式是"非贪心的"，"非贪心的"模式匹配会搜索到尽可能短的字符串，而默认的"贪心的"模式匹配会搜索到尽可能长的字符串，如在字符串'oooo'中，'o+?'只匹配单个'o'，而'o+'则匹配所有的'o'
{m}	匹配{m}之前的字符 m 次
{m, n}	匹配{m, n}之前的字符 m 至 n 次，m 和 n 可以省略，若省略 m，则匹配 0~n 次，若省略 n，则匹配 m 至无限次
[…]	匹配位于[…]中的任意一个字符
[^…]	匹配不在[…]中的字符，[^abc]表示匹配除了 a、b、c 之外的字符
|	匹配位于'|'之前或之后的字符，要匹配'|'，须使用'\\|'

　　下面给出正则表达式的应用实例。

1. 匹配字符串字面值

　　正则表达式最为直接的功能就是用一个或多个字符字面值来匹配字符串。所谓字符字面值，就是字符看起来是什么就是什么，这和在 Word 等字符处理程序中使用关键字查找类似。当以逐个字符对应的方式在文本中查找字符串时，就是在用字符串字面值进行查找。

'python'   #匹配字符串'python3 python2'中的'python'

2. 匹配数字

预定义的字符'\d'可用于匹配任一阿拉伯数字，也可用字符组'[0-9]'替代'\d'来匹配相同的内容，即'\d'和'[0-9]'的效果是一样的。此外，也可以列出 0～9 内的所有数字'[0123456789]'进行匹配。如果只想匹配 1 和 2 这两个数字，则可以使用字符组'[12]'来实现。

3. 匹配非数字字符

预定义的字符'\D'用于匹配一个非数字字符，'\D'与字符组'[0-9]'取反后的'[^0-9]'的作用相同（字符组取反的意思就是"不匹配这些"或"匹配除这些以外的内容"），也与'[^\d]'的作用相同。

'a\de'可以匹配'a1e''a2e''a0e'等，'\d'匹配 0～9 之间的任一数字。

'a\De'可以匹配'aDe''ase''ave'等，'\D'匹配一个非数字字符。

4. 匹配单词和非单词字符

预定义的字符'\w'用于匹配单词字符，与'\w'匹配相同内容的字符组为'[a-zA-Z0-9_]'。用'\W'匹配非单词字符，即空格、标点以及其他非字母、非数字字符。此外，'\W'也与'[^a-zA-Z0-9_]'的作用一样。

'a\we'可以匹配'afe''a3e''a_e'，'\w'用于匹配大小写字母、数字或下画线字符。

'a\We'可以匹配'a.e''a,e''a*e'等字符串，'\W'用于匹配非单词字符。

'a[bcd]e'可以匹配'abe''ace'和'ade'，'[bcd]'用于匹配'b''c'和'd'中的任意一个。

5. 匹配空白字符

预定义的字符'\s'用于匹配空白字符，与'\s'匹配内容相同的字符组为'[\f\n\r\t\v]'，包括空格、制表符、换页符等。用'\S'或者'[^\s]'，或者'[^\f\n\r\t\v]'匹配非空白字符。

'a\se'可以匹配'a e'，'\s'用于匹配空白字符。

'a\Se'可以匹配'afe''a3e''ave'等字符串，'\S'用于匹配非空白字符。

6. 匹配任意字符

用正则表达式匹配任意字符的一种方法是使用点号'.'，点号可以匹配任何单字符（换行符\n 除外）。要匹配"hello world"这个字符串，可使用 11 个点号'...........'。但这种方法太麻烦，推荐使用量词'.'{11}，{11}表示匹配{11}之前的字符 11 次。再如'a.c'可以匹配'abc''acc''adc'等。

'ab{2}c'可以匹配'abbc'。'ab{1, 2}c'可完整匹配的字符串有'abc'和'abbc'，{1, 2}表示匹配{1, 2}之前的字符 1 次或 2 次。

'abc*'可以匹配'ab''abc''abcc'等字符串，*表示匹配位于*之前的字符 0 次或多次。

'abc+'可以匹配'abc''abcc''abccc'等字符串，+表示匹配位于+之前的字符 1 次或多次。

'abc? '可以匹配'ab'和'abc'字符串，?表示匹配位于?之前的字符 0 次或 1 次。

如果想查找元字符本身，如用'.'查找'.'，则会出现问题，因为它们会被解释成特殊含义。这时人们就得使用\来取消该元字符的特殊含义。因此，查找'.'应该使用'\.'。要查找'\'本身，需要使用'\\'。

例如：'baidu\.com'匹配 baidu.com，'C:\\ Program Files'匹配 C:\ Program Files。

5.2 正则表达式的模式匹配

5.2.1 边界匹配

若要对关键位置进行字符串匹配，如匹配一行文本的开头、一个字符串的开头或者结尾，则可使用正则表达式的边界符来实现。常用的边界符如表 5-3 所示。

表 5-3 常用的边界符

边界符	描述
^	匹配字符串的开头或一行的开头
$	匹配字符串的结尾或一行的结尾
\b	匹配单词头或单词尾
\B	与\b 含义相反

匹配行首或字符串的起始位置要使用边界符'^'，匹配行尾或字符串的结尾位置要使用边界符'$'。

正则表达式'^We.*\.$'可以匹配以 We 开头的整行。请注意结尾的点号之前有一个反斜杠，用于对点号进行转义，这样点号就可以被解释为字面值。如果不对点号进行转义，则它会匹配任意字符。

匹配单词边界时要使用'\b'，如正则表达式'\bWe\b'匹配单词 We。'\b'匹配一个单词的边界，如空格等。'\b'匹配的字符串不会包含边界符，而如果用'\s'来匹配的话，则匹配出的字符串中会包含那个边界符。例如，'\bHe\b'用于匹配一个单独的单词'He'，而当它是其他单词的一部分时则不匹配。

可以使用'\B'来匹配非单词边界，非单词边界匹配的是单词或字符串中间的字母或数字。

'^asddg'可以匹配行首以'asddg'开头的字符串。

'rld$'可以匹配行尾以'rld'结束的字符串。

5.2.2 分组、选择、引用、匹配

在使用正则表达式时，圆括号"()"是一种很有用的工具，可以根据不同的目的用圆括号进行分组、选择和引用匹配。

1. 分组

在前面，已经讲解了如何重复单个字符，即直接在字符后面加上诸如+、*、{m, n}等重复操作符即可。但如果想要重复一个字符串，则需要使用小括号来指定子表达式（也叫作分组或子模式），然后就可以通过在小括号后面加上重复操作符来指定这个子表达式的重复次数了。如'(abc){2}'可以匹配'abcabc'，{2}表示匹配{2}之前的表达式(abc)两次。

在 Python 中，正则表达式分组就是用一对圆括号"()"括起来的子正则表达式，匹配出的内容就表示匹配出一个分组。从正则表达式的左边开始，遇到第一个左括号"("表示该正则表达式的第 1 个分组，遇到第 2 个左括号"("表示该正则表达式的第二个分组，以此类推。

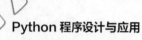

注意 有一个隐含的全局分组（就是 0 组）表示整个正则表达式。正则表达式分组匹配完成后，要想获得匹配出的内容，可以使用匹配后返回的 Match 对象的 group(num)和 groups() 方法对匹配出的各个分组内容进行提取。

```
>>> import re
>>> m=re.match('www\.(.*)\..{3}','www.python.org')    #正则表达式只包含 1 个分组
>>> print(m.group(1))                                  #提取分组 1 的内容
python
>>> c='Today is 2019-01-15'
>>> n=re.search('(\d{4})-(\d{2})-(\d{2})',c)           #正则表达式包含 3 个分组
>>> n.group()                                          #提取全局分组
'2019-01-15'
>>> n.group(1)                                         #提取分组 1 的内容
'2019'
>>> n.group(3)                                         #提取分组 3 的内容
'15'
```

按照正则表达式进行匹配后，用户就可以通过分组提取想要的内容，但是如果正则表达式中括号比较多，则在提取想要的内容时，就需要去挨个地数想要的内容是第几个括号中的正则表达式所匹配的，这样会很麻烦。这时，Python 引入了另一种分组，即命名分组（上面的叫无名分组）。

命名分组就是给具有默认分组编号的组另外再取一个别名。命名分组的语法格式如下。

```
(?P<name>正则表达式)                                    #name 是一个合法的标识符
>>> import re
>>> s = "'230.192.168.78',version='1.0.0'"
>>> h=re.search("'(?P<ip>\d+\.\d+\.\d+\.\d+).*",s)     #只有 1 个分组
>>> h.group('ip')
'230.192.168.78'
>>> h.group(1)                                         #提取分组 1 的内容
'230.192.168.78'
>>> t='good better best'
>>> d=re.search('(?P<good>\w+)\s+(?P<better>\w+)\s+(?P<best>\w+)',t)
>>> d.group('good')
'good'
>>> d.group('better')
'better'
>>> d.group('best')
'best'
```

2. 选择操作

圆括号的另一个重要应用是表示可选择性，根据需要建立支持二选一或多选一的应用，这涉及'()'和'|'两种元字符，'|'表示逻辑或的意思。如'a(123|456)b'可以匹配'a123b'和'a456b'。

假如要统计在文本 "When the fox first saw1 the lion he was2 terribly3 frightened4. He ran5 away, and hid6 himself7 in the woods." 中 he 出现了多少次，则 he 的形式应包括 he 和 He 两种。查找 he 和 He 两个字符串的正则表达式可以写成(he|He)，另一个可选的模式是(h|H) e。

假如要查找一个高校里具有博士学位的教师，在高校的教师数据信息中，博士的写法可能

有 Doctor、doctor、Dr.或 Dr，要匹配这些字符串可以使用下面的模式：

```
(Doctor|doctor|Dr\. |Dr)
```

注意　句点'.'在正则表达式模式中是一个元字符，它可以匹配任何单字符（换行符'\n'除外）。要匹配'.'，须使用'\.'。(Doctor|doctor|Dr\. |Dr)模式的另一个可选模式是：

```
(Doctor|doctor|Dr\.?)
```

借助不区分大小写选项可使上述分组匹配更简单，选项(?i)可使匹配模式不再区分大小写，带选择操作的模式(he|He)就可以简写成(?i)he。表 5-4 列出了正则表达式中常用的选项。

表 5-4　正则表达式中常用的选项

选项	描述
(?i)	不区分大小写
(?m)	多行
(?s)	单行
(?U)	默认最短匹配

3. 分组后向引用

在正则表达式中，用圆括号"()"括起来的表示一个组。所谓分组后向引用，就是对前面出现过的分组再一次引用。当用"()"定义了一个正则表达式组后，正则引擎就会把被匹配到的组按照顺序编号，并存入缓存。

注意　圆括号"()"用于定义组，"[]"用于定义字符集，"{}"用于定义重复操作。

若想对已经匹配过的分组内容进行引用，则可以用"\数字"的方式或者通过命名分组"(?P=name)"的方式进行引用。\1 表示引用第一个分组，\2 表示引用第二个分组，以此类推，\n 表示引用第 n 个分组，而\0 则表示引用整个被匹配的正则表达式本身。这些引用都必须处在正则表达式中才有效，用于匹配一些重复的字符串。

```
>>> import re
#通过命名分组进行后向引用
>>> re.search('(?P<name>\w+)\s+(?P=name)\s+(?P=name)', 'python python python').
    group('name')
'python'
#通过命名分组进行后向引用
>>> re.search('(?P<name>\w+)\s+(?P=name)\s+(?P=name)', 'python python python').
    group()
'python python python'
#通过默认分组编号进行后向引用
>>> re.search('(?P<name>\w+)\s+\1\s+\1', 'python python python').group()
'python python python'
```

下面给出一个嵌套分组的例子：

```
>>> s = '2017-10-10 18:00'
>>> import re
>>> p = re.compile('(((\d{4})-\d{2})-\d{2}) (\d{2}):(\d{2})')
>>> re.findall(p,s)
```

```
[('2017-10-10', '2017-10', '2017', '18', '00')]
>>> se = re.match(p,s)
>>> print(se.group())
2017-10-10 18:00
>>> print(se.group(0))
2017-10-10 18:00
>>> print(se.group(5))
00
```

可以看出，分组的序号是以左小括号'('从左到右的顺序为准的。

```
>>> import re
>>> s = '1234567890'
>>> s = re.sub(r'(...)',r'\1,',s)    #在字符串中从前往后每隔 3 个字符插入一个","
>>> s
'123,456,789,0'
```

5.2.3 贪婪匹配与懒惰匹配

当正则表达式中包含重复的限定符时，通常的行为是（在使整个表达式能得到匹配的前提下）匹配尽可能多的字符，如'a.*b'，它将会匹配最长的以 a 开始、以 b 结束的字符串。如果用'a.*b'来匹配 aabab，则它会匹配整个字符串 aabab，这被称为贪婪匹配。

有时，人们需要懒惰匹配，也就是匹配尽可能少的字符。前面给出的限定符均可被转化为懒惰匹配模式，只须在这些限定符后面加上一个问号'?'即可。'a.*?b'意味着在使整个表达式能得到匹配的前提下使用最少的重复。

'a.*?b'将会匹配最短的以 a 开始、以 b 结束的字符串。如果把它应用于'aabab'的话，则它会匹配 aab（第 1～3 个字符）和 ab（第 4～5 个字符）。匹配的结果为什么不是最短的 ab 而是 aab 和 ab 呢？这是因为正则表达式有另一条规则：最先开始的匹配拥有最高的优先权。表 5-5 列出了常用的懒惰限定符。

表 5-5 常用的懒惰限定符

懒惰限定符	描述
*?	重复任意次，但尽可能少重复
+?	重复 1 次或更多次，但尽可能少重复
??	重复 0 次或 1 次，但尽可能少重复
{n,m}?	重复 n～m 次，但尽可能少重复
{n, }?	重复 n 次以上，但尽可能少重复

```
>>> import re
>>> s = "abcdakdjd"
>>> re.search("a.*?d",s).group()       #懒惰匹配
'abcd'
>>> re.search("a.*d",s).group()        #贪婪匹配
'abcdakdjd'
>>> p = re.compile("a.*?d")            #懒惰匹配
>>> m = re.compile("a.*d")             #贪婪匹配
>>> p.findall(s)
```

```
['abcd', 'akd']
>>> m.findall(s)
['abcdakdjd']
```

5.3 正则表达式模块 re

Python 通过 re 模块提供对正则表达式的支持，表 5-6 列出了 re 模块中常用的函数。

表 5-6　re 模块中常用的函数

函数	描述
re.compile(pattern[, flags])	把正则表达式 pattern 转化成正则表达式对象，然后可以通过正则表达式对象调用 match()和 search()方法
re.split(pattern, string[, maxsplit=0, flags])	用匹配 pattern 的子串来分割 string，并返回一个列表
re.match(pattern, string[, flags])	从字符串 string 的起始位置匹配模式 pattern，string 如果包含和 pattern 匹配的子串，则匹配成功并返回 Match 对象；如果失败，则返回 None
re.search(pattern, string[, flags])	若 string 中包含和 pattern 匹配的子串，则返回 Match 对象，否则返回 None。注意，如果 string 中存在多个和 pattern 匹配的子串，则只返回第 1 个
re.findall(pattern, string[, flags])	找到模式 pattern 在字符串 string 中的所有匹配项，并把他们作为一个列表返回
re.sub(pattern, repl, string[, count=0, flags])	替换匹配到的字符串，即用 pattern 在 string 中匹配要替换的字符串，然后把它替换成 repl
re.escape(string)	对字符串 string 中的非字母数字进行转义，返回非字母数字前加了反斜杠的字符串

函数参数说明如下。

- pattern：匹配的正则表达式。
- string：要匹配的字符串。
- flags：用于控制正则表达式的匹配方式，flags 的值可以是 re.I（忽略大小写）、re.L（支持本地字符集中的字符）、re.M（多行匹配模式）、re.S（使元字符"."可匹配任意字符，包括换行符）、re.X（忽略模式中的空格）等的不同组合（使用"|"进行组合）。
- repl：要替换的字符串，也可以是一个函数。
- count：模式匹配后替换的最大次数，默认 0 表示替换所有的匹配。

1. re.search()函数

re.search(pattern, string[, flags])函数会在字符串内查找模式的匹配字符串，只要找到第 1 个和模式相匹配的字符串，就会立即返回一个 Match 对象；如果没有匹配的字符串，则返回 None。匹配对象有以下方法。

- group()：返回被 re.search()函数匹配的字符串。
- group (m, n)：返回组号 m、n 所匹配的字符串所组成的元组，如果组号不存在，则返回 indexError 异常。
- groups()：返回正则表达式中所有小组匹配到的字符串所组成的元组。

- start(): 返回匹配开始的位置。
- end(): 返回匹配结束的位置。
- span(): 返回一个元组，由匹配到的字符串的开始、结束的位置序号所组成。

```
>>> import re
>>> print(re.search('www', 'www.baidu.com'))            #在起始位置匹配
<_sre.SRE_Match object; span=(0, 3), match='www'>
>>> print(re.search('www', 'www.baidu.com').span())
(0, 3)
>>> print(re.search('com', 'www.baidu.com'))            #不在起始位置匹配
<_sre.SRE_Match object; span=(10, 13), match='com'>
>>> print(re.search('com', 'www.baidu.com').end())    #返回匹配结束的位置
13
>>> print(re.search('com', 'www.baidu.com').start())  #返回匹配开始的位置
10
>>> str1="abc123def"
#返回被 re.search()函数匹配的字符串
>>> print(re.search("([a-z]*)([0-9]*)([a-z]*)",str1).group())
abc123def
#列出第 1 个括号匹配部分
>>> print(re.search("([a-z]*)([0-9]*)([a-z]*)",str1).group(1))
abc
#列出第 2 个括号匹配部分
>>> print(re.search("([a-z]*)([0-9]*)([a-z]*)",str1).group(2))
123
#列出第 1、3 个括号匹配部分
>>> print(re.search("([a-z]*)([0-9]*)([a-z]*)",str1).group(1,3))
('abc', 'def')
#返回正则表达式中所有小组匹配到的字符串所组成的元组
>>> print(re.search("([a-z]*)([0-9]*)([a-z]*)",str1).groups())
('abc', '123', 'def')
```

2. re.match()函数

re.match(pattern, string[, flags])尝试从字符串的起始位置匹配一个模式，如果不是起始位置匹配成功，则 re.match ()返回 None。

```
>>> import re
>>> print(re.match('www', 'www.baidu.com'))            #在起始位置匹配
<_sre.SRE_Match object; span=(0, 3), match='www'>
>>> print(re.match('com', 'www.baidu.com'))            #不在起始位置匹配
None
```

下面举例说明如何使用 re.match 进行分组匹配，程序文件命名为 match.py。

```
import re
str1 = "Your IP address is 171.15.195.218."
MatchObj = re.match( '(.*) is (((2[0-4]\d|25[0-5]|[01]?\d\d?)\.){3}(2[0-4]\d| 25[0-5]|[01]?\d\d?)).', str1)
if MatchObj:
    print ("MatchObj.group() : ", MatchObj.group())
    print ("MatchObj.group(1) : ", MatchObj.group(1))
    print ("MatchObj.group(2) : ", MatchObj.group(2))
else:
    print ("No match!!")
```

在 IDLE 中，match.py 执行的结果如下。

```
MatchObj.group()  :  Your IP address is 171.15.195.218.
MatchObj.group(1) :  Your IP address
MatchObj.group(2) :  171.15.195.218
```

re.match()与 re.search()的区别如下。

re.match()只匹配字符串的开始，如果字符串开始不符合正则表达式，则匹配失败，函数返回 None；而 re.search()匹配整个字符串，并会返回第一个成功的匹配。

3. re.split()函数

re.split(pattern, string[, maxsplit=0, flags])用匹配 pattern 的子串来分割 string，并返回一个列表。

```
>>> import re
#\W 表示非单词字符集[^a-zA-Z0-9_]，用于匹配非单词字符
>>> re.split('\W+', 'Words,,, words. words? words')
['Words', 'words', 'words', 'words']
#若 pattern 里使用了圆括号，那么被 pattern 匹配到的字符串也将作为返回值列表的一部分
>>> re.split('(\W+)', 'Words, words, words.')
['Words', ', ', 'words', ', ', 'words', '.', '']
>>> s = '23432werwre2342werwrew'
>>> print(re.match('(\d*)([a-zA-Z]*)',s))      #匹配成功
<_sre.SRE_Match object; span=(0, 11), match='23432werwre'>
>>> print(re.search('(\d*)([a-zA-Z]*)',s))     #匹配成功
<_sre.SRE_Match object; span=(0, 11), match='23432werwre'>
```

4. re.findall()函数

re.findall(pattern, string[, flags])可在字符串中找到正则表达式所匹配的所有子串，并返回一个列表，如果没有找到匹配的子串，则返回空列表。

注意　re.match()和 re.search()是匹配一次，re.findall()是匹配所有。

```
>>> import re
>>> str1='Whatever is worth doing is worth doing well.'
>>> print(re.findall('(\w)*ort(\w)', str1))    #()表示子表达式
[('w', 'h'), ('w', 'h')]
```

5. re.sub()函数

re.sub(pattern, repl, string[, count=0, flags])函数用来替换匹配到的字符串，即用 pattern 在 string 中匹配要替换的字符串，然后把它替换成 repl。

```
>>> import re
>>> text = "He is a good person, he is tall, clever, and so on..."
>>> text="hello java,I like java"
>>> text1=re.sub("java","python",text)
>>> print(text1)
hello python,I like python
```

6. re.escape()函数

re.escape(string)函数可对字符串 string 中的非字母数字进行转义，并会返回非字母数字前加了反斜杠的字符串。

```
>>> print(re.escape('a1.*@'))
a1\.\*\@
```

5.4 正则表达式对象

对于经常使用的正则表达式，可以使用 re 模块的 compile()方法对其进行编译，并返回正则表达式对象，然后通过正则表达式对象的方法进行字符串处理。使用编译后的正则表达式对象进行字符串处理，不仅可以提高处理字符串的速度，还可以提供更强大的字符串处理功能。

在 Python 中，通过 re.compile(pattern)把正则表达式 pattern 转化成正则表达式对象，然后通过正则表达式对象调用 match()、search()和 findall()方法进行字符串处理之后，就不用每次都重复写匹配模式了。

```
p = re.compile(pattern)                         #把模式 pattern 编译成正则表达式对象 p
```

result = p.match(string)与 result = re.match(pattern, string)是等价的。

```
>>> s = "Miracles sometimes occur, but one has to work terribly for them"
>>> reObj = re.compile('\w+\s+\w+')
>>> print(reObj.match(s))                       #匹配成功
<_sre.SRE_Match object; span=(0, 18), match='Miracles sometimes'>
>>> reObj.findall(s)
['Miracles sometimes', 'but one', 'has to', 'work terribly', 'for them']
```

正则表达式对象的 match(string[, start])方法用于在字符串开头或指定位置匹配正则表达式，若能在字符串 string 开头或指定位置包含正则表达式所要表示的子串，则会匹配成功并返回 Match 对象；若匹配失败，则会返回 None。正则表达式对象的 search(string[, start [, end]])方法用于在整个字符串或指定范围中进行搜索。若 string 中包含正则表达式所要表示的子串，则返回 Match 对象，否则返回 None；如果 string 中存在多个正则表达式所要表示的子串，则只返回第 1 个。findall(string[, start [, end]])方法用于在整个字符串或指定范围中进行搜索，找到 string 中正则表达式的所有匹配项，并把它们作为一个列表返回。

```
>>> import re
>>> s='The man who has made up his mind to win will never say " Impossible".'
>>> pattern=re.compile(r'\bw\w+\b')             #编译正则表达式对象，查找以 w 开头的单词
#使用正则表达式对象的 findall()方法查找所有以 w 开头的单词
>>> pattern.findall(s)
['who', 'win', 'will']
>>> pattern1 = re.compile (r'\b\w+e\b')          #查找以字母 e 结尾的单词
>>> pattern1.findall (s)
['The', 'made', 'Impossible']
>>> pattern2 = re.compile (r'\b\w{3,5}\b')       #查找 3~5 个字母长的单词
>>> pattern2.findall (s)
['The', 'man', 'who', 'has', 'made', 'his', 'mind', 'win', 'will', 'never', 'say']
>>> pattern2.match (s)                           #从行首开始匹配，匹配成功则返回 Match 对象
<_sre.SRE_Match object; span=(0, 3), match='The'>
>>> pattern3 = re.compile (r'\b\w*[id]\w*\b')    #查找含有字母 i 或 d 的单词
>>> pattern3.findall (s)
```

```
['made', 'his', 'mind', 'win', 'will', 'Impossible']
>>> pattern4=re.compile('has')              #编译匹配 has 正则表达式对象
>>> pattern4.sub('*',s)                     #将 has 替换为*
'The man who * made up his mind to win will never say " Impossible".'
>>> pattern5=re.compile(r'\b\w*s\b')        #编译正则表达式对象，匹配以 s 结尾的单词
>>> pattern5.sub('**',s)                    #将符合条件的单词替换为**
'The man who ** made up ** mind to win will never say " Impossible".'
>>> pattern5.sub('**',s,1)                  #将符合条件的单词替换为**，只替换 1 次
'The man who ** made up his mind to win will never say " Impossible".'
```

5.5　Match 对象

正则表达式模块 re 与正则表达式对象的 match()方法和 search()方法匹配成功后都会返回 Match 对象，其包含了很多关于此次匹配的信息。可以使用 Match 提供的可读属性或方法来获取这些信息。

Match 对象提供的可读属性介绍如下。

- string：匹配时使用的文本。
- re：匹配时使用的正则表达式模式 pattern。
- pos：文本中正则表达式开始搜索的索引。
- endpos：文本中正则表达式结束搜索的索引。
- lastindex：最后一个被捕获的分组在文本中的索引，如果没有被捕获的分组，则为 None。
- lastgroup：最后一个被捕获的分组的别名，如果这个分组没有别名或者没有被捕获的分组，则为 None。

```
>>> m = re.match('hello', 'hello world!')
>>> m.string
'hello world!'
>>> m.re
re.compile('hello')
>>> m.pos
0
>>> m.endpos
12
>>> print(m.lastindex)
None
>>> print(m.lastgroup)
None
```

Match 对象提供的方法介绍如下。

（1）group([group1, …])

获得一个或多个分组截获的字符串；指定多个参数时将以元组形式返回。group1 可以使用编号，也可以使用别名；编号 0 代表整个匹配的字符串，不填写参数时同 group(0)等价；没有截获字符串的组返回 None；截获了多次的组返回最后一次截获的子串。

（2）groups()

以元组形式返回全部分组截获的字符串，相当于调用 group(1,2,…,last)；没有截获字符串的

Python 程序设计与应用

组默认为 None。

（3）groupdict()

返回以组的别名为键、以该组截获的子串为值的字典，没有别名的组不包含在内。

（4）start([group])

返回指定的组截获的子串在 string 中的起始索引（子串第一个字符的索引）；group 的默认值为 0。

（5）end([group])

返回指定的组截获的子串在 string 中的结束索引（子串最后一个字符的索引+1）；group 的默认值为 0。

（6）span([group])

返回指定的组截获的子串在 string 中的起始索引和结束索引的元组(start(group), end(group))。

（7）expand(template)

将匹配到的分组加入 template 中并返回。template 中可以使用\id、\g<id>、\g<name>引用分组，但不能使用编号 0。\id 与\g<id>是等价的，但\10 会被认为是第 10 个分组。如果用户想表达\1 之后是字符'0'，则只能使用\g<1>0。

```
>>> s = '13579helloworld13579helloworld'
>>> p = r'(\d*)([a-zA-Z]*)'
>>> m = re.match(p,s)
>>> m.group(1,2)
('13579', 'helloworld')
>>> m.group()                    #返回整个匹配的字符串
'13579helloworld'
>>> m.group(0)
'13579helloworld'
>>> m.groups()
('13579', 'helloworld')
```

习题 5

1. 简述 search()和 match()的区别。

2. 简述使用正则表达式对象的好处。

3. 有一段英文文本，其中有些单词连续重复了 2 次。请编写程序以检查重复的单词并只保留一个。

4. 编写程序，实现当用户输入一段英文后，输出这段英文中长度为 3 个字母的所有单词。

5. 使用正则表达式清除字符串中的 HTML 标记。

6. 编写程序，判断字符串中的字母是否为全部小写。

7. 假设有一段英文，其中有单独的字母"I"被误写成了"i"，请编写程序进行纠正。

第 6 章

文件与文件夹操作

　　计算机文件是以计算机硬盘为载体存储在计算机上的信息集合。文件的属性包括：①文件类型，即从不同的角度对文件进行分类；②文件长度，可以用字节、字或块来表示；③文件的位置，指示文件保存在哪个存储介质上以及在介质上的具体位置；④文件的存取控制，指文件的存取权限，包括读、写和执行；⑤文件的建立时间，指文件最近的修改时间。

6.1　文本文件

6.1.1　文本文件的字符编码

文本文件是基于字符编码的文件，常见的编码有 ASCII、Unicode、utf-8 等。在 Windows 平台中，扩展名为 txt、log、ini 的文件都属于文本文件，可以使用字处理软件（如 gedit、记事本等）对它们进行编辑。

由于计算机只能处理数字，若要处理文本，则必须先把文本转换为数字。最早的计算机采用 8 个比特（bit）作为 1 个字节（byte），1 个字节能表示的最大整数就是 255，如果要表示更大的整数，就必须用更多的字节。例如，2 个字节可以表示的最大整数是 65 535，4 个字节可以表示的最大整数是 4 294 967 295。

计算机最早使用 ASCII 将 127 个字母编码到了计算机里。ASCII 占用 1 个字节，字节的最高位是奇偶校验位。ASCII 实际使用 1 个字节中的 7 个比特位来表示字符，第 1 个字节 00000000 表示空字符，因此 ASCII 实际上只包括了字母、标点符号、特殊符号等共 127 个字符。

随着计算机的发展，非英语国家的人要处理他们的语言，但 ASCII 使出浑身解数，把 8 个比特都用上也不够用。因此，后来出现了统一的、囊括多国语言的 Unicode，Unicode 通常由 2 个字节组成，一共可表示 256×256 个字符，某些偏僻字还会用到 4 个字节。

在 Unicode 中，原本 ASCII 中的 127 个字符只须在前面补 1 个全零的字节即可，如字符"a"：01100001，在 Unicode 中变成了 00000000 01100001。这样原本只需 1 个字节就能传输的英文现在需要了 2 个字节，非常浪费存储空间和传输速度。

针对空间浪费问题，出现了 utf-8。utf-8 是可变长短的，从英文字母的 1 个字节，到中文的 3 个字节，再到某些生僻字的 6 个字节。utf-8 还兼容了 ASCII。注意，除了英文字母相同，汉字在 Unicode 和 utf-8 中通常是不同的。例如汉字的"中"字，在 Unicode 中是 01001110 00101101，而在 utf-8 编码中是 11100100 10111000 10101101。

现在计算机系统通用的字符编码的工作方式是：在计算机内存中，统一使用 Unicode，当需要将字符保存到硬盘或者需要传输字符时，就将它们转换为 utf-8。用记事本编辑时，从文件读取的 utf-8 字符会被转换为 Unicode 字符存储到内存里，编辑完成后，保存时再把 Unicode 字符转换为 utf-8 字符保存到文件中。浏览网页时，服务器会把动态生成的 Unicode 字符转换为 utf-8 字符，再传输到浏览器。

Python 3 中默认的编码是 utf-8，可以通过以下代码查看 Python 3 的默认编码。

```
>>> import sys
>>> sys.getdefaultencoding()     #查看 Python 3 的默认编码
 'utf-8'
```

对于单个字符的编码，Python 提供了 ord()函数以获取字符的整数表示，chr()函数可把编码转换为对应的字符。

```
>>> ord('A')
65
>>> ord('中')
20013
>>> chr(20013)
'中'
```

由于 Python 的字符串类型是 str，在内存中以 Unicode 表示，一个字符对应若干个字节。如果要在网络上进行传输，或者要将其保存到硬盘上，则需要把 str 变为以字节为单位的 bytes。Python 对 bytes 类型的数据会用带 b 前缀的单引号或双引号进行表示。

```
x = b'ABC'
```

注意　'ABC'和 b'ABC'的区别是，前者是 str，后者虽然内容看起来和前者一样，但 bytes 的每个字符只占用一个字节。以 Unicode 表示的 str 通过 encode()方法可以编码为指定的 bytes。

```
>>> 'ABC'.encode('ascii')          #编码成英大字节的形式
b'ABC'
>>> '中国'.encode('utf-8')          #编码成 utf-8 字节的形式
b'\xe4\xb8\xad\xe5\x9b\xbd'
```

1 个中文字符经过 utf-8 编码后通常会占用 3 个字节，而 1 个英文字符只占用 1 个字节。注意：纯英文的 str 可以经过 ASCII 编码为 bytes，内容是一样的，含有中文的 str 可以经过 utf-8 编码为 bytes。但含有中文的 str 无法用 ASCII 进行编码，因为中文的编码范围超过了 ASCII 的编码范围，Python 会报错。

要把 bytes 变为 str，就需要用 decode()方法。

```
>>> b'ABC'.decode('ascii')
'ABC'
>>> b'\xe4\xb8\xad\xe5\x9b\xbd'.decode('utf-8')
'中国'
```

在操作字符串时，人们经常会遇到 str 和 bytes 的互相转换。为了避免乱码问题，应当始终坚持使用 utf-8 对 str 和 bytes 进行转换。Python 源代码也是一个文本文件，所以，当源代码中包含中文时，保存源代码就务必要指定将其保存为 utf-8。当 Python 解释器读取源代码时，为了让它按 utf-8 读取，通常需要在文件开头写出下面一行代码：

```
# -*- coding: utf-8 -*-
```

告诉 Python 解释器按照 utf-8 读取源代码，否则，源代码中的中文输出后可能会有乱码。

6.1.2　文本文件的打开

向（从）一个文件中写（读）数据之前，需要先创建一个和物理文件相关的文件对象，然后通过该文件对象对文件内容进行读取、写入、删除、修改等操作，最后关闭并保存文件内容。Python 内置的 open()函数可以按指定的模式打开指定的文件，并创建文件对象。

```
file_object = open(file, mode='r', buffering=-1)
```

open()函数打开文件 file 后，会返回一个指向文件 file 的文件对象 file_object。

各个参数说明如下。

- file：file 是一个包含文件所在路径及文件名称的字符串值，如'c:\\User\\test.txt'。
- mode：mode 指定打开文件的模式，如只读、写入、追加等，默认模式为只读'r'。
- buffering：buffering 表示是否需要缓冲，设置为 0 时，表示不使用缓冲区，直接读写，仅在二进制模式下有效。设置为 1 时，表示在文本模式下使用行缓冲区方式。设置为大于 1 时，表示缓冲区的设置大小。默认值为-1，表示使用系统默认的缓冲区大小。

文件打开的不同模式如表 6-1 所示。

表 6-1　文件打开的不同模式

模式	描述
r	以只读方式打开一个文件，文件的指针放在文件的开头。这是默认模式，可省略
rb	以只读二进制格式打开一个文件，文件的指针放在文件的开头
r+	以读写格式打开一个文件，文件指针放在文件的开头
rb+	以读写二进制格式打开一个文件，文件指针放在文件的开头
w	以写入格式打开一个文件，如果该文件已存在，则将其覆盖。如果该文件不存在，则创建新文件
wb	以二进制格式打开一个文件，只用于写入。如果该文件已存在，则将其覆盖。如果该文件不存在，则创建新文件
w+	以读写格式打开一个文件，如果该文件已存在，则将其覆盖。如果该文件不存在，则创建新文件
wb+	以读写二进制格式打开一个文件。如果该文件已存在，则将其覆盖。如果该文件不存在，则创建新文件
a	以追加格式打开一个文件，如果该文件已存在，则文件指针将会放在文件的结尾，即新的内容将会被写入已有内容之后。如果该文件不存在，则创建新文件进行写入
ab	以追加二进制格式打开一个文件，如果该文件已存在，则文件指针将会放在文件的结尾，即新的内容将会被写入已有内容之后。如果该文件不存在，则创建新文件进行写入
a+	以读写格式打开一个文件，如果该文件已存在，则文件指针将会放在文件的结尾。如果该文件不存在，则创建新文件用于读写
ab+	以读写二进制格式打开一个文件，如果该文件已存在，则文件指针将会放在文件的结尾。如果该文件不存在，则创建新文件用于读写

注："+"表示可以同时读写某个文件；r+表示读写，即可读、可写，可理解为先读后写，不擦除原文件内容，指针在 0；w+表示写读，即可读、可写，可理解为先写后读，擦除原文件内容，指针在 0；a+表示写读，即可读、可写，不擦除原文件内容，指针指向文件的结尾，要读取原内容须先重置文件指针。

不同模式打开文件的异同点如表 6-2 所示。

表 6-2　不同模式打开文件的异同点

模式	可做操作	若文件不存在	是否覆盖	指针位置
r	只能读	报错	否	0
r+	可读可写	报错	否	0
w	只能写	创建	是	0
w+	可写可读	创建	是	0
a	只能写	创建	否，追加写	最后
a+	可读可写	创建	否，追加写	最后

下面的语句以读的模式打开当前目录下一个名为 score.txt 的文件。

```
file_object1=open('scores.txt', 'r')
```

也可以使用绝对路径文件名来打开文件，如下所示。

```
file_object=open(r'D:\Python\scores.txt', 'r')
```

上述语句以读的模式打开 "D:\Python" 目录下的 "scores.txt" 文件。绝对路径文件名前的 r 前缀可使 Python 解释器将文件名中的反斜线理解为字面意义上的反斜线。如果没有 r 前缀，则需要使用反斜杠字符'\'转义'\'，使之成为字面意义上的反斜线。

```
file_object=open('D:\\Python\\scores.txt', 'r')
```

一个文件被打开后，返回一个文件对象 file_object，通过文件对象 file_object 可以得到有关该文件的各种信息，文件对象的常用属性如表 6-3 所示。

表 6-3 文件对象的常用属性

属性	描述
closed	判断文件是否已关闭，如果文件已被关闭，则返回 True；否则，返回 False
mode	返回被打开文件的访问模式
name	返回文件的名称

```
>>> file_object=open('D:\\Python\\scores.txt', 'r')
>>> print('文件名: ', file_object.name)
文件名:  D:\Python\scores.txt
>>> print('是否已关闭 : ',file_object.closed)
是否已关闭: False
>>> print('访问模式 : ', file_object.mode)
访问模式: r
```

文件对象是使用 open 函数来创建的，文件对象的常用方法如表 6-4 所示。文件读写操作相关的方法都会自动改变文件指针的位置。例如，以读模式打开一个文本文件，读取 10 个字符，会自动把文件指针移到第 11 个字符，再次读取字符时总是会从文件指针的当前位置开始读取。写文件操作的方法也具有相同的特点。

表 6-4 文件对象的常用方法

方法	功能说明
close()	刷新缓冲区里还未写入的信息，并关闭该文件
flush()	刷新文件内部缓冲，把内部缓冲区的数据立刻写入文件，但不关闭文件
next()	返回文件下一行
read([size])	从文件的开始位置读取指定的 size 个字符，如果未给定，则读取所有
readline()	读取整行，包括"\n"字符
readlines()	把文本文件中的每行文本作为一个字符串存入列表中，并返回该列表
seek(offset[,whence])	用于移动文件读取指针到指定位置，offset 为需要移动的字节数；whence 指定从哪个位置开始移动，默认值为 0，0 代表从文件开头开始移动，1 代表从文件当前位置开始移动，2 代表从文件末尾开始移动
tell()	返回文件的当前位置，即文件指针的当前位置
truncate([size])	删除从当前指针位置到文件末尾的内容。如果指定了 size，则不论指针在什么位置都只留下前 size 个字符，其余的均删除

续表

方法	功能说明
write(str)	把字符串 str 的内容写入文件中，没有返回值。由于缓冲，字符串内容可能没有加入到实际的文件中，直到 flush()或 close()方法被调用
writelines([str])	用于向文件中写入字符串序列
writable()	测试当前文件是否可写
readable()	测试当前文件是否可读

6.1.3 文本文件的写入

当一个文件以"写"的方式打开后，可以使用 write()方法和 writelines()方法将字符串写入文本文件。

file_object.write(str)：把字符串 str 写入文件 file_object 中，write()并不会在 str 后自动加上一个换行符。

file_object.writelines(seq)：接收一个字符串列表 seq 作为参数，把字符串列表 seq 写入文件 file_object 中，这个方法也只是忠实地写入，而不会在每行后面加上换行符。

```
>>> file_object = open('test.txt', 'w')        #以写的方式打开文件 test.txt
>>> file_object.write('Hello, world!')         #将 Hello, world!写入文件 test.txt 中
13                                             #成功写入的字符数量
>>> file_object.close()
```

注意 可以反复调用 file_object.write()来写入文件，写完之后一定要调用 file_object.close()来关闭文件。这是因为当人们写文件时，操作系统往往不会立刻把数据写入磁盘，而是会将其放到内存中缓存起来，空闲时再慢慢写入。只有调用 close()方法时，操作系统才能保证把没有写入的数据全部写入磁盘。忘记调用 close()的后果是数据可能只写了一部分到磁盘，剩下的丢失了。Python 中提供了 with 语句，可以防止上述事情发生。当 with 代码块执行完毕时，其会自动关闭文件以释放内存资源，而不用特意加 file_object.close()。上面的语句可改写为如下 with 语句：

```
with open('test.txt', 'w') as file_object:
    file_object.write('Hello, world!')         #with 语句块
```

这里使用了 with 语句，不管在处理文件过程中是否发生异常，都能保证 with 语句块执行完之后自动关闭打开的文件 test.txt。with 语句可以对多个文件同时进行操作。

```
>>> f = open('test.txt', 'w')
#把字符串列表["hello"," ","Python"]写入到文件 f
>>> f.writelines(["hello"," ","Python"])
>>> f.close()
>>> f = open("test.txt","r")
>>> f.read()
'hello Python'
>>> fo = open("test.txt", "w")                  #打开文件
>>> seq = ["君子赠人以言\n", "庶人赠人以财"]
>>> fo.writelines(seq)                          #向文件中写入字符串序列
```

```
>>> fo.close()                          #关闭文件
>>> fo = open("test.txt", "r")
>>> print(fo.read())
君子赠人以言
庶人赠人以财
```

【例 6-1】　创建一个新文件，内容是 0~9 的整数，每个数字占一行。

```
f=open('file1.txt','w')
for i in range(0,10):
    f.write(str(i)+'\n')
f.close()
```

6.1.4　文本文件的读取

当一个文件被打开后，可使用 3 种方式从文件中读取数据：read()、readline()、readlines()。

- read([size])：从文件读取指定的 size 个字符数，如果未给定，则读取所有。
- readline()：该方法每次读出一行内容，返回一个字符串对象。
- readlines()：把文本文件中的每行文本作为一个字符串存入列表中，并返回该列表。

这里假设在当前目录下有一个文件名为 test.txt 的文本文件，里面的数据如下。

```
白日不到处
青春恰自来
苔花如米小
也学牡丹开
```

1. 读取整个文件

人们经常需要从一个文件中读取全部数据，这里有两种方法可以完成这个任务。

（1）使用 read()方法从文件中读取所有数据，然后将它们作为一个字符串返回。

（2）使用 readlines()方法从文件中读取每行文本，然后将它们作为一个字符串列表返回。

方法 1：

```
with open('test.txt') as f:          #默认模式为'r'，只读模式
    contents = f.read()              #读取文件中的全部内容
    print(contents)
```

上述代码在 IDLE 中执行的结果如下。

```
白日不到处
青春恰自来
苔花如米小
也学牡丹开
```

方法 2：

```
with open('test.txt') as f:          #默认模式为'r'，只读模式
    contents1 = f.readlines()        #读取文件中的全部内容
    print(contents1)
```

上述代码在 IDLE 中执行的结果如下。

```
['白日不到处\n', '青春恰自来\n', '苔花如米小\n', '也学牡丹开\n']
```

2. 逐行读取

使用 read()方法和 readlines()方法从一个文件中读取全部数据，对于小文件来说是简单而有效的，但是如果文件大到它的内容无法被全部读到内存时该怎么办？这时可以编写循环，每次读取文件的一行，并且持续读取下一行，直至读到文件末端。

方法 1：

```
with open('test.txt') as f:
    for line in f:
        print(line, end='')
```

上述代码在 IDLE 中执行的结果如下。

```
白日不到处
青春恰自来
苔花如米小
也学牡丹开
```

方法 2：

```
f = open("test.txt")
line = f.readline()
print(type(line))    #输出 line 的数据类型
while line:
    print(line, end='')
    line = f.readline()
f.close()
```

上述代码在 IDLE 中执行的结果如下。

```
<class 'str'>
白日不到处
青春恰自来
苔花如米小
也学牡丹开
```

6.1.5　文本文件指针的定位

文件对象的 tell()方法可返回文件的当前位置，即文件指针的当前位置。使用文件对象的 read()方法读取文件之后，文件指针到达文件的末尾，如果再来一次 read()，则会发现读取的是空内容；如果想再次读取全部内容或读取文件中的某行字符，则必须将文件指针移动到文件开始或某行开始，这可通过文件对象的 seek()方法来实现，其语法格式如下。

```
seek(offset[,whence])
```

seek()用于移动文件读取指针到指定位置；offset 为需要移动的字节数；whence 指定从哪个位置开始移动，默认值为 0，0 代表从文件开头开始移动，1 代表从文件当前位置开始移动，2 代表从文件末尾开始移动。

```
>>> f = open('file2.txt', 'a+')
>>> f.write('123456789abcdef')
15
>>> f.seek(3)                    #移动文件指针，并返回移动后文件指针的当前位置
3
>>> f.read(1)
'4'
>>> f.seek(-3,2)                 #报错
Traceback (most recent call last):
  File "<pyshell#5>", line 1, in <module>
    f.seek(-3,2)
io.UnsupportedOperation: can't do nonzero end-relative seeks
>>> f.close()
>>> f = open('file2.txt', 'rb+')    #以二进制模式读写文件
>>> f.seek(-3,2)                    #移动文件指针，并返回移动后文件指针的当前位置
12                                  #没有报错
>>> f.tell()                        #返回文件指针的当前位置
12
>>> f.read(1)
b'd'
```

【**例 6-2**】 在修改模式下打开文件，然后输出，观察指针的区别。

文件 file2.txt 中的内容如下。

```
123456789abcdef
```

程序代码如下。

```
f=open(r'D:\Python\file2.txt','r+')
print('文件指针在:',f.tell())
if f.writable():
    f.write('Python\n')
else:
    print("此模式不可写")
print('文件指针在:',f.tell())
f.seek(0)
print("最后的文件内容：")
print(f.read())
f.close()
```

上述程序代码在 IDLE 中执行的结果如下。

```
文件指针在: 0
文件指针在: 8
最后的文件内容：
Python
9abcdef
```

6.2 文件与文件夹操作

Python 的 os 和 shutill 模块提供了大量的操作文件与文件夹的方法。

113

6.2.1 使用 os 操作文件与文件夹

os 模块既可以对操作系统进行操作，也可以执行简单的文件与文件夹操作。通过 import os 导入 os 模块后，可用 help(os)或 dir(os)来查看 os 模块的用法。os 操作文件与文件夹的方法有的在 os 模块中，有的在 os.path 模块中。os 模块的常用方法如表 6-5 所示。

表 6-5　os 模块的常用方法

方法	功能说明
os.getcwd()	获取当前工作目录
os.chdir()	改变当前工作目录
os.listdir()	返回指定目录下的文件名称列表
os.mkdir()	创建文件夹（目录）
os.makedirs()	递归创建文件夹（目录）
os.rmdir()	删除空目录
os.removedirs()	递归删除文件夹(目录)，必须都是空目录
os.rename()	重命名文件或文件夹

1. getcwd()获取当前工作目录
当前工作目录默认都是当前所要执行的程序文件所在的文件夹。

```
>>> import os
>>> os.getcwd()          #获取 Python 的安装目录，即 Python 的默认目录
'D:\\Python'
```

2. chdir()改变当前工作目录

```
>>> os.chdir('D:\\Python_os_test')                    #写目录时用\\或/
>>> os.getcwd()
'D:\\Python_os_test'
>>> open('01.txt','w')                                #在当前目录下建文件
<_io.TextIOWrapper name='01.txt' mode='w' encoding='cp936'>
>>> open('02.txt','w')
<_io.TextIOWrapper name='02.txt' mode='w' encoding='cp936'>
```

3. listdir()返回指定目录下的文件名称列表

```
>>> os.listdir('D:\\Python')
['12.py', 'aclImdb', 'add.py', 'DLLs', 'Doc', 'include', 'iris.dot', 'iris.pdf', 'Lib',
'libs', 'LICENSE.txt', 'mypath.pth', 'NEWS.txt', 'python.exe', 'python3.dll',
'python36.dll', 'pythonw.exe', 'Scripts', 'share', 'tcl', 'Tools', 'vcruntime140.dll',
'__pycache__']
```

4. mkdir()创建文件夹（目录）

```
>>> os.mkdir('D:\\Python_os_test\\python1')          #创建文件夹 python1
>>> os.mkdir('D:\\Python_os_test\\python2')          #创建文件夹 python2
>>> os.listdir('D:\\Python_os_test')                 #获取文件夹中所有文件的名称列表
['01.txt', '02.txt', 'python1', 'python2']
```

5. makedirs()递归创建文件夹（目录）

```
>>> os.makedirs('D:/Python_os_test/a/b/c/d')
>>> os.listdir('D:\\Python_os_test')
['01.txt', '02.txt', 'a', 'python1', 'python2']
```

6. rmdir()删除空目录

```
>>> os.rmdir('D:/Python_os_test/a/b/c/d')          #删除 d 目录
```

7. removedirs()递归删除文件夹（目录）

removedirs()递归删除文件夹，要删除的文件夹必须都是空的。

```
>>> os.removedirs('D:/Python_os_test/a/b/c')        #递归删除 a、b、c 目录
>>> os.listdir('D:\\Python_os_test')                #a 目录已经不存在了
['01.txt', '02.txt', 'python1', 'python2']
```

8. rename()重命名文件或文件夹

```
#将 01.txt 重命名为 011.txt
>>> os.rename('D:/Python_os_test/01.txt','011.txt')
#将文件夹 python1 重命名为 python11
>>> os.rename('D:/Python_os_test/python1','python11')
>>> os.listdir('D:\\Python_os_test')
['011.txt', '02.txt', 'python11', 'python2']
```

9. os 模块中的常用值

curdir：表示当前文件夹。

'.': 表示当前文件夹，一般情况下可以省略。

```
>>> os.curdir
'.'
```

pardir：表示上一层文件夹。

'..': 表示上一层文件夹，不可省略。

```
>>> os.pardir
'..'
```

sep：获取系统路径间隔符号，在 Windows 操作系统下为'\'，在 Linux 操作系统下为'/'。

```
>>> os.sep
'\\'
>>> print(os.sep)
\
```

6.2.2　使用 os.path 操作文件与文件夹

os.path 模块主要用于文件的属性获取，在编程中经常会用到。os.path 模块提供了大量用于路径判断、切分、连接以及文件夹遍历的方法。os.path 模块的常用方法如表 6-6 所示。

表6-6　os.path 模块的常用方法

方法	功能说明
os.path.abspath(path)	返回 path 规范化的绝对路径
os.path.dirname(path)	获取完整路径 path 当中的目录部分
os.path.basename(path)	获取路径 path 的主题部分，即 path 最后的文件名
os.path.split(path)	将路径 path 分割成目录和文件名，并以二元组形式返回
os.path.splitext (path)	分割路径 path，返回由路径名和文件扩展名组成的元组
os.path.splitdrive(path)	返回由驱动器名和路径组成的元组
os.path.join(path1, path2[, …])	将多个路径组合成一个路径后返回
os.path.isfile(path)	如果 path 是一个已存在的文件，则返回 True；否则，返回 False
os.path.isdir(path)	如果 path 是一个已存在的目录，则返回 True；否则，返回 False
os.path.getctime(path)	获取文件的创建时间
os.path.getmtime(path)	获取文件的修改时间
os.path.getatime(path)	获取文件的访问时间
os.path.getsize(path)	返回 path 的文件的大小（字节）

（1）os.path.abspath(path)返回 path 规范化的绝对路径。

```
>>> os.chdir('D:/Python_os_test')      #改变当前目录
>>> os.getcwd()
'D:\\Python_os_test'
>>> path = './02.txt'                  #相对路径
>>> os.path.abspath(path )             #相对路径转化为绝对路径
'D:\\Python_os_test\\02.txt'
```

（2）os.path.dirname(path)获取完整路径 path 当中的目录部分，os.path.basename(path)获取完整路径 path 最后的文件名。

```
>>> path="D:\\Python_os_test\\a\\b\\c\\d"
>>> os.path.dirname(path)
'D:\\Python_os_test\\a\\b\\c'
>>> os.path.basename(path)
'd'
```

（3）os.path.split(path)将路径 path 分割成目录和文件名，并以二元组形式返回。

```
>>> path='D:\\Python_os_test\\02.txt'
>>> os.path.split(path)
('D:\\Python_os_test', '02.txt')
```

（4）os.path.join(path1, path2[, …])将多个路径组合成一个路径后返回。

```
>>> path1='D:\\Python_os_test'
>>> path2='02.txt'
>>> result = os.path.join(path1,path2)
>>> result
'D:\\Python_os_test\\02.txt'
>>> print(result)
D:\Python_os_test\02.txt                #注意和前一个输出结果的差异
>>> os.path.join( 'c:\\', 'User', 'test.py')
'c:\\User\\test.py'
```

（5）os.path.getsize(path)返回 path 的文件的大小（字节）。

```
>>> os.path.getsize('D:\\Python_os_test\\02.txt')
0
```

（6）os.path.splitext (path) 分割路径 path，返回由路径名和文件扩展名组成的元组。

```
>>> path = 'D:\\Python_os_test\\02.txt'
>>> result = os.path.splitext(path)
>>> print(result)
('D:\\Python_os_test\\02', '.txt')
```

（7）os.path.splitdrive(path)返回由驱动器名和路径组成的元组。

```
>>> os.path.splitdrive('c:\\User\\test.py')
('c:', '\\User\\test.py')
```

6.2.3 使用 shutil 操作文件与文件夹

shutil 模块拥有许多文件（夹）操作功能，包括复制、移动、重命名、删除、压缩包处理等。

（1）shutil.copyfileobj (fsrc, fdst) 将文件内容从源文件 fsrc 复制到目标文件 fdst 中去，前提是目标文件 fdst 具备可写权限。fsrc、fdst 参数是打开的文件对象。

```
>>> import shutil
>>> f1=open( 'D:\\Python_os_test\\01.txt','w')
>>> f1.write("时间是一切财富中最宝贵的财富。")
15
>>> f1.close()
>>> shutil.copyfileobj(open('D:\\Python_os_test\\01.txt','r'),open('D:\\Python_os_test\\02.txt
','w'))
>>> f2=open('D:\\Python_os_test\\02.txt','r')
>>> print(f2.read())
时间是一切财富中最宝贵的财富。
```

（2）shutil.copy(fsrc, destination)将文件 fsrc 复制到文件夹 destination 中，两个参数都是字符串格式。如果 destination 是一个文件名称，那么它就会被用来当作复制后的文件名称，即等于"复制 + 重命名"。

```
>>> import shutil
>>> import os
>>> os.chdir('D:\\Python_os_test')         #改变当前目录
>>> shutil.copy('01.txt', 'python1')       #将当前目录下的文件 01.txt 复制到文件夹 python1 下
'python1\\01.txt'
>>> shutil.copy('01.txt', '03.txt')        #将文件复制到当前目录下，即"复制+重命名"
'03.txt'
```

（3）shutil.copytree(source, destination)复制整个文件夹，将文件夹 source 中的所有内容复制到文件夹 destination 中，包括 source 里面的文件、子文件夹等。两个参数都是字符串格式。

注意 如果文件夹 destination 已经存在，则该操作会返回一个 FileExistsError 错误，提示文件已存在。shutil.copytree(source, destination)实际上相当于备份一个文件夹。

```
#生成新文件夹 python3，其和 python1 的内容一样
>>> shutil.copytree('python1', 'python3')
'python3'
```

（4）shutil.move(source, destination)将文件或文件夹 source 移动到 destination 中。返回值是移动后文件的绝对路径字符串。如果 destination 指向一个文件夹，那么 source 文件将被移动到 destination 中，并且保留其原有的名字。

```
>>> import shutil
>>> shutil.move('D:\\Python_os_test\\python1', 'D:\\Python_os_test\\python3')
'D:\\Python_os_test\\python3\\python1'
```

上例中，如果 D:\\Python_os_test\\python3 文件夹中已经存在了同名文件 python1，则将产生 shutil.Error: Destination path 'D:\Python_os_test\python3\python1' already exists。

如果 source 指向一个文件，destination 指向一个文件，那么 source 将会被移动并重命名。

```
>>> shutil.move('D:\\Python_os_test\\01.txt', 'D:\\Python_os_test\\python1\\04.txt')
'D:\\Python_os_test\\python1\\04.txt'
```

（5）shutil.rmtree(path)递归删除文件夹下的所有子文件夹和子文件。

```
>>> shutil.rmtree('D:\\Python_os_test\\python3')
```

（6）shutil. make_archive(base_name, format, root_dir=None)创建压缩包并返回压缩包的绝对路径。

- base_name：压缩打包后的文件名或者路径名。
- format：压缩或者打包格式，如"zip""tar""bztar""gztar"等。
- root_dir：将源目录或者源文件打包。

```
>>> import shutil
>>> import os
>>> os.getcwd()
'D:\\Python_os_test'
>>> os.listdir()
['011.txt', '02.txt', '03.txt', '04.txt', 'a', 'f', 'python1', 'python2']
#将 D:/Python_os_test 目录下的所有文件压缩到当前目录下，取名为 www，压缩格式为 tar
>>> ret = shutil.make_archive("www",'tar',root_dir='D:\\Python_os_test')
>>> ret          #返回压缩包的绝对路径
'D:\\Python_os_test\\www.tar'
>>> print(ret)
D:\Python_os_test\www.tar
>>> os.listdir()
['011.txt', '02.txt', '03.txt', '04.txt', 'a', 'f', 'python1', 'python2', 'www.tar']
```

（7）shutil.unpack_archive(filename[, extract_dir[, format]]) 解包操作。

- filename：拟要解压的压缩包的路径名。
- extract_dir：解包目标文件夹，默认为当前目录，其中不存在新建文件夹。
- format：解压格式。

```
>>> import shutil
>>> import os
```

```
>>> os.getcwd()
'D:\\Python_os_test'
>>> os.listdir()
['011.txt', '02.txt', '03.txt', '04.txt', 'a', 'python1', 'python2', 'www.tar']
>>> shutil.unpack_archive("www.tar",'fff')
>>> os.listdir()
['011.txt', '02.txt', '03.txt', '04.txt', 'a', 'fff', 'python1', 'python2', 'www.tar']
```

6.3　处理 Word 文档

Python 可以利用 python-docx 模块处理 Word 文档，处理方式是面向对象的。也就是说 python-docx 模块会把 Word 文档、文档中的段落、段落中的文本内容都看作对象，对对象进行处理就是对 Word 文档的内容进行处理。python-docx 模块的 3 种类型对象介绍如下。

（1）Document 对象，它表示一个 Word 文档。

（2）Paragraph 对象，它表示 Word 文档中的一个段落。

（3）Paragraph 对象的 text 属性对象，它表示段落中的文本内容。

通过"pip install python-docx"进行 python-docx 库的安装。通过"import docx"导入 python-docx 库。

6.3.1　创建与保存 Word 文档

使用 docx 的 Document()可以新建或打开 Word 文档并返回 Document 对象，若()中指定了 Word 文档的路径，则会打开文档；若没有指定，即()中是空白的，则会新建 Word 文档。

用 Document 对象的 save(path)方法保存文档，其中参数 path 是保存的文件路径。

【例 6-3】　创建与保存 Word 文档。

```
from docx import Document
test = Document()                        #创建一个新的 Word 文档对象
test.save(r' D:\Python \testWord.docx')  #新建文档的保存名为 testWord.docx
```

执行上述程序代码，将在 D 盘的 Python 文件夹下创建一个名为 testWord.docx 的文档。

6.3.2　读取 Word 文档

先创建一个"D:\Python\word.docx"文档，并在其中输入以下内容。

书中有日月山河

有生活的琐碎苟且

也有梦里的诗与远方

有醇香的酒

有动人的故事

但凡尘世间的一切人事

都在书里化作一朵文字的花

你若用心品

芬香自然来

【**例 6-4**】 读取 "D:\Python\word.docx" 文档。

```
import docx
file=docx.Document(r"D:\Python\word.docx")    #创建文档对象
print("段落数:"+str(len(file.paragraphs)))      #段落数为 9，每按一次回车键隔离一段
#输出每一段的内容
for para in file.paragraphs:
    print(para.text)
#输出段落编号及段落内容
for i in range(len(file.paragraphs)):
    print("第"+str(i)+"段的内容是: "+file.paragraphs[i].text)
```

执行上述程序代码，得到的输出结果如图 6-1 所示。

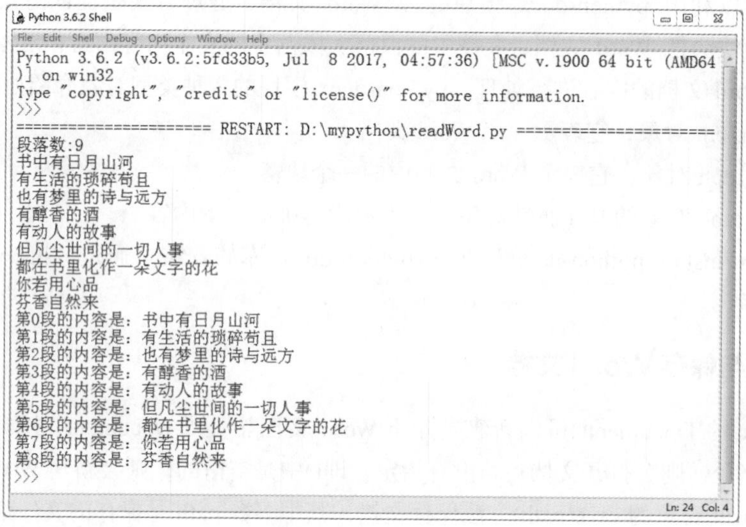

图 6-1　输出结果

6.3.3 写入 Word 文档

【**例 6-5**】 向 Word 文档中写入文字。

```
from docx import Document
from docx.shared import Pt
from docx.shared import Inches
from docx.oxml.ns import qn
document = Document()                       #创建文档
document.add_heading('卜算子 咏梅',0)        #加入 0 级标题
document.add_heading('作者：[宋]陆游',1)       #加入 1 级标题
document.add_heading('诗的正文',1)             #加入 1 级标题
#插入段落，段落是 Word 文档最基本的对象之一
paragraph = document.add_paragraph('',style=None)
#给段落追加文字
for x in ['驿外断桥边，寂寞开无主。','已是黄昏独自愁，更著风和雨。','无意苦争春，一任群芳妒。','
零落成泥碾作尘，只有香如故。']:
    paragraph.add_run(x+'\n',style="Heading 2 Char")
#添加图像，此处用到图像"咏梅.png"
document.add_picture(r'D:\Python\咏梅.png', width=Inches(5),height =Inches(3))
```

```
document.add_heading('【简析】',1)                         #加入 1 级标题
paragraph1 = document.add_paragraph('',style=None)         #插入段落
#给段落追加文字和设置字符样式
run1 = paragraph1.add_run('陆游一生酷爱梅花，写有大量歌咏梅花的诗，歌颂梅花傲霜雪，凌寒风，不
畏强暴，不羡富贵的高贵品格。')
run1.font.size = Pt(18)                                    #设置字号
#设置中文字体
run1.font.name=u'隶书'
r = run1._element
r.rPr.rFonts.set(qn('w:eastAsia'), u'隶书')
document.add_heading('陆游生平', 1)                        #加入 1 级标题
paragraph2 = document.add_paragraph('',style=None)         #插入段落
#给段落追加文字
run2 = paragraph2.add_run(u'陆游（1125 年—1210 年），字务观，号放翁，汉族，越州山阴（今绍兴）
人，南宋文学家、史学家、爱国诗人。')
run2.font.size = Pt(16)                                    #设置字号
run2.italic = True                                        #设置斜体
run2.bold = True                                          #设置粗体
document.save('writeWord.docx')                           #保存文件
```

执行上述程序代码，得到的 writeWord.docx 文档的内容如图 6-2 所示。

图 6-2　writeWord.docx 文档的内容

6.4　处理 Excel 文件

一个以.xlsx 为扩展名的 Excel 文件叫作工作簿（workbook），每个工作簿可以包括多张表格（worksheet），正在操作的这张表格被认为是活跃的表格（active sheet）。每张表格有行和列，行号 1、2、3…，列号 A、B、C…。某一个特定行和特定列对应的小格子叫作单元格（cell）。

Python 读写 Excel 的方式有很多，不同的模块在读写的语法格式上稍有区别。下面介绍用 xlrd 和 xlwt 库进行 Excel 读写。首先安装第三方模块 xlrd 和 xlwt，输入命令"pip install xlrd"和"pip install xlwt"进行模块安装。

6.4.1 利用 xlrd 模块读 Excel 文件

1. 打开工作簿文件

```
>>> import xlrd
#打开工作簿文件 2016—2017 总成绩排名.xlsx，其部分内容如图 6-3 所示
>>> book = xlrd.open_workbook(r'G:\上课课件\Python 数学建模方法与实践\2016—2017 总成绩排
    名.xlsx')   #创建 workbook 对象，即工作簿对象
```

	课程/环节 [类别][学分]	[0403103] 操作系统	[1324102] 软件工程	[1326120] 基于项目的软件系统实训(SSH)	[1501101] 毛泽东思想和中国特色社会主义理论体系概论2	[1901100] 大学生就业指导	[0414101] 计算机组成原理	[0721200] 现代企业管理	[1303100] 数据库原理	[1313100] 计算机网络	[1324107] Java Web框架技术	[1326125] 软件开发综合实训(JSP) 2	[1501100] 毛泽东思想和中国特色社会主义理论体系概论1	德育学分1	德育学分2	总成绩	个人签名
		[必修4.0]	[必修3.0]	[环节3.0]	[必修3.0]	[必修1.0]	[必修4.0]	[必修1.0]	[必修3.0]	[必修3.0]	[必修3.0]	[环节2.0]	[必修3.0]	[2.0]	[2.0]		
541413440244	武彦华	83		80	81	70	89	90	86	90	84		90	100	100	3202	
541413440132	刘文静	82	92	70	81	90	89	80	92	91	85		90	100	100	3187	
541413440126	李贵	87	91	80	83	90	88	80	87	88	87		80	88	95	3184	
5.41413E+11	贾云雷	83	85	80	82	80	82	90	81	90	85	80	90	100	100	3169	
541413440226	李雪杰	85	85	80	77	80	80	90	76	83	85	80	80	100	98	3084	
541413440250	颜梦林	79	89	70	80	80	84	90	86	83	87	80	90	80	85	3067	
541413440136	祁朋	76	86	70	75	80	88	80	90		90	80	70	82	98	3054	
541413440103	陈佥	85	85	80	69	90	84	90	71	81	71	90	80	100	100	3047	
541413440124	李宁	77	90	70	81	80	80	79	83	77	80		90	98	100	3036	
541413440111	谷永慧	80	92	70	72	80	90	90	87	80	77	80		91	100	3020	
541413440222	李曼玉	80	83	70	85	80	71	90	87	80	76	80		100	100	3017	
541413440147	徐丹丹	81	90	80	90	90	87	80	76	88	87	80	70	93	91	3001	
541413440209	付雪华	78	80	80	91	80	90	90	69	76	82	80	80	100	100	2992	
541413440108	丰浩	77	82	80	83	90	70	75	90	82	66	80	80	98	100	2991	
541413440101	曹艳	80	80	70	80	76	80	77	84	73	80	80	93	100		2990	
541413440134	马越	78	80	60	64	90	87	80	87	91	78	80	90	100		2990	
541413440156	张孝帅	80	88	60	83	90		77	84	70	90	80	86	100		2974	

图 6-3 2016—2017 总成绩排名.xlsx 文件的部分内容

2. 获取表格（sheet）

通过工作簿对象获取 sheet 的常用方法如下。

- book.sheet_names()：获取所有 sheet 的名字。
- book.nsheets：获取 sheet 的数量。
- book.sheets()：获取所有 sheet 对象。
- book.sheet_by_name("test")：通过 sheet 名字查找。
- book.sheet_by_index(3)：通过索引查找。

```
>>> book.sheet_names()                    #获取工作簿 book 的所有表格的名字
['Java 技术 14', '测试技术 14', '软件会计 14', '软件开发 14', '移动互联网 14', 'JAVA 技术 15',
'测试技术 15', '软件会计 15', '软件开发 15', '移动互联网 15', 'Java 技术 16', '软件测试 16', '
移动互联网 16', '软件开发 16']
>>> book.nsheets                          #获取工作簿 book 中的表格数量
14
>>> book.sheet_by_name("测试技术 14")     #通过 sheet 名查找表格
<xlrd.sheet.Sheet object at 0x0000000003224198>
>>> book.sheet_by_index(1)                #通过索引查找表格
<xlrd.sheet.Sheet object at 0x0000000003224198>
```

3. 获取表格（sheet）的汇总数据

```
>>> sheet1 = book.sheets()[0]          #获取第 1 个表格，创建表格对象 sheet1
```

表格对象的常用属性介绍如下。

- 获取 sheet 名：sheet1.name。
- 获取总行数：sheet1.nrows。
- 获取总列数：sheet1.ncols。

```
>>> sheet1.name                        #获取 sheet 名
'Java 技术 14'
>>> sheet1.nrows                       #获取总行数
113
>>> sheet1.ncols                       #获取总列数
22
```

4. 单元格批量读取

（1）行操作

- sheet1.row_values(3)：获取表格对象 sheet1 的第 4 行的所有内容，合并单元格。
- sheet1.row(3)：获取第 4 行各单元格的值类型和内容。
- sheet1.row_types(3：获取第 4 行各单元格的数据类型。

```
>>> sheet1.row_values(3)               #获取第 4 行的所有内容
[2.0, '541413440132', '刘文静', 82.0, 92.0, 70.0, 81.0, 90.0, 89.0, 80.0, 92.0, 91.0,
85.0, 80.0, 80.0, 100.0, 100.0, 3187.0, '', '', '', '']
>>> sheet1.row(3)                      #获取第 4 行各单元格的值类型和内容
[number:2.0,  text:'541413440132',  text:' 刘 文 静 ',  number:82.0,  number:92.0,
number:70.0, number:81.0, number:90.0, number:89.0, number:80.0, number:92.0, number:91.0,
number:85.0,  number:80.0,  number:80.0,  number:100.0,  number:100.0,  number:3187.0,
empty:'', empty:'', empty:'', empty:'']
>>> sheet1.row_types(3)                #获取第 4 行各单元格的数据类型
array('B', [2, 1, 1, 2, 2, 2, 2, 2, 2, 2, 2, 2, 2, 2, 2, 2, 2, 0, 0, 0, 0])
```

数据类型说明如下。

空：0；字符串：1；数字：2；日期：3；布尔：4；error：5。

（2）表操作

- sheet1.row_values(0, 6, 10)：取第 1 行的第 6～10 列（不含第 10 列）。
- sheet1.col_values(0, 0, 5)：取第 1 列的第 0～5 行（不含第 5 行）。

```
>>> sheet1.row_values(0, 6, 10)
['[1501101]毛泽东思想和中国特色社会主义理论体系概论 2', '[1901100]大学生就业指导', '[0414101]
计算机组成原理', '[0721200]现代企业管理']
>>> sheet1.col_values(2, 0, 5)         #取第 3 列，第 0～5 行（不含第 5 行）
['', '', '武彦华', '刘文静', '李贤']
```

5. 获取单元格值

- sheet1.cell_value(2, 2)：取第 3 行、第 3 列的值。
- sheet1.cell(2, 2).value：取第 3 行、第 3 列的值。
- sheet1.row(2)[2].value：取第 3 行、第 3 列的值。

```
>>> sheet1.cell_value(2, 2)
'武彦华'
>>> sheet1.cell(2, 2).value
'武彦华'
>>> sheet1.row(2)[2].value
'武彦华'
```

6.4.2 利用 xlwt 模块写 Excel 文件

xlwt 支持.xls 格式的 Excel，目前还不支持.xlsx 格式的 Excel。

xlwt 写 Excel 文件的步骤如下：

（1）新建 Excel 工作簿；

（2）添加工作表；

（3）写入内容；

（4）保存文件。

```
>>> import xlwt
#创建一个工作簿（workbook）并设置编码
>>> workbook = xlwt.Workbook(encoding = 'utf-8')
#在工作簿中添加新的工作表，若没有命名，则为默认的名字，这里的名字是 chengji
>>> worksheet = workbook.add_sheet('chengji')
>>> worksheet.write(0,0,'Student ID')    #向第 1 个单元格中写入 Student ID
#上面的语句是按照独立的单元格来写入的
#下面按行来写入，因为有时需要按照行来写入
>>> row2=worksheet.row(1)                      #在第 2 行创建一个行对象
>>> row2.write(0,'541513440106')               #向第 2 行第 1 列中写入 541513440106
# 保存工作簿（workbook），会在当前目录下生成一个 Students.xls 文件
>>> workbook.save('Students.xls')
```

习题 6

1. 使用 open()函数时，打开指定文件的模式有哪几种？默认的打开模式是什么？

2. 如何使用 os 模块提供的函数读取和写入文件？

3. CSV 文件如何创建？如何读写？

4. 假设有一个英文文本文件，编写程序读取其内容，并将其中的大写字母变为小写字母，小写字母变为大写字母。

5. 简述文本文件与二进制文件的区别。

6. 创建一个 TXT 文件，在其中写入学生的基本信息，包括姓名、性别、年龄和电话这 4 类信息。

7. 编写程序，实现当用户输入一个目录和一个文件名时，搜索该目录及其子目录中是否存在该文件。

8. 读取文件 1.txt 的内容，去除空行和注释行后，以行为单位进行排序，并将结果输出到文件 2.txt。

第 7 章

面向对象程序设计

面向对象程序设计（Object Oriented Programming，OOP），是把计算机程序视为一组对象的集合，计算机程序的执行就是一系列消息在各个对象之间传递以及和这些消息相关的处理。OOP 把对象作为程序的基本单元，一个对象包含了数据和操作数据的函数。在现实世界中，所谓对象就是某种人们可以感知、触摸和操纵的有形的东西，对象代表现实世界中可以被明确辨识的实体，如一个人、一台电视、一支笔、一架飞机甚至一次会议、一笔贷款都可以被认为是一个对象。一个对象有独特的标志、状态和操作。

在 Python 中，对象用类创建。类是现实世界或思维世界中的实体在计算机中的反映，是用来描述具有相同属性和方法的对象的集合，它定义了每个对象所共有的属性和方法。对象是具有类 "类型" 的变量。Python 3 统一了类与类型的概念，类型就是类。

类与对象的关系：类是对象的抽象，而对象是类的具体实例，即类的实例是对象；类是抽象的，不占用内存，而对象是具体的，占用内存；类是用于创建对象的模板，它可定义对象的数据域和方法。

7.1 定义类

在 Python 中，可以通过 class 关键字定义类，然后通过定义的类创建实例对象。在 Python 中定义的类的语法格式如下。

```
class 类名：
    类体
```

在 Python 中，可使用关键字 class 来定义类。定义类时需要注意以下事项。

（1）类代码块以关键词 class 开头，代表定义类。

（2）class 之后是类名，这个名字由用户自己指定，命名规则一般为多个单词组成的名称，每个单词除第一个字母大写外，其余的字母均小写；class 和类名中间至少要敲一个空格。

（3）类名后跟冒号"："，类体由缩进的语句块组成，定义在类体内的元素都是类的成员。类的成员分为两种类型：描述状态的数据成员（也称为属性）和描述操作的函数成员（也称为方法）。

（4）一个类通常包含一种特殊的方法：__init__。这个方法被称为初始化方法，还被称为构造方法，它在创建和初始化一个新对象时被调用，初始化方法通常被设计用于完成对象的初始化工作。类中方法的命名也符合驼峰命名规则，但是方法的首字母为小写。

（5）在 Python 中，类被称为类对象，类的实例被称为类的对象。Python 解释器解释执行 class 语句时，会创建一个类对象。

【例 7-1】 矩形类定义示例。（7-1.py）

```
class Rectangle:
    def __init__(self,width=2,height=5):   #初始化方法，为 width 和 height 设置了默认值
        self.width=width                    #定义数据成员 width
        self.height=height                  #定义数据成员 height
    def getArea(self):                      #定义方法成员 getArea 返回矩形的面积
        return self.width*self.height
    def getPerimeter(self):                 #定义方法成员 getPerimeter 返回矩形的周长
        return 2*(self.width+self.height)
```

注意 类中定义的每个方法都必须至少有一个名为 self 的参数，且其必须是方法的第 1 个参数（如果有多个形参），self 指向调用方法的对象。虽然每个方法的第 1 个参数为 self，但通过对象调用这些方法时，用户不需要也不能给该参数传递值。事实上，Python 会自动把类的对象传递给该参数。

在 Python 中，函数和方法是有区别的。方法一般指与特定对象绑定的函数，通过对象调用方法时，对象本身将作为第 1 个参数被传递过去，普通的函数并不具备这个特点。

7.2 创建类的对象

类是抽象的，要使用类定义的功能，就必须进行类的实例化，即创建类的对象。创建对象

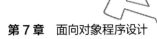

后，即可使用成员运算符 "."来调用对象的属性和方法。注意：创建类的对象、创建类的实例、类的实例化等说法是等价的，都指以类为模板生成一个对象的操作。

使用类创建对象通常要完成两个任务：在内存中创建类的对象；调用类的__init__方法来初始化对象，__init__方法中的 self 参数会被自动设置为引用刚创建的对象。

创建类的对象的方式类似函数调用方式。创建类的对象的方式如下所示。

```
对象名 = 类名(参数列表)
```

注意　通过类的__init__()方法接收 "(参数列表)"中的参数时，参数列表中的参数要与无 self 参数的__init__()方法中的参数进行匹配。

调用对象的属性和方法的格式：对象名.对象的属性；对象名.对象的方法()。

下面使用类的名称 Rectangle 来创建对象。

```
>>> Rectangle1=Rectangle(3, 6)  #创建一个 width 为 3、height 为 6 的 Rectangle 对象
>>> Rectangle1.getArea()        #调用对象 Rectangle1 的方法 getArea()，返回矩形的面积
18
>>> Rectangle1.getPerimeter()
18
```

Rectangle 类中的初始化方法有默认的 width 和 height，接下来，创建默认 width 为 2、height 为 5 的 Rectangle 对象。

```
>>> Rectangle2=Rectangle()
>>> Rectangle2.getArea()
10
>>> Rectangle2.getPerimeter()
14
```

注意　可以创建一个对象并将它赋给一个变量，随后可以使用该变量指代这个对象。有时，创建的对象仅会使用一次。在这种情况下，不需要将创建的对象赋值给变量，如下所示。

```
>>> print("width 为 5、height 为 10 的矩形的面积为", Rectangle(5,10).getArea())
width 为 5、height 为 10 的矩形的面积为 50
```

7.3　类中的属性

类的数据成员是指在类中定义的成员变量，用来存储用于描述类的状态特征的值，也称为属性。属性可以被该类中定义的方法访问，也可以通过类的对象进行访问。而在方法体中定义的局部变量，则只能在其定义的范围内进行访问。

7.3.1　类的对象属性

通过 "self.变量名"定义的属性，称为类的对象属性。对象属性属于类实例化的特定对象，其在类的内部通过 "self.变量名"来访问，在外部通过 "对象名.变量名"来访问。

对象属性一般是在 __init__()方法中通过以下形式进行定义并初始化的。

```
self.变量名 = __init__ ()方法传递过来的实参。
```

【例 7-2】 定义 Person1 类，其中包括对象属性。

```
>>> class Person1:
    '''Person1类'''
    def __init__(self, name_):
        self.name = name_        #定义成员变量 name，用 name_进行初始化
    def getName(self):           #定义成员方法 getName()，输出数据成员 name 的值
        print(self.name)
>>> p1=Person1('张三')
>>> p1.getName()
张三
>>> p1.age = 19                  #为 p1 添加 age 属性，该属性只属于该实例
```

可以使用以下内置函数来访问实例化对象的属性。

getattr(obj, 'name')：访问对象 obj 的属性名为'name'的属性。

hasattr(obj, 'name')：检查对象是否存在一个属性'name'。

setattr(obj, 'name', value)：设置对象的'name'属性的属性值为 value，如果属性不存在，则会创建一个新属性。

delattr(obj, 'name')：删除对象的属性'name'。

```
>>> getattr(p1, 'name')          #访问对象 p1 的名为'name'的属性
'张三'
>>> getattr(p1, 'age')           #访问对象 p1 的名为'age'的属性
19
>>> hasattr(p1, 'age')           #检查对象 p1 是否存在一个属性'age'
True
>>> setattr(p1, 'sex','男')      #为对象 p1 创建一个新属性'sex'，并给其赋值'男'
>>> getattr(p1, 'sex')
'男'
```

Python 内置了类实例对象的特殊属性，由这些属性可查看类实例对象的相关信息。

__class__：获取实例对象所属的类的类名。

__module__：获取实例类型所在的模块。

__dict__：获取实例对象的数据成员信息，结果为一个字典。

```
>>> p1.__class__
<class '__main__.Person1'>
>>> p1.__module__
'__main__'
>>> p1.__dict__
{'name': '张三', 'age': 19}
```

7.3.2 类属性

Python 允许声明属于类本身的变量，即类属性，也称为类变量、静态属性。类属性属于整个类，

是在类中所有方法之外定义的变量，所有实例之间共享一个副本。在类的内部可用"类名.类属性名"或"self.类属性名"来调用类属性。对于公有的类属性，在类外可以通过类对象和实例对象进行访问。对于私有的类属性，既不能在类外通过类对象进行访问，也不能通过实例对象进行访问。

```
class People:
    name="Mary"                                    #定义公有类属性
    __age=18                    #定义私有类属性，以两个下画线开头，但不以两个下画线结束

>>> p=People()                                     #创建 People 对象
>>> print('通过对象访问类属性 name:',p.name)       #通过对象访问类属性
通过对象访问类属性 name: Mary
>>> print('通过类对象访问类属性 name:',People.name) #通过类对象访问类属性
通过类对象访问类属性 name: Mary
```

【例 7-3】　定义 Person2 类，其中包括类属性。

```
>>> class Person2:
    '''Person2 类'''
    total_count=0                  #定义类属性 total_count，表示 person 的总计数
    classifications='正式员工'     #定义类属性 classifications，表示 person 的类别
    def getClassifications(self):
        return Person2.classifications
>>> p1=Person2()                               #创建实例对象 p1
>>> p1.getClassifications()
'正式员工'
>>> Person2.total_count +=1                    #通过类名访问，将总计数加 1
>>> print(Person2.total_count)                 #通过类名访问，输出总计数的值
1
>>> print(p1.total_count)                      #通过对象名访问，输出总计数的值
1
>>> p1.total_count+=1                          #通过对象名访问，将总计数加 1
>>> print(p1.total_count)
2
#为 Person2 类添加类属性 ethnicity，该属性将被类和所有实例共有
>>> Person2.ethnicity = 'Han'
>>> p2=Person2()                               #创建实例对象 p2
>>> print(p2.ethnicity)
Han
```

虽然类属性可以使用"对象名.类属性名"来访问，感觉像是在访问实例的属性，但是使用时容易给用户造成困惑，所以建议不要这样使用，提倡以"类名.类属性名"的方式来访问。

类属性和类的对象属性介绍如下。

（1）类属性属于类本身，可以通过类名进行访问/修改。

（2）类属性也可以被类的所有实例对象访问/修改。

（3）在定义类之后，可以通过类名动态添加类属性，新增的类属性被类和所有实例共有。

（4）类的对象属性只能通过类的对象进行访问。

（5）在类的对象生成后，可以动态添加对象的属性，但是添加的这些对象属性只属于该对象。

Python 中的类内置了类的特殊属性，通过这些属性可查看类的相关信息。

- __dict__：获取类的所有属性和方法，结果为一个字典。
- __doc__：获取类的文档字符串。
- __name__：获取类的名称。
- __module__：获取类所在的模块，如果是主文件，则为__main__。类的全名是 '__main__.className'，如果类位于一个导入模块 mymod 中，则 className.__module__ 等于 mymod。
- __bases__：查看类的所有父类，返回一个由类的所有父类所组成的元组。

```
>>> Person2.__dict__
mappingproxy({'__module__': '__main__', '__doc__': 'Person2 类', 'total_count': 0,
'classifications': '正式员工', 'getClassifications': <function Person2.getClassifications
at 0x0000000002F067B8>, '__dict__': <attribute '__dict__' of 'Person2' objects>,
'__weakref__': <attribute '__weakref__' of 'Person2' objects>})
>>> Person2.__doc__
'Person2 类'
>>> Person2.__name__
'Person2'
>>> Person2.__module__
'__main__'
>>> Person2.__bases__
(<class 'object'>,)
>>> from math import sin
>>> sin.__module__          #获取 sin 所在的模块
'math'
```

7.3.3 私有属性和公有属性

在定义类中的属性时，如果属性名以两个下画线"__"开头，但是不以两个下画线"__"结束，则表示该属性是私有属性，如__private_attrs，其他的为公有属性。私有属性在类对象的外部不能直接访问，需要调用对象的公有成员方法来访问，或者通过 Python 支持的特殊方式来访问。在类内部使用类中的私有属性的方式为"类名.__private_attrs"或"self. __private_attrs"，但二者得到的输出结果不一样，第 1 个只会打印类中的__private_attrs，第 2 个则会随着声明类的变化而变化。公有属性既可以在类对象的内部进行访问，也可以在类对象的外部进行访问。

【例 7-4】 定义 Variables 类，其中包括私有属性和公有属性。

```
>>> class Variables:
    __secretVariable = 0    #私有类属性
    publicVariable = 0      #公有类属性
    def show(self):
        self.__secretVariable += 1
```

```
        self.publicVariable += 1
        print('self.__secretVariable 的值: ', self.__secretVariable)
        print('Variables.__secretVariable 的值: ', Variables.__secretVariable)
        print('self.publicVariable 的值: ', self.publicVariable)
        print('Variables.publicVariable 的值: ', Variables.publicVariable)
>>> variable1 = Variables()
>>> variable1.show()
self.__secretVariable 的值: 1
Variables.__secretVariable 的值: 0
self.publicVariable 的值: 1
Variables.publicVariable 的值: 0
>>> variable1.show()
self.__secretVariable 的值: 2
Variables.__secretVariable 的值: 0
self.publicVariable 的值: 2
Variables.publicVariable 的值: 0
>>> variable1.publicVariable
2
```

Python 不允许类的实例对象访问类的私有属性,但可以使用"对象名._类名类的私有属性名"
来访问类的私有属性，如下所示。

```
>>> variable1._Variables__secretVariable
2
```

下面举一个例子来说明类的私有对象属性的使用方法。

【例 7-5】　定义线段 Segment 类，其中包括私有属性和公有属性。

```
>>> class Segment:
    def __init__(self,valuea=0,valueb=0):
        self._valuea=valuea
        self.__valueb=valueb                #定义类的私有对象属性
    def setsegment(self,valuea,valueb):
        self._valuea=valuea
        self.__valueb=valueb
    def show(self):
        print('_valuea 的值: ', self._valuea)
        print('__valueb的值: ', self.__valueb)
>>> segment1=Segment(2, 3)
>>> segment1._valuea
2
>>> segment1._Segment__valueb                #在外部访问类的私有对象属性
3
>>> segment1.show()
_valuea 的值: 2
__valueb 的值: 3
```

7.3.4 @property 装饰器

【例 7-6】 定义 Student 类。

```
>>> class Student:
    def __init__(self, name, score):
        self.name = name
        self.score = score
```

当需要修改 Student 类的一个实例对象的 scroe 属性时，可以这样写：

```
>>> student1 = Student('李明', 89)
>>> student1.score = 91
```

也可以这样写：

```
>>> student1.score = 1000
```

显然，直接给属性赋值无法检查赋值的有效性。Score 等于 1000 显然不合逻辑。为了防止为 score 赋不合理的值，可以通过一个 set_score()方法来设置成绩，再通过一个 get_score()方法来获取成绩。这样，在 set_score()方法里就可以检查传递的参数的有效性了。下面据此重新定义 Student 类。

【例 7-7】 定义 Student2 类。

```
>>> class Student2:
    def __init__(self, name, score):
        self.name = name
        self.__score = score         #设置私有数据成员
    def getScore(self):              #读取私有数据成员的值
        return self.__score
    def setScore(self, score):       #修改私有数据成员的值
        if not isinstance(score, int):
            print( 'score must be an integer!')
        elif score < 0 or score > 100:
            print( 'score must between 0～100!')
        else:
            self.__score = score
>>> student2 = Student2('张三', 69)
>>> student2.setScore(1000)          #修改私有数据成员的值，1000 不在 0～100 范围内，失败
'score must between 0～100!'
>>> student2.getScore()
69
>>> student2.setScore(80)            #修改私有数据成员的值，80 在 0～100 范围内，成功
>>> student2.getScore()
80
```

这样一来，student2.setScore(1000)就会输出 "score must between 0～100!"。这种使用 getScore() 方法和 setScore()方法来封装对一个属性的访问操作，在许多面向对象编程的语言中均可见到。但是写 student2.getScore()和 student2.setScore ()没有直接写 student2.score 更便捷。那有没有两全其美的方法呢？答案是：有。在 Python 中，可以用@property 装饰器和@setter 装饰器把 getScore()

方法和 setScore() 方法 "装饰" 成属性进行使用。

【例 7-8】　定义 Student3 类，其中含有装饰器 @property 和 @setter。

```
>>> class Student3:
    def __init__(self, name, score):
        self.name = name
        self.__score = score        #设置私有数据成员
    @property                       #装饰器，提供 "读属性"
    def score(self):
        return self.__score
    @score.setter                   #装饰器，提供 "修改属性"
    def score(self, score):
        if not isinstance(score, int):
            print('score must be an integer!')
        elif score < 0 or score > 100:
            print('score must between 0~100!')
        else:
            self.__score = score
```

注意　score(self) 对应 getScore() 方法，用 @property 装饰；score(self, score) 对应 setScore() 方法，用 @score.setter 装饰；@score.setter 是 @property 装饰后的副产品。现在，即可像使用属性一样来设置 score。

```
>>> student3 = Student3('Mary', 95)
>>> print(student3.score)
95
>>> student3.score = 98            #对 score 赋值实际调用的是 score(self, score) 方法
>>> print(student3.score)
98
>>> student3.score = 1000
score must between 0~100!
>>> print(student3.score)
98
>>> del student3.score             #试图删除属性，失败
Traceback (most recent call last):
  File "<pyshell#36>", line 1, in <module>
    del student3.score
AttributeError: can't delete attribute
```

注意　@property 装饰器默认提供一个只读属性，如果需要修改其属性，则需要搭配使用 @setter 装饰器；如果需要删除其属性，则需要搭配使用 @deleter 装饰器。

【例 7-9】　定义 Student4 类，其中含有装饰器 @property、@setter 和 @deleter。

```
>>> class Student4:
    def __init__(self, name, score):
        self.name = name
        self.__score = score        #定义私有数据成员
    @property                       #装饰器，提供 "读属性"
    def score(self):
```

```
        return self.__score
    @score.setter                              #装饰器，提供"修改属性"
    def score(self, score):
        if not isinstance(score, int):
            print('score must be an integer!')
        elif score < 0 or score > 100:
            print('score must between 0~100!')
        else:
            self.__score = score
    @score.deleter                             #装饰器，提供"删除属性"
    def score(self):
        del self.__score
>>> student4 = Student4('李晓菲', 88)
>>> del student4.score                         #尝试删除属性，成功
>>> print(student4.score)                      #前一条语句已经删除了score，故这里显示不存在
Traceback (most recent call last):
  File "<pyshell#4>", line 1, in <module>
    print(student4.score)
  File "<pyshell#1>", line 7, in score
    return self.__score
AttributeError: 'Student' object has no attribute '_Student__score'
```

7.4 类中的方法

方法是与类相关的函数，类中的方法的定义与普通的函数大致相同。在类中定义的方法大致分为 3 类：对象方法、类方法和静态方法。这 3 种方法在内存中都归属于类，区别在于调用方式不同。对象方法：至少包含一个 self 参数，由对象调用，执行对象方法时会自动将调用该方法的对象传递给 self。类方法：至少包含一个 cls 参数，由类调用，调用类方法时会自动将调用该方法的类传递给 cls。静态方法：由类调用，无默认参数。

7.4.1 类的对象方法

若类中定义的方法的第一个形参是 self，则该方法被称为对象方法。对象方法对类的某个实例化对象进行操作时，可以通过 self 访问该对象。声明对象方法的语法格式如下。

```
def 方法名(self, [形参列表]):
    方法体
```

对象方法的调用格式如下。

```
对象.方法名([实参列表])
```

注意 虽然对象方法的第 1 个参数是 self，但在调用时，用户不需要也不能给该参数传递值，Python 会自动地把对象传递给 self。

【**例 7-10**】　定义 MyClass1 类, 其中包括对象方法。

```
>>> class MyClass1:
    def __init__(self,value1,value2):
        self.value1=value1
        self.value2=value2
    def add(self,valuea,valueb):
        self.value1=valuea
        self.value2=valueb
        print('%d + %d ='%(self.value1,self.value2),self.value1+self.value2)
>>> obj1=MyClass1(1,2)
>>> obj1.add(5,10)
5 + 10 = 15
>>> obj2=MyClass1(5,10)
>>> MyClass1.add(obj2,10,20)    #通过类对象调用类的对象方法时，须传递一个类的对象
10 + 20 = 30
```

调用对象 obj1 的方法是 obj1.add(5, 10), Python 会自动将其转换为 obj1.add(obj1, 5, 10), 即自动将对象 obj1 传递给 self 参数。

对象方法分为两类: 公有对象方法和私有对象方法。私有对象方法的名字以两个下画线 "__" 开始, 但不以两个下画线 "__" 结束, 其他的为公有对象方法。公有对象方法可通过对象名直接调用, 还可以通过以下方式调用。

类名.公有对象方法(对象名，实参列表)

私有对象方法可在类的内部通过 "self.私有对象方法名()" 来调用。私有对象方法不能通过对象名直接调用, 但可通过 "对象名._类名私有对象方法名()" 来访问。

【**例 7-11**】　定义 MyClass2 类, 其中包括私有对象方法。

```
>>> class MyClass2:
    def __init__(self,value1,value2):
        self.value1=value1
        self.value2=value2
    def __add(self,valuea,valueb):
        self.value1=valuea
        self.value2=valueb
        print('%d + %d ='%(self.value1,self.value2),self.value1+self.value2)
>>> obj2=MyClass2(0,0)
#通过 "对象名._类名私有对象方法名()" 访问私有对象方法
>>> obj2._MyClass2__add(5,10)
5 + 10 = 15
>>> obj2.__add(5,10)                    #报错，实例对象不能访问私有实例对象方法
Traceback (most recent call last):
  File "<pyshell#37>", line 1, in <module>
    obj2.__add(5,10)
AttributeError: 'MyClass2' object has no attribute '__add'
```

下面再给出一个私有属性、私有方法实例。

```
>>> class A:
    def __init__(self):
```

```
            self.value1=10
            self.__value2=20              #__value2 为私有属性
      def __test(self):                    #__test(self) 为私有方法
            print('value1=%d,__value2=%d'%(self.value1,self.__value2))
      def test(self):
            print(self.__value2)
            self.__test()
>>> a=A()
>>> a.test()
20
value1=10,__value2=20
```

7.4.2 类方法

Python 允许声明属于类本身的方法，即类方法。类方法通过装饰器@classmethod 来定义，类方法的第 1 个参数是类对象的引用，通常为 cls（class 的缩写）。在 Python 中定义类方法的语法格式如下。

```
@classmethod
def 类方法名(cls,[形参列表]):
    方法体
```

注 意　类方法至少包含一个 cls 参数。一般通过类对象来访问类方法，执行类方法时，自动调用该方法的类对象，并将其传递给 cls。此外，也可以通过类的实例对象来访问类方法，执行类方法时，自动将调用该方法的实例对象所对应的类对象传递给 cls。在类方法内部可以直接访问类属性，不能直接访问属于对象的成员。

【**例 7-12**】　定义 MyClass3 类，其中包括类方法。

```
>>> class MyClass3:
      @classmethod                        #类方法装饰器
      def classMethod(cls):
            print('    id(cls): ',id(cls))
>>> print('id(MyClass3): ', id(MyClass3))
id(MyClass3): 45449000
>>> MyClass3.classMethod()               #通过类对象直接调用类方法
      id(cls): 45449000
>>> obj1=MyClass3()
>>> obj1.classMethod()
      id(cls): 45449000
```

下面再举一个使用类方法的例子。

```
class Toy:
    #定义类属性
    count = 0
    def __init__(self, name):
        self.name = name
        #让类属性的值+1
        Toy.count += 1
```

```
    @classmethod
    def show_toy_count(cls):
        #cls.count:在类方法的内部访问当前的类属性
        print('玩具对象的数量 %d' % cls.count)

#创建玩具对象
toy1 = Toy('乐高')
toy2 = Toy('玩具车')
toy3 = Toy('玩具熊')
Toy.show_toy_count()                #调用类方法,在类方法内部可以直接访问类属性
```

执行上述代码得到的输出结果如下。

玩具对象的数量 3

7.4.3 类的静态方法

可使用装饰器@staticmethod 来定义类的静态方法,其没有默认的必须参数。静态方法不对特定实例进行操作,只能访问属于类的成员,而不能直接访问属于对象的成员。在 Python 中定义静态方法的语法格式如下。

```
@staticmethod
def 静态方法名([形参列表]):
    方法体
```

静态方法可通过类名和实例对象名直接调用,调用格式如下。

```
类名.静态方法([实参列表])
对象名.静态方法([实参列表])
```

【例 7-13】 定义 MyClass4 类,其中包括静态方法。

```
>>> class MyClass4:
        __number = 0                    #定义类属性__number
        def __init__(self,val):
            self.value = val            #定义实例属性value
            MyClass4.__number+=1
        def show(self):                 #实例方法
            print('实例方法输出类属性__number:', MyClass4.__number)
        @staticmethod                   #装饰器,定义静态方法
        def staticShowNumber():
            print('静态方法输出类属性__number:', MyClass4.__number)
        @staticmethod                   #装饰器,定义静态方法
        def staticShowValue():
            print('静态方法输出实例属性value:', self.value)
>>> MyClass4.staticShowNumber()         #通过类名调用静态方法
静态方法输出类属性__number: 0
>>> obj1=MyClass4(6)
>>> obj1.show()
实例方法输出类属性__number: 1
>>> obj1.staticShowNumber()             #通过对象调用静态方法
```

```
静态方法输出类属性__number: 1
>>> obj1.staticShowValue()              #通过静态方法访问实例属性，出错
Traceback (most recent call last):
  File "<pyshell#6>", line 1, in <module>
    obj1.staticShowValue()
  File "<pyshell#1>", line 13, in staticShowValue
    print('静态方法输出实例属性 value:', self.value)
NameError: name 'self' is not defined
```

注意 类方法和静态方法都可以通过类名和对象名进行调用，但不能直接访问属于对象的成员，而只能访问属于类的成员。

类中的所有方法均属于类（而非对象），因此在内存中只保存一份，所有对象都执行相同的代码，通过 self 参数来判断要处理哪个对象的数据。

7.5 类的继承

面向对象的编程优点之一是可实现代码的复用，实现这种复用的方法之一是类的继承。当要建一个新类时，也许会发现要建的新类与之前的某个已有类非常相似，如绝大多数的属性和行为都相同。这时，可让新类继承已有类中的属性和方法，同时添加已有类中没有的属性和方法。这个已有类称为父类或基类，要建的新类称为子类或派生类。子类也可以成为其他类的父类。

7.5.1 类的单继承

子类可以继承父类的公有成员，但不能继承其私有成员。如果需要在子类中调用基类的方法，则可以使用内置函数 super()或者通过"基类名.方法名()"的方式来实现。类的单继承是指新建的类只继承一个父类。

继承父类创建子类的语法格式如下。

```
class 派生类名(基类名):
    类体
```

【例 7-14】 根据人的特征定义类 Person。（7-14.py）

```
class Person:
    def __init__(self,name,age,sex):
        self.name = name
        self.age = age
        self.sex = sex
    def setName(self,name):
        self.name = name
    def getName(self):
        return self.name
    def setAge(self,age):
        self.age = age
    def getAge(self):
```

```
            return self.age
    def setSex(self,sex):
        self.sex = sex
    def getSex(self):
        return self.sex
    def show(self):
        return 'name:{0}, age:{1}, sex:{2}'.format(self.name,self.age,self.sex)
```

　　该类对所有人均适用，但如果根据教师的特点需要定义一个教师类，则可以肯定的是，在教师类中，除了姓名、年龄和性别属性外，还可能有授课的课程（course）、教师的工资（salary）等。此外，教师还可能有上课（setCourse）、涨工资（setSalary）等行为。因此，可以通过继承的方式建立教师类 Teacher。

【例 7-15】　通过继承的方式建立教师类 Teacher。（7-15.py）

```
from Person import Person          #从 Person 模块导入 Person 类
class Teacher(Person):             #定义一个子类 Teacher，Teacher 继承 Person 类
    def __init__(self,name,age,sex,course,salary):
        Person.__init__(self,name,age,sex)      #调用基类构造方法初始化基类数据成员
        self.course = course                    #初始化派生类的数据成员
        self.salary = salary                    #初始化派生类的数据成员
    def setCourse(self,course):                 #在子类中定义其自身的方法
        self.course = course
    def getCourse(self):
        return self.course
    def setSalary(self,salary):
        self.salary = salary
    def getSalary(self):
        return self.salary
    def show(self):
        return(Person.show(self)+(', course:{0}, salary:{1}'.format(self.course,self.
salary)))
```

　　Teacher 类继承了 Person 类所有可以继承的成员。除此之外，它还有两个新的数据成员 course 和 salary，以及与 course 和 salary 相关的 setCourse()和 setSalary()方法。Teacher 类使用图 7-1 所示的语法格式来继承 Person 类。

　　Person.__init__(self,name,age,sex)可调用父类的__init__(self,name,age,sex)方法，也可使用 super()来调用父类的__init__(self, name,age,sex)方法，语法格式如下。

```
    super().__init__(name,age,sex)        #没有 self 参数
```

子类　　　　　父类

↘　　　　↙

class Teacher(Person)

图 7-1　Teacher 类继承 Person 类的语法格式

　　super().__init__(name,age,sex)调用父类的__init__(name,age,sex)方法时，super()指向父类。当使用 super()来调用一个方法时，不需要传递 self 参数。

　　子类的构造方法有以下几种形式。

　　（1）子类不重写__init__；实例化子类时，会自动调用父类定义的__init__。

```
class Father:
    def __init__(self, name):
```

```
            self.name=name
            print ( "name: %s" %( self.name) )
    def getName(self):
            return 'Father:' + self.name

 class Son(Father):
     def getName(self):          #重写getName(self)方法
            return 'Son:'+self.name

 son=Son('xiaoming')             #子类实例化
 print(son.getName())            #调用子类对象的方法
```

执行上述代码得到的输出结果如下。

```
name: xiaoming
Son:xiaoming
```

（2）如果子类重写了__init__，则在实例化子类时，就不会调用父类已经定义的__init__了。

```
 class Father:
     def __init__(self, name):
            self.name=name
            print ( "name: %s" %( self.name) )
     def getName(self):
            return 'Father ' + self.name

 class Son(Father):
     def __init__(self, name):
            print ( "hi" )
            self.name =  name
     def getName(self):
            return 'Son '+self.name

 son=Son('xiaoming')             #子类实例化
 print ( son.getName() )         #调用子类对象的方法
```

执行上述代码得到的输出结果如下。

```
hi
Son xiaoming
```

（3）如果子类重写了__init__，又要继承父类的构造方法，则可使用super().__init__(参数1,参数2, …)或父类名称.__init__(self, 参数1, 参数2, …)来实现。

```
 class Father(object):
     def __init__(self, name):
            self.name=name
            print ( "name: %s" %( self.name))
     def getName(self):
            return 'Father ' + self.name
 class Son(Father):
     def __init__(self, name):
            super().__init__(name)
            print ("hi")
```

```
        def getName(self):
            return 'Son '+self.name
 son=Son('xiaoming')
print ( son.getName() )
```

执行上述代码得到的输出结果如下。

```
name: xiaoming
hi
Son xiaoming
```

7.5.2　类的多重继承

Python 支持类的多重继承，即一个派生类可以继承多个父类。类的多重继承的语法格式如下。

```
class 派生类名 (基类 1, 基类 2, …, 基类 n):
    类体
```

如果在类的定义中没有指定基类，则默认其基类为 object，object 是所有对象的根基类。需要注意圆括号中基类的顺序，在使用类的实例对象调用一个方法时，若在派生类中未找到该方法，则会从左到右查找基类中是否包含该方法。

如果继承的情况过于复杂，则 Python 3 将会使用方法解释顺序（method resolution order，mro）判断在多重继承时属性来自于哪个类，或者使用拓扑排序的方式来寻找继承的父类。在进行 mro 判断时，要先确定一个线性序列，由序列中类的顺序来决定查找路径。如果派生类继承了一个基类，如下所示：

```
class B(A)
```

则此时 B 的 mro 序列为[B,A]。

如果派生类继承了多个基类，如下所示：

```
class B(A1,A2,A3)
```

则此时 B 的 mro 序列 mro(B) = [B] + merge(mro(A1), mro(A2), mro(A3), [A1,A2,A3])。

merge 操作思想：遍历执行 merge 操作的序列，如果一个序列的第 1 个元素是其他某些序列中的第 1 个元素，或未在其他序列中出现，则从所有执行 merge 操作的序列中删除该元素，然后将它合并到当前的 mro 中。merge 操作后的序列，继续执行 merge 操作，直到 merge 操作的序列为空。如果 merge 操作的序列无法为空，则说明不合法。

mro 求解举例：

```
class A(O):pass
class B(O):pass
class E(A,B):pass
```

下面给出求解 mro(E)的过程：

A、B 继承了同一个基类 O，A、B 的 mro 序列依次为[A,O]、[B,O]。

```
mro(E) = [E] + merge(mro(A), mro(B), [A,B])
       = [E] + merge([A,O], [B,O], [A,B])
```

执行 merge 操作的序列为[A,O]、[B,O]、[A,B]。

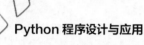

A 是序列[A,O]中的第 1 个元素，在序列[B,O]中未出现，但在序列[A,B]中也是第 1 个元素，所以从执行 merge 操作的序列([A,O]、[B,O]、[A,B])中删除 A，然后将它合并到当前的 mro 中，即[E]中。

```
mro(E) = [E,A] + merge([O], [B,O], [B])
```

再执行 merge 操作，O 是序列[O]中的第 1 个元素，O 虽在序列[B,O]中出现但并非第 1 个元素。接着查看[B, O]的第 1 个元素 B，B 满足条件，所以将其从执行 merge 操作的序列中删除，然后合并到[E, A]中。

```
mro(E) = [E,A,B] + merge([O], [O])= [E,A,B,O]
```

【例 7-16】 类的多重继承举例。（7-16.py）

```
class Student:
    def __init__(self,name,age,grade):
        self.name = name
        self.age = age
        self.grade=grade
    def speak(self):
        print("%s 说: 我 %d 岁了, 我在读 %d 年级"%(self.name,self.age,self.grade))
class Speaker():
    def __init__(self,name,topic):
        self.name = name
        self.topic = topic
    def speak(self):
        print("我叫 %s, 我是一个演说家, 我演讲的主题是 %s"%(self.name,self.topic))
    class Sample(Speaker,Student):
    def __init__(self,name,age,grade,topic):
        Student.__init__(self,name,age,grade)
        Speaker.__init__(self,name,topic)
    def speak(self):
        print("%s 说: 我 %d 岁了, 我在读 %d 年级, 我演讲的主题是%s"% (self.name,
self.age,self.grade,self.topic))
    Student.speak(self)
    Speaker.speak(self)
test = Sample("张三", 25, 4, "I love Python!")
test.speak() #方法名同, 默认在派生类中找, 若未找到, 则从左到右在基类中查找该方法
```

在 IDLE 中，7-16.py 执行的结果如下。

```
张三 说: 我 25 岁了, 我在读 4 年级, 我演讲的主题是 I love Python!
张三 说: 我 25 岁了, 我在读 4 年级
我叫 张三, 我是一个演说家, 我演讲的主题是 I love Python!
```

关于继承，需要注意以下两点。

（1）子类并不是父类的一个子集，实际上，一个子类通常比它的父类包含更多的属性和方法。

（2）在继承中，基类的构造方法（__init__()）不会被自动调用，它需要在其派生类的构造方法中去主动专门调用，可使用 super().__init__()或 parentClassName.__init__(self)实现调用。

7.5.3　类成员的继承和重写

当父类的方法不能满足子类的要求时，可以在子类中重写父类的方法，即在子类中写一个和父类的方法名相同的方法。可以这样理解，动物都有吃食物的方法，但不同的动物所吃的食物往往不同。例如，熊猫吃竹笋就可以用在熊猫上（重写吃食物的方法）以告诉熊猫应该吃什么。上述想法可以用下面的代码来实现。

```
>>> class Animal:
    def eat(self):
        print('动物%s 喜欢吃%s 食物'%('Animal','food'))
>>> class Panda(Animal):
    def eat(self):
        print('动物%s 喜欢吃%s 食物'%('Panda','竹笋'))
>>> panda1=Panda()
>>> panda1.eat()
```

执行上述代码得到的输出结果如下。

```
动物 Panda 喜欢吃竹笋食物
```

7.5.4　查看继承的层次关系

多个类的继承可以形成层次关系，通过类的方法 mro()或类的属性__mro__可以输出它们继承的层次关系。

【例 7-17】　查看类的继承关系实例。

```
>>> class A:
    pass              #pass 是空语句，不做任何事情
>>> class B(A):
    pass
>>> class D(B):
    pass
>>> class E(D):
    pass
>>> class F(A):
    pass
>>> class H(B,F):
    pass
>>> A.mro()
[<class '__main__.A'>, <class 'object'>]
>>> B.mro()
[<class '__main__.B'>, <class '__main__.A'>, <class 'object'>]
>>> E.mro()
[<class '__main__.E'>, <class '__main__.D'>, <class '__main__.B'>, <class '__main__.A'>,
<class 'object'>]
>>> H.mro()
[<class '__main__.H'>, <class '__main__.B'>, <class '__main__.F'>, <class '__main__.A'>,
<class 'object'>]
```

Python 程序设计与应用

习题 7

1. 简述面向对象程序设计的概念以及类和对象的关系。在 Python 中如何声明类?

2. 类中有哪些属性?

3. 类和对象在内存中是如何被保存的?

4. 简述对象的引用、浅拷贝和深拷贝。

5. 简述 @property 装饰器。

6. 定义一个学生类,类属性: 姓名、年龄、成绩 (高等数学、C 语言、大学英语); 类方法: 获取学生的姓名 get_name(),获取学生的年龄 get_age(),返回 3 门科目的成绩中最高的分数 get_course()。

7. 设计一个三维向量类,实现向量的加法运算、减法运算以及向量与标量的乘法运算。

144

第 8 章

模块和包

在设计较复杂的程序时，一般采用自顶向下的方法，将问题划分为几个部分，各个部分再进行细化，直到分解为较好解决的小问题为止，这在程序设计中被称为模块化程序设计。所谓模块化程序设计是指在进行程序设计时将一个大程序按照功能划分为若干个小程序模块，每个小程序模块完成一个确定的功能，通过模块的互相协作完成整个功能的程序设计方法。在 Python 中，可以将代码量较大的程序分割成多个有组织的、彼此独立但又能互相交互的代码片段，每个代码片段被保存为以 ".py" 结尾的文件，称为一个模块（module）。将彼此间有联系的模块放到同一个文件夹下，并在这个文件夹下创建一个名为 "__init__.py" 的文件，这样的文件夹被称为包。

8.1 模块

在计算机程序的开发过程中，随着代码越写越多，一个文件里的代码也会越来越长，越来越不容易维护。为了编写容易维护的代码，需要把程序里的很多代码封装成多个函数或多个类，进而对这些函数或类进行分组，并分别放到不同的文件里。这样，每个文件包含的代码就会相对较少。

使用模块可大大提高代码的可维护性，编写代码不必从零开始。当一个模块编写完毕后，函数、类、模块等就可以通过"import 模块名"来导入该模块并使用。前面在编写程序时，也经常会引用其他模块，包括 Python 内置的模块和来自第三方的模块。使用模块还可以避免函数名和变量名冲突。相同名字的函数和变量完全可以分别存在不同的模块中。因此，用户在编写模块时，不必考虑名字会与其他模块冲突。进一步，为了避免模块名冲突，可将一些模块封装成包，不同包中的模块名可以相同，而且互不影响。

8.1.1 模块的创建

创建 Python 模块，就是创建一个包含 Python 代码的源文件（扩展名为.py），在这个文件中可以定义变量、函数和类。此外，模块中还可以包含一般的语句，称为全局语句。当执行该模块或导入该模块时，全局语句将被依次执行，全局语句只在模块第一次被导入时执行。例如，创建一个名为 myModule.py 的文件，即定义了一个名为 myModule 的模块，模块名就是文件名去掉.py 后缀。myModule.py 文件的内容如下。

```
def func():
    print( "自定义模块 myModule 下的自定义函数 func()")
class MyClass:
    def myFunc(self):
        print ("自定义模块 myModule 的自定义类 MyClass 的自定义函数 myFunc()")
```

在 myModule 模块中定义一个函数 func()和一个类 MyClass。类 MyClass 中定义一个方法 myFunc()。然后，在 myModule.py 所在的目录下创建一个名为 call_myModule.py 的文件，在该文件中调用 myModule 模块中的函数和类。call_myModule.py 文件的内容如下。

```
import myModule
myModule.func()
myclass = myModule.MyClass()          #实例化一个类对象
myclass.myFunc()                      #调用对象的方法
```

在 IDLE 中，call_myModule.py 执行的结果如下。

```
自定义模块 myModule 下的自定义函数 func()
自定义模块 myModule 的自定义类 MyClass 的自定义函数 myFunc()
```

注意 myModule.py 和 call_myModule.py 必须放在同一个目录下或放在 sys.path 所列出的目录下，否则，Python 解释器将找不到自定义的模块。

下面定义一个名为 add.py 的模块文件。add.py 中的代码如下。

```
print("add 模块包含一个求两个数的和的 add 函数")
def add(a,b):
    print("a+b 的和是: ")
    return a+b
>>> import add                    #导入 add 模块时，里面的全局语句将被执行
add 模块包含一个求两个数的和的 add 函数
>>> import add                    #再次导入 add 模块时，里面的全局语句并没有被执行
```

8.1.2 模块的导入和使用

在使用一个模块中的函数或类之前，要先导入该模块。模块的导入须使用 import 语句。模块导入的语法格式如下。

```
import module_name
```

上述语句可直接导入一个模块，也可一次性导入多个模块，多个模块名之间用","隔开。调用模块中的函数或类时，需要以模块名为前缀。

从模块中调用函数和类的格式如下。

```
module_name.func_name ()
```

如果不想在程序中使用前缀，则可以使用 from…import…语句直接导入模块中的函数，其语法格式如下所示。

```
from module_name import function_name
>>> from math import sqrt,cos
>>> sqrt(4)                    #返回 4 的平方根
2.0
>>> cos(1)
0.5403023058681398
```

导入模块中的所有类和函数，可以使用如下格式的 import 语句：

```
from module_name import *
```

可以将导入的模块重新命名，其语法格式如下。

```
import a as b                 #导入模块 a，并将模块 a 重命名为 b
>>> from math import sqrt as pingfanggen
>>> pingfanggen(4)
2.0
```

8.1.3 模块的主要属性

1. __name__ 属性
对于任何一个模块，模块的名字都可以通过内置属性__name__得到。

```
>>> import math
>>> s = math.__name__
```

```
>>> print(s)
math
```

一个模块既可以被导入到其他模块中进行使用，也可以被当作脚本直接执行。不同的是，当导入其他模块时，内置变量__name__的值是被导入模块的名字；而当作为脚本执行时，内置变量__name__的值为"__main__"，举例说明如下。

```
test.py
 if __name__ == '__main__':
     print('该模块被当作脚本直接执行')
 elif __name__ == 'test':
     print('该模块被导入到其他模块进行使用')
```

把模块当作脚本在 IDLE 中执行，执行的结果如下。

```
该模块被当作脚本直接执行
>>> import test                    #当作导入模块使用
该模块被导入到其他模块进行使用
```

当 test.py 被当作脚本直接执行时，__name__ 这个内置变量值就是__main__。

在 test__name__.py 程序文件中只写入下面这一行代码。

```
print(__name__)
```

test__name__.py 在 IDLE 中执行的结果如下。

```
__main__
```

2. __all__属性

模块中的__all__属性可用于模块导入时的限制，如 from module import *时，模块 module 若定义了__all__属性，则只有__all__内指定的属性、方法和类可被导入。若未定义，则可导入模块内的所有公有属性、方法和类。

创建模块文件 module1.py，其代码如下。

```
class Person():
    def __init__(self,name,age):
        self.name=name
        self.age=age
class Student():
    def __init__(self,name,id):
        self.name=name
        self.id=id
def func1():
    print ('func1()被调用!')
def func2():
    print( 'func2()被调用!')
```

下面定义一个测试模块 module1，其程序文件 test_module1.py 如下所示。

```
from module1 import *     #由于模块未定义__all__属性，因此将导入模块的所有公有属性、方法和类
person= Person ('张三', '24')
print (person.name, person.age )
```

```
student= Student ('李明',1801122)
print(student.name, student.id)
func1()
func2()
```

在 IDLE 中，test_ module1.py 执行的结果如下。

```
张三 24
李明 1801122
func1()被调用!
func2()被调用!
```

若在模块文件 module1.py 中定义__all__属性，则在别的模块中导入该模块时，只有__all__内指定的属性、方法和类可被导入。

```
__all__=('Person','func1')
class Person():
    def __init__(self,name,age):
        self.name=name
        self.age=age
class Student():
    def __init__(self,name,id):
        self.name=name
        self.id=id
def func1():
    print ('func1()被调用!' )
def func2():
    print( 'func2()被调用!')
```

这时，test_ module1.py 在 IDLE 中执行的结果如下。

```
张三 24
Traceback (most recent call last):
  File "C:\Users\caojie\Desktop\test_ module1.py", line 4, in <module>
    student= Student ('李明',1801122)
NameError: name 'Student' is not defined
```

3. __doc__属性

模块中的__doc__属性可为模块、类、函数等添加说明性的文字，以使程序易读、易懂。模块、类、函数等的第一个逻辑行的字符串被称为文档字符串。

可以使用 3 种方法抽取文档字符串。①使用内置函数 help()：help(模块名)。②使用__doc__属性：模块名.__doc__。③使用内置函数 dir()：获取对象的大部分相关属性。

```
>>> help(sorted)              #查看函数或模块用途的详细说明
Help on built-in function sorted in module builtins:
sorted(iterable, /, *, key=None, reverse=False)
    Return a new list containing all items from the iterable in ascending order.
    A custom key function can be supplied to customize the sort order, and the
    reverse flag can be set to request the result in descending order.
>>> sorted.__doc__            #返回使用说明的文档字符串
'Return a new list containing all items from the iterable in ascending order.\n\nA
```

```
custom key function can be supplied to customize the sort order, and the\nreverse flag
can be set to request the result in descending order.'
>>> dir(sorted)
['__call__', '__class__', '__delattr__', '__dir__', '__doc__', '__eq__', '__format__',
'__ge__', '__getattribute__', '__gt__', '__hash__', '__init__', '__init_subclass__',
'__le__', '__lt__',…,]
>>> def add_x_y(x,y):        #自定义函数
    '''the sum of x and y'''
    return x+y
>>> add_x_y.__doc__
'the sum of x and y'
>>> help(add_x_y)
Help on function add_x_y in module __main__:
add_x_y(x, y)
    the sum of x and y
>>> dir(add_x_y)
['__annotations__', '__call__', '__class__', '__closure__', '__code__', '__defaults__',
'__delattr__', '__dict__', '__dir__', '__doc__', '__eq__', '__format__', '__ge__',
'__get__',…,]
>>> class Student(object):
    "有点类似其他高级语言的构造函数"
    def __init__(self,name,score):
        self.name = name
        self.score = score
    def print_score(self):
        print("%s:%s"%(self.name,self.score))
>>> Student.__doc__
'有点类似其他高级语言的构造函数'
```

8.2 系统目录的添加

8.2.1 导入模块时搜索目录的顺序

使用 import 语句导入模块时，是按照 sys.path 变量的值搜索模块的，如果未搜索到，则程序报错。sys.path 包含当前目录、Python 安装目录、PYTHONPATH 环境变量，搜索顺序为目录在列表中的顺序（一般当前目录的优先级最高）。

```
>>> import sys, pprint
>>> pprint.pprint(sys.path)
['',
 'D:\\Python\\Lib\\idlelib',
 'D:\\Python\\python36.zip',
 'D:\\Python\\DLLs',
 'D:\\Python\\lib',
 'D:\\Python',
 'D:\\Python\\lib\\site-packages']
```

可以看到，第一个为空代表的是当前目录。Python 标准库 sys 中的 path 对象包含了所有的系统目录，利用 pprint 模块中的 pprint()方法可以格式化地显示数据，如果用内置的 print，则只能在一行中显示所有内容，这样查看不方便。

8.2.2　使用 sys.path.append()临时添加系统目录

除了 Python 自己默认的一些系统目录外，还可以通过 append()方法添加系统目录。因为系统目录是存在于 sys.path 对象下的，sys.path 对象是一个列表，所以可以通过 append()方法往其中插入目录。

```
>>> import sys
>>> sys.path.append("C:/Users/caojie/Desktop/pythoncode")
>>> sys.path
['', 'D:\\Python\\Lib\\idlelib', 'D:\\Python\\python36.zip', 'D:\\Python\\DLLs',
'D:\\Python\\lib', 'D:\\Python', 'D:\\Python\\lib\\site-packages', 'C:/Users/caojie/
Desktop/pythoncode']
```

当重新启动解释器时，这种方法的设置会失效。

```
>>> import sys
>>> sys.path    #重新启动解释器时，'C:/Users/caojie/Desktop/pythoncode'已不存在
['', 'D:\\Python\\Lib\\idlelib', 'D:\\Python\\python36.zip', 'D:\\Python\\DLLs',
'D:\\Python\\lib', 'D:\\Python', 'D:\\Python\\lib\\site-packages']
```

8.2.3　使用 pth 文件永久添加系统目录

有时，用户不想把自己编写的代码文件放在 Python 的系统目录下，以避免和 Python 系统目录中的文件混在一起，进而增加管理的复杂性。甚至有时，因为权限的原因，所以不能在 Python 的系统目录下添加文件。这时，可以在 Python 中安装目录或者在 Lib\site-packages 目录下创建 "xx.pth" 文件（xx 是自定义的名字），在 xx.pth 文件中可写入自定义模块所在目录的路径，一行写一个路径。

```
C:\Users\caojie\Desktop
>>> import sys
>>> sys.path
['', 'D:\\Python\\Lib\\idlelib', 'D:\\Python\\python36.zip', 'D:\\Python\\DLLs',
'D:\\Python\\lib', 'D:\\Python', 'C:\\Users\\caojie\\Desktop', 'D:\\Python\\lib\\
site-packages']
```

这时，就可以直接使用 import module_name 来导入自定义路径下的模块了。

8.2.4　使用 PYTHONPATH 环境变量永久添加系统目录

在 PYTHONPATH 环境变量中输入相关的路径，不同的路径之间用英文的 ";" 分开，如果 PYTHONPATH 变量不存在，则可以创建它。这里将 PYTHONPATH 变量的值设置为：D:\;D:\mypython。路径会自动加入 sys.path 对象中。

```
>>> import sys
>>> sys.path
```

```
['', 'D:\\Python\\Lib\\idlelib', 'D:\\', 'D:\\mypython', 'D:\\Python\\python36.zip',
'D:\\Python\\DLLs', 'D:\\Python\\lib', 'D:\\Python', 'C:\\Users\\caojie\\Desktop',
'D:\\Python\\lib\\site-packages']
```

8.3　包

8.3.1　包的创建

在一个系统目录下创建大量模块后，用户可能希望将某些功能相近的模块放在同一文件夹下，以便更好地组织和管理模块，当需要某个模块时就从其所在的文件夹中导出。这时就需要运用包的概念了。

包与存放模块的文件夹对应，包的使用方式跟模块也类似。需要注意的是，当文件夹被当作包使用时，文件夹需要包含__init__.py 文件，__init__.py 文件的内容可以为空，这时 Python 解释器才会将该文件夹当作包。如果忘记创建__init__.py 文件，就没法从这个文件夹中导出模块。__init__.py 文件一般用来进行包的某些初始化工作或者设置__all__值，当导入包或该包中的模块时，须执行__init__.py 文件。包示例如图 8-1 所示，json 包位于 Python 标准库中的 Lib 目录下。

图 8-1　包示例

包可以包含子包，没有层次限制。包还可以有效避免模块命名冲突。

创建一个包的步骤是：

（1）建立一个名字为包名字的文件夹；

（2）在该文件夹下创建一个名为__init__.py 的文件，该文件内容可以为空；

（3）根据需要在该文件夹下创建模块文件。

【例 8-1】　在 D:\\mypython 目录中，创建一个包名为 package1 的包，然后在 package1 下创建包名分别为 sub_package1 和 sub_package2 的子包，sub_package1 包含模块 module1_1.py 和 module1_2.py，模块 module1_1.py 中包含 func1_1()和 func1_2()函数，模块 module1_2.py 中包含 func1_2()函数；sub_package2 包含模块 module2_1.py 和 module2_2.py，模块 module2_1.py 中包含 func2_1()函数。

按例 8-1 的要求创建包和模块后，包和模块所组成的层次结构如图 8-2 所示。

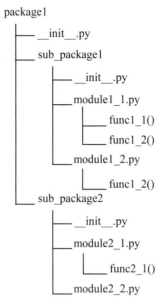

```
package1
├── __init__.py
├── sub_package1
│       ├── __init__.py
│       ├── module1_1.py
│       │       ├── func1_1()
│       │       └── func1_2()
│       └── module1_2.py
│               └── func1_2()
└── sub_package2
        ├── __init__.py
        ├── module2_1.py
        │       └── func2_1()
        └── module2_2.py
```

图 8-2　包和模块所组成的层次结构

在该层次结构中，package1 是顶级包，其包含子包 sub_package1 和 sub_package2。

8.3.2　包的导入与使用

用户可以每次只导入包里的特定模块，如 import package1. sub_package1. module1_1，这样就导入了 package1. sub_package1. module1_1 子模块。它必须通过完整的名称来引用：

```
package1. sub_package1. module1_1. func1_1()
```

也可以使用 from…import 语句直接导入包中的模块，如 from package1. sub_package1 import module1_1，这样就加载了 module1_1 模块，并且可以使它在没有包前缀的情况下亦能使用，所以它可以通过以下方式引用。

```
module1_1. func1_1()
```

还有另一种变体就是直接导入函数，如 from package1. sub_package1. module1_1 import func1_1，这样就加载了 module1_1 模块，可以直接调用它的 func1_1 () 函数：

```
func1_1 ()
```

注意　以 from package import item 方式导入包时，子项（item）既可以是子包，也可以是其他内容，如函数、类、变量等。而用类似 import item.subitem.subsubitem 这样的语法格式导入包时，子项必须是包，最后的子项可以是包或模块，但不能是函数、类、变量等。

如果希望同时导入一个包中的所有模块，则可以采用下面的形式：

```
from 包名 import *
```

如果在子包内进行引用，则可以按相对位置引入子模块。以 module1_1 模块为例，引用如下。

```
from. import module1_2              #同级目录，导入 module1_2
from .. import sub_package2         #上级目录，导入 sub_package2
from .. sub_package2 import module2_1   #在上级目录的 sub_package2 下导入 module2_1
```

习题 8

1. 什么是模块？导入模块的方式有哪些？
2. 简述模块的主要属性。
3. 导入模块时，搜索目录的顺序是什么？
4. 什么是包？如何创建包？如何导入包？
5. 包和模块是什么关系？如何导入包中的模块？

第 9 章

图形用户界面设计

　　相对于字符界面的控制台应用程序，基于图形用户界面（Graphical User Interface，GUI）的应用程序可以提供丰富的用户交互界面，是更容易实现复杂功能的应用程序。图形用户界面是一种人与计算机通信的交互界面，允许用户使用鼠标等输入设备操纵屏幕上的图标或菜单选项，以选择命令、调用文件、启动程序。图形用户界面由窗口、下拉菜单、对话框及其相应的控制机制构成。

9.1 图形用户界面库

Python 提供了多个用于图形用户界面开发的库，几个常用的开发库介绍如下。

1. Tkinter 图形用户界面库

Tkinter（Tk interface，Tk 接口）是 Tk 图形用户界面工具包标准的 Python 接口。Tkinter 是 Python 的标准 GUI 库，支持跨平台的图形用户界面应用程序开发，支持 Windows、Linux、UNIX 和 macOS 等操作系统。

Tkinter 的优点是简单易用、与 Python 的结合度好，不足之处是缺少合适的可视化界面设计工具，需要通过代码来完成窗口设计和元素布局。

Tkinter 适用于小型图形界面应用程序的快速开发，本章将基于 Tkinter 阐述图形用户界面应用程序开发的主要流程。

2. wxPython 图形用户界面库

wxPython 是 Python 语言的一套优秀的 GUI 库，适用于大型应用程序开发。wxPython 是优秀的跨平台 GUI 库 wxWidgets 的 Python 封装，并以 Python 模块的方式提供给开发者进行使用。Python 程序员通过 wxPython 可以很方便地创建完整的、功能健全的图形用户界面。

3. PyQt 图形用户界面库

PyQt 是 Qt 图形用户界面工具包标准的 Python 接口，适用于大型应用程序开发。PyQt 实现了大约 440 个类和 6000 多种功能和方法，其中包括大量的 GUI 小部件、用于访问 SQL 数据库的类、文本编辑器小部件以及 XML 解析器等。

4. Jython 图形用户界面库

Jython 是 Python 的 Java 实现。Jython 不仅提供了 Python 的库，而且提供了所有的 Java 类，可使用 Java 的 Swing 技术构建图形用户界面程序。

9.2 Tkinter 图形用户界面库

9.2.1 Tkinter 概述

Tkinter 图形用户界面库包含创建各种 GUI 的组件类。Tkinter 提供的核心组件类如表 9-1 所示。

表 9-1 Tkinter 提供的核心组件类

组件类	描述
Label	标签，用来显示文本和图片
Button	按钮，类似标签，但提供额外的功能，如鼠标掠过、按下、释放等
Canvas	画布，提供绘图功能，包含图形或位图
Checkbutton	选择按钮，一组方框，可以选择其中的任意一个或多个

组件类	描述
Entry	单行文本框
Frame	框架，在屏幕上显示一个矩形区域，多用作容器
Listbox	列表框，一个选项列表，用户可以从中选择
Menu	菜单，点击菜单按钮后弹出一个选项列表，用户可以从中选择
Message	消息框，用来显示多行文本，与 Label 比较类似
Radiobutton	单选按钮，一组按钮，其中只有一个可被"按下"
Scale	进度条，线性"滑块"组件，可设定起始值和结束值，会显示当前位置的精确值
Scrollbar	滚动条，对其支持的组件（文本域、画布、列表框、文本框）提供滚动功能
Text	文本域，多行文字区域，可用来收集（或显示）用户输入的文字
Toplevel	一个容器窗口部件，作为一个单独的、最上面的窗口显示

上述大部分组件共有的属性如表 9-2 所示。

表 9-2　大部分组件共有的属性

属性名（别名）	说明
background（bg）	设定组件的背景色
borderwidth（bd）	设定边框宽度
Font	设定组件内部文本的字体
foreground（fg）	设定组件的前景色
relief	设定组件 3D 效果，可选值为 RAISED、SUNKEN、FLAT、RIDGE、SOLID 和 GROOVE。这些值可指出组件内部相对于外部的外观样式，如 RAISED 意味着组件内部相对于外部突出
width	设定组件宽度，如果值小于或等于 0，则组件会选择一个能够容纳目前字符的宽度

9.2.2　Tkinter 图形用户界面的构成

基于 Tkinter 库创建的图形用户界面主要包括以下几个部分。

（1）通过 Tk 类的实例化，创建图形用户界面的主窗口（也称为根窗口、顶层窗口），用于容纳其他组件类生成的实例，因此，主窗口也称为容器，即容纳其他组件的父容器。创建窗口的代码如下。

```
from tkinter import *        #导入 Tkinter 模块中的所有内容
window=Tk()                  #创建一个窗口对象 window
```

通过 Tk 类的实例化，创建一个窗口 window，用来容纳用 Tkinter 中的小组件类生成的小组件实例。窗口生成后，可以通过调用窗口对象的方法来改变窗口。

```
window.title('标题名')        #修改窗口的名字，也可在创建时使用 className 参数来命名
window.resizable(0,0)         #调整窗口大小，分别表示 x 和 y 方向的可变性
window.geometry('250x150')    #指定主窗口大小
window.quit()                 #退出
window.update()               #刷新页面
```

（2）在创建的主窗口中，添加各种可视化组件，如按钮、标签等，这些是通过组件类的实例化来实现的。

```
#创建以 window 为父容器的标签，text 指定要在标签上显示的文字
label = Label(window,text="Hello Label")
#创建以 window 为父容器的按钮，text 指定要在按钮上显示的文字
button = Button(window,text = ' Hello Button ')
```

（3）组件的放置和排版，即通过 pack()、grid()等方法将组件放进窗口中，在放进的同时也可指定放置的位置。

```
label.pack(side=LEFT)              #将标签 label 放到窗口的左边
button.pack(side=RIGHT)            #将按钮 button 放到窗口的右边
```

（4）通过将组件与函数绑定，可响应用户操作（如单击按钮），并进行相应的处理。与组件绑定的函数也称为事件处理函数。

```
#定义单击按钮 Button 的事件处理函数
def helloButton():
    print('hello button')
#通过按钮的 command 属性来指定按钮的事件处理函数，并将创建的按钮放进窗口
Button(window, text='Hello Button', command=helloButton).pack()
```

在执行程序后出现的图形界面中单击'Hello Button'按钮，每单击一次，输出一次 hello button。

9.3 常用 Tkinter 组件的使用

9.3.1 标签组件

Label 类是标签组件对应的组件类，在标签上既可以显示文本信息，也可以显示图像。Label 类实例化标签的语法格式如下。

```
Label ( master, option, ... )
```

参数说明如下。

● master：指定拟要创建的标签的父窗口。

● option：创建标签时的参数选项列表，参数选项以键-值对的形式出现，多个键-值对之间用逗号隔开。Label 类中的主要参数选项如表 9-3 所示。

表 9-3　Label 类中的主要参数选项

选项	说明
background（bg）	设定标签的背景颜色
foreground（fg）	设定标签的前景色，以及文本和位图的颜色
bitmap	指定显示到标签上的位图，如果设置了 image 选项，则忽略该选项
image	指定标签显示的图片；该值应该是 PhotoImage、BitmapImage 或者能兼容的对象；该选项优先于 text 和 bitmap 选项

选项	说明
Text	指定标签显示的文本；文本可以包含换行符；如果设置了 bitmap 或 image 选项，则忽略该选项
font	设定标签中文本的字体（如果同时设置字体和大小，则应该用元组将它们包起来，如("楷体"，20)；一个 Label 类只能设置一种字体）
justify	定义如何对齐多行文本，justify 的取值可以是'left'（左对齐）、'right'（右对齐）、'center'（居中对齐），默认值是'center'
anchor	控制文本（或图像）在标签中显示的位置；可用"n"、"ne"、"e"、"se"、"s"、"sw"、"w"、"nw"或者"center"进行定位，默认值是 "center"
wraplength	决定标签的文本应该被分成多少行；该选项指定每行的长度，单位是屏幕单元
compound	指定文本与图像如何在标签上显示，默认情况下，如果有指定位图或图片，则不显示文本，compound 可设置的值有 left（图像居左）、right（图像居右）、top（图像居上）、bottom（图像居下）、center，文字覆盖在图像上
width	设置标签的宽度，如果标签显示的是文本，那么单位就是文本单元；如果标签显示的是图像，那么单位就是像素；如果设置为 0 或者不设置，那么就会自动根据标签的内容计算出宽度
height	设置标签的高度，如果标签显示的是文本，那么单位就是文本单元；如果标签显示的是图像，那么单位就是像素；如果设置为 0 或者不设置，那么就会自动根据标签的内容计算出高度
textvariable	标签显示 Tkinter 变量（通常是一个 StringVar 变量）的内容，如果变量被修改，则标签的文本会自动更新

【例 9-1】 Label 类实例化标签举例。（9-1.py）

```python
from tkinter import *
window=Tk()                      #创建一个窗口，默认的窗口名为"tk"
#创建以 window 为父容器的标签
label1 = Label(window,fg = 'white',bg = 'grey',text="Hello Label1",width = 10,height
= 2)
label1.pack()                    #将标签 label1 放进 window 窗口中
#compound = 'bottom', 指定图像位居文本下方
label2=Label(window,text = 'botton',compound = 'bottom',bitmap = 'error').pack()
#compound = 'left', 指定图像位居文本左方
label3=Label(window,text = 'left',compound = 'left',bitmap = 'error').pack()
#justify = 'left'指定标签中多行文本的对齐方式为左对齐
label4=Label(window,text = '对明天最好的准备就是把今天做到最好',fg='white',font=('楷体
',13),bg = 'grey',width = 50,height = 3,wraplength = 130,justify = 'left').pack()
'''justify = 'center'指定标签中多行文本的对齐方式为居中对齐，anchor='sw'指定文本(text)在
Label 中的显示位置是西南'''
label5=Label(window, text = '对明天最好的准备就是把今天做到最好', fg='white', font=('隶
书',13),bg = 'black', width = 50, height = 3, wraplength = 130, justify='center',
anchor='sw').pack()
window.mainloop()                #创建事件循环
```

执行 9-1.py 程序文件得到的输出结果如图 9-1 所示。

如图 9-1 所示，当执行 9-1.py 程序文件时，生成的 tk 窗口中会出现 5 个不同的标签。

图 9-1　执行 9-1.py 得到的输出结果

label1.pack()语句的含义是将标签 label1 放进窗口中，pack()是一种几何布局管理器。所谓布局，就是设定窗口中各个组件之间的位置关系。在上述例子中，pack()布局管理器将小组件一行一行地放在窗口中。Tkinter GUI 是事件驱动的，在显示图形用户界面之后，图形用户界面会等待用户进行交互，如用鼠标单击组件。

window.mainloop()语句用来创建事件循环。window.mainloop()会让 window 不断刷新，以持续处理用户与图形用户界面的交互，直到用户单击"×"关闭窗口为止。如果没有 window.mainloop()，则 window 就是静态的。

9.3.2　按钮组件

Button 类用来实例化各种按钮。按钮能够包含文本或图像，并且能够与一个 Python 函数相关联。当这个按钮被按下时，Tkinter 会自动调用相关联的函数，完成特定的功能，如关闭窗口、执行命令等。按钮仅能显示一种字体。Button 类实例化按钮的语法如下。

```
Button ( master, option, …)
```

参数说明如下。

● master：指定拟要创建的按钮的父窗口。

● option：创建按钮时的参数选项列表，参数选项以键-值对的形式出现，多个键-值对之间用逗号隔开。

Button 的参数选项和 Label 的参数选项类似。在 Button 中需要注意的参数选项如表 9-4 所示。

表 9-4　Button 中需要注意的参数选项

选项	描述
command	指定按钮的事件处理函数，单击按钮时所调用的函数名称，可以结合 lambda 表达式使用
relief	指定外观效果，可以设置的参数有 flat、groove、raised、ridge、solid、sunken
state	指定按钮的状态，控制按钮如何显示，可以设置的参数有 normal（正常）、active（激活）、disabled（禁用）
bordwidth(bd)	设置按钮的边框大小，bd(bordwidth)默认为 1 或 2 像素
textvariable	与按钮相关的 Tk 变量（通常是一个字符串变量）。如果这个变量的值改变，那么按钮上的文本就会相应更新

【例 9-2】　Button 中 command 参数使用举例。（9-2.py）

```
from tkinter import *
def gs():
    global window
    s=Label(window,text='曾伴浮云归晚翠，犹陪落日泛秋声。世间无限丹青手，一片伤心画不成。',
    font='楷体', fg='white', bg='grey')
    s.pack()
def sc():
    global window
    s=Label(window,text='怒发冲冠，凭栏处、潇潇雨歇。抬望眼，仰天长啸，壮怀激烈。', fg='yellow',
    bg = 'red')
    s.pack()
def changeText():
    if button['text'] == 'text':
        v.set('change')
    else:
        v.set('text')
    print(v.get())
def statePrint():
    print('state')
window=Tk()#定义父窗口
v = StringVar()       #创建 Tkinter 的 StringVar 型数据对象
v.set('change')
'''command 参数指定 Button 的事件处理函数，通过 textvariable 属性将 Button 与某个变量绑定，当该
变量的值发生变化时，Button 显示的文本也随之变化'''
button = Button(window,textvariable = v,command = changeText)   #创建按钮
#relief 参数指定外观效果
button1=Button(window,command=gs,text='古诗阅读',width=40,height=2,relief=RAISED)
button2=Button(window,command=sc,text='宋词阅读',width=40,height=2,fg='yellow',bg =
'red',relief=SUNKEN)
button.pack()
button1.pack()
button2.pack()
#state 参数用来指定按钮的状态，有 normal、active、disabled 三种状态
for r in ['normal','active','disabled']:
    Button(window,text = r,state = r, width = 20,command = statePrint).pack()
window.mainloop()
```

执行 9-2.py 程序文件得到的输出结果如图 9-2 所示。

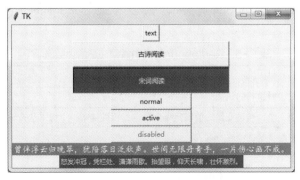

图 9-2　执行 9-2.py 得到的输出结果

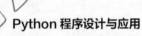

Python 程序设计与应用

在执行程序后出现的图形界面中单击"古诗阅读"按钮，每单击一次，程序就会在窗口下方输出一次"曾伴浮云归晚翠，犹陪落日泛秋声。世间无限丹青手，一片伤心画不成。"；单击"宋词阅读"按钮，每单击一次，程序就会在窗口下方输出一次"怒发冲冠，凭栏处、潇潇雨歇。抬望眼，仰天长啸，壮怀激烈。"。

在执行程序后出现的图形界面中单击"text"按钮，每单击一次，程序就会向标准输出打印结果，结果如下。

```
text
change
text
change
```

上述例子中将 3 个按钮"normal""active""disabled"的事件处理函数设置为 statePrint，执行程序只激活了"normal"和"active"按钮的事件处理函数，而"disabled"按钮则没有。如果暂时不需要按钮起作用，则可将它的 state 设置为 disabled。在执行程序后出现的图形界面中单击"normal"和"active"按钮，程序就会向标准输出打印结果，结果如下。

```
state
state
```

9.3.3 单选按钮组件

单选按钮组件是一种可在多个预先定义的一组选项中选出一项的 Tkinter 组件，在同一组内只能有一个按钮被选中（多选一），每当选中组内的一个按钮时，其他的按钮自动改为非选中态。单选按钮可以包含文字或者图像，可以将一个事件处理函数与单选按钮关联起来，当单选按钮被选择时，该函数将被调用。一组单选按钮组件和同一个 Tkinter 变量联系，每个单选按钮代表这个变量可能取多个值中的一个。Radiobutton 类实例化单选按钮的语法格式如下。

```
Radiobutton ( master, option, … )
```

参数说明如下。

● master：指定拟要创建的单选按钮的父窗口。

● option：创建单选按钮时的参数选项列表，参数选项以键-值对的形式出现，多个键-值对之间用逗号隔开。

Radiobutton 类的参数选项和 Button 类的参数选项类似。在 Radiobutton 类中需要注意的参数选项如表 9-5 所示。

表 9-5　Radiobutton 类中需要注意的参数选项

选项	描述
command	单选按钮被选中时执行的函数
variable	单选按钮索引变量，通过变量的值确定哪个单选按钮被选中。一组单选按钮使用同一个索引变量
value	单选按钮选中时变量的值
selectcolor	设置选中区的颜色
selectimage	设置选中区的图像，选中时会出现
textvariable	与按钮相关的 Tk 变量（通常是一个字符串变量）。如果这个变量的值改变，那么按钮上的文本就会相应更新

162

可以使用 variable 选项为单选按钮组件指定一个变量，如果将多个单选按钮组件绑定到同一个变量，则这些单选按钮组件就属于同一个组。分组后需要使用 value 选项设置每个单选按钮被选中时变量的值，以表示单选按钮是否被选中。

1. 不绑定变量，每个单选按钮自成一组

【例 9-3】　单选按钮不绑定变量、每个单选按钮自成一组举例。

```
from tkinter import *
window = Tk()
#不绑定变量，每个单选按钮自成一组
Radiobutton(window,text = 'python').pack()
Radiobutton(window,text = 'tkinter').pack()
Radiobutton(window,text = 'widget').pack()
window.mainloop()
```

上述 Radiobutton 不绑定变量，每个单选按钮自成一组的代码在 IDLE 中执行的结果如图 9-3 所示。

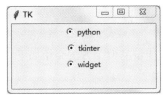

图 9-3　单选按钮不绑定变量，每个单选按钮自成一组

2. 为单选按钮指定组和绑定事件处理函数

【例 9-4】　为单选按钮指定组和绑定事件处理函数。（9-4.py）

```
from tkinter import *
Window=Tk(className='单选按钮选择') #创建'单选按钮'窗口
v=IntVar()
#列表中存储的是元组
language=[('Python',0),('C',1),('Java',2)]
#定义单选按钮的响应函数
def callRadiobutton():
    for i in range(3):
        if (v.get()==i):
            Window1 = Tk(className='选择的结果')
            Label(Window1,text='你的选择是'+language[i][0]+'语言',font=('楷体',13),
            fg='white',bg='purple',width=40,height=4).pack()
            Button(Window1,text='确定',width=6,height=2,command= Window1.destroy).
            pack(side= 'bottom')
Label(Window,text='选择一门你喜欢的编程语言').pack(anchor='center')
#for 循环创建单选按钮
for lan,num in language:
    Radiobutton(Window, text=lan, value=num, command=callRadiobutton, variable=v).
    pack(anchor='w')
v.set(1)                          #将 v 的值设置为 1，即选中 value=1 的按钮
Window.mainloop()
```

在 IDLE 中，9-4.py 执行的结果如图 9-4 所示。

在执行程序后出现的图形界面中单击按钮，每单击一次按钮就会弹出一个"选择的结果"窗口。选择 Python 按钮弹出的窗口如图 9-5 所示。

图 9-4　9-4.py 执行的结果　　　　图 9-5　选择 Python 按钮弹出的窗口

注意　variable 选项的功能主要用于传参和绑定变量。variable 是双向绑定的，即如果绑定的变量的值发生变化，则随之绑定的组件也会变化。variable 绑定的变量的主要类型如下。

```
x = StringVar()              #创建一个 StringVar 类型的变量 x，默认值为""
x = IntVar()                 #创建一个 IntVar 类型的变量 x，默认值为 0
x = BooleanVar()             #创建一个 BooleanVar 类型的变量 x，默认值为 False
```

上述不同类型的变量操作相应变量的两个方法介绍如下。

x.set()：设置变量 x 的值。

x.get()：获取变量 x 的值。

9.3.4　多行文本框组件

多行文本框组件用于显示和编辑多行文本，此外还可以用来显示网页链接、图片、HTML页面等。当创建一个多行文本框组件时，它里面是没有内容的，可以利用多行文本框组件的 insert()方法在其中插入内容。

1. 多行文本框组件中插入文本

可以调用 Text 对象的 insert()方法在指定的位置处插入文本，插入位置介绍如下。

- INSERT：表示在光标位置插入。
- CURRENT：表示在当前的光标位置插入，与 INSERT 功能类似。
- END：表示在整个文本的末尾插入。
- SEL_FIRST：表示在选中文本的开始插入。
- SEL_LAST：表示在选中文本的最后插入。

【例 9-5】　在指定位置插入文本。（9-5.py）

```
from tkinter import *
window = Tk()
t = Text(window, font='device')    #font 设置文本的显示字体
t.insert(INSERT, '披绣闼，俯雕甍，山原旷其盈视，川泽纡其骇瞩。\
闾阎扑地，钟鸣鼎食之家；舸舰迷津，青雀黄龙之舳。云销雨霁，彩彻区明。\
落霞与孤鹜齐飞，秋水共长天一色。\
渔舟唱晚，响穷彭蠡之滨，雁阵惊寒，声断衡阳之浦。')
#定义各个 Button 的回调函数，这些函数使用了内置的 mark:INSERT/CURRENT/END/SEL_FIRST/SEL_LAST
```

```
def insertText():
    t.insert(INSERT, '（滕王阁序，王勃）')
def currentText():
    t.insert(CURRENT, '（滕王阁序，王勃）')
def endText():
    t.insert(END, '（滕王阁序，王勃）')
def sel_FirstText():
    t.insert(SEL_FIRST, '（滕王阁序，王勃）')
def sel_LastText():
    t.insert(SEL_LAST, '（滕王阁序，王勃）')
#在光标位置插入
Button(window,text='at INSERT insert',anchor = 'w',width=17,command=insertText).pack()
#在当前的光标位置插入
Button(window,text='at CURRENT insert',anchor = 'w', width=17, command=insertText).
pack()
#在整个文本的末尾插入
Button(window,text='at END insert',anchor = 'w',width=17,command=endText).pack()
#在选中文本的开始插入,如果没有选中区域则会引发异常
Button(window,text='at SEL_FIRST insert',anchor = 'w', width=17, command=sel_FirstText).
pack()
#在选中文本的最后插入，如果没有选中区域则会引发异常
Button(window,text='at SEL_LAST insert',anchor = 'w', width=17, command=sel_LastText).
pack()
t.pack()
window.mainloop()
```

执行 9-5.py 程序文件得到的输出结果如图 9-6 所示。

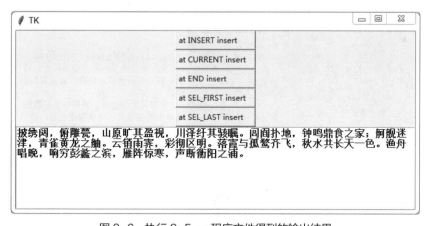

图 9-6　执行 9-5.py 程序文件得到的输出结果

在执行程序后出现的图形界面中单击上方的 3 个按钮，就会在下面的文本框中插入 '（滕王
阁序，王勃）'，最下面的两个按钮需要先用鼠标选中一段文本，若单击"at SEL_FIRST insert"
按钮，则会在选中的文本之前插入'（滕王阁序，王勃）'；若单击"at SEL_LAST insert"按钮，
则会在选中的文本之后插入'（滕王阁序，王勃）'。

2. 多行文本框组件中加入图片

【例 9-6】　多行文本框组件中加入图片举例。（9-6.py）

```
from tkinter import *
window = Tk()
window.title('江南好风景')
text1 = Text(window, height=27, width=60)
photo=PhotoImage(file='C:/Users/caojie/Desktop/yusui.gif')
text1.insert(END,'\n')
text1.image_create(END, image=photo)
text1.pack(side=LEFT)
text2 = Text(window, height=27, width=45)
#使用 tag_configure()方法创建一个指定字体的 Tag，名字为 font1
text2.tag_configure('font1', font=('Verdana', 20, 'bold'))
#使用 tag_configure()方法创建一个指定字体和前景色的 Tag，名字为 colorfont
text2.tag_configure('colorfont', foreground='#42426F', font=('Tempus Sans ITC', 13,
'bold'))
text2.insert(END,'\n 江南的雨江南的你\n', 'font1')
commentary = " 望不穿江南尽头谁在痴痴等待，只叹一别万年的窗外，你能否看见我的期待。\n  \
你紫花裙的影迹，携带淡妆从朦胧雨帘中渐渐褪去。\
清风细雨，让心跳节奏到极致，我思念远方还在的你，\
让我走近一点，再走近一些，明白一切甚有味道。\n  \
江南的风景，江南的你，夜幕的流水，多情的雨。原来都跟着烟花的记忆，也只是瞬间的美丽…… "
text2.insert(END, commentary, 'colorfont')
text2.pack(side=LEFT)
window.mainloop()
```

执行 9-6.py 程序文件得到的输出结果如图 9-7 所示。

图 9-7　执行 9-6.py 程序文件得到的输出结果

9.3.5　复选框组件

复选框组件用来选取人们需要的选项，它前面有个小正方形的方块，如果选中它，则会出现一个对号，也可以通过再次单击来取消选中。Checkbutton 类实例化复选框组件的语法格式如下。

```
Checkbutton ( master, option, …)
```

参数说明如下。

● master：指定拟要创建的复选框的父窗口。

● option：创建复选框时的参数选项列表，参数选项以键-值对的形式出现，多个键-值对之间用逗号隔开。

Checkbutton 类的参数选项和 Radiobutton 类的参数选项类似。在 Checkbutton 类中需要注意的参数选项如表 9-6 所示。

表 9-6　Checkbutton 类中需要注意的参数选项

选项	描述
command	关联的函数，当复选框被单击时，执行该函数
variable	复选框索引变量，通过变量的值确定哪些复选框被选中。每个复选框使用不同的变量，以使复选框之间相互独立
onvalue	复选框被选中时变量的值。复选框的值不仅仅是 1 或 0，可以是其他类型的数值，可以通过 onvalue 和 offvalue 属性设置复选框的状态值
offvalue	复选框未被选中时变量的值

1. 设置复选框的事件处理函数

【例 9-7】　设置复选框的事件处理函数。（9-7.py）

```
from tkinter import *
window=Tk(className='你最喜欢的城市')        #创建'你最喜欢的城市'窗口
window.geometry("300x200")                  #设定窗口大小
#添加标签
Label(window,text='请选择自己喜欢的城市（多选）: ',fg='blue').pack()
#定义复选框的事件处理函数
def callCheckbutton():
    msg = ''
    if var1.get() == 1:                     #因为var1是IntVar型变量，所以选中为1，不选为0
        msg += "西安\n"
    if var2.get() == 1:
        msg += "洛阳\n"
    if var3.get() == 1:
        msg += "北京\n"
    if var4.get() == 1:
        msg += "南京\n"
    '''清除text中的内容, 0.0表示从第1行第1个字开始清除, END表示清除到最后结束'''
    text.delete(0.0,END)
    text.insert('insert',msg)  #INSERT表示在光标位置插入msg所指代的文本
#创建4个复选框
var1 = IntVar()                             #创建IntVar型数据对象
Checkbutton(window,text='西安',variable=var1,command=callCheckbutton).pack()
var2 = IntVar()
Checkbutton(window,text='洛阳',variable=var2,command=callCheckbutton).pack()
var3 = IntVar()
Checkbutton(window,text='北京',variable=var3,command=callCheckbutton).pack()
var4 = IntVar()
```

```
Checkbutton(window,text='南京',variable=var4,command=callCheckbutton).pack()
#创建一个文本框
text = Text(window,width=30,height=10)
text.pack()
window.mainloop()
```

执行 9-7.py 程序文件得到的输出结果如图 9-8 所示。

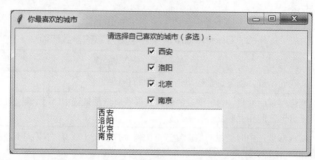

图 9-8　执行 9-7.py 程序文件得到的输出结果

在执行程序后出现的图形界面中勾选各个城市对应的复选框，每勾选一个复选框，程序就
会在下面的文本框中输出对应的城市名称，取消勾选则会在下面的文本框中删除该城市名称。

2．将变量与复选框绑定以改变显示的文本

【**例 9-8**】　为复选框绑定变量以改变显示的文本。（9-8.py）

```
from tkinter import *
window = Tk()
def callCheckbutton():
    #改变 v1 的值，即改变复选框的显示文本
    if v1.get()=='男':
        print("当前复选框本身的值:", v2.get())
        v1.set('女')
        print("当前设置的按钮显示文本是:",v1.get())
    elif v1.get()=='女' :
        print("当前复选框本身的值:", v2.get())
        v1.set('男')
        print("当前设置的按钮显示文本是:",v1.get())
v1 = StringVar()        #创建 Tkinter 的 StringVar 型数据对象
v2 = IntVar()           #创建 Tkinter 的 IntVar 型数据对象
#绑定 v1 到复选框的属性 textvariable，绑定 v2 到复选框的属性 variable
Checkbutton(window,text = '女',variable = v2,textvariable = v1,command =
callCheckbutton).pack()
v1.set('男')
window.mainloop()
```

执行 9-8.py 程序文件得到的输出结果如图 9-9 所示。

图 9-9　执行 9-8.py 程序文件得到的输出结果

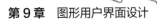

在执行程序后出现的图形界面中勾选按钮，每勾选一次，都会改变按钮的显示文本，即在"男"和"女"之间切换。程序向标准输出打印的结果如下。

```
当前复选框本身的值：1
当前设置的按钮显示文本是：女
当前复选框本身的值：0
当前设置的按钮显示文本是：男
```

注意　上述 textvariable 用法与 Button 类中的 textvariable 用法完全相同，用来改变按钮的显示文本；Checkbutton 类的另外一个属性 variable 与复选框实例本身绑定，复选框实例的值为：on 或 off，默认状态下 on 为 1、off 为 0。

9.3.6　列表框组件

列表框组件用于显示一个选择列表，即用于显示一组文本选项，用户可以从列表中选择一个或多个选项。Listbox 类实例化列表框组件的语法格式如下。

```
Listbox ( master, option, …)
```

参数说明如下。

● master：指定拟要创建的列表框的父窗口。

● option：创建列表框时的参数选项列表，参数选项以键-值对的形式出现，多个键-值对之间用逗号隔开。表 9-7 列出了 Listbox 类中需要注意的参数。

表 9-7　Listbox 类中需要注意的参数

参数	描述
setgrid	指定一个布尔值，决定是否启用网格控制，默认值是 False
selectmode	选择模式："single"（单选），"browse"（也是单选，但拖动鼠标或通过方向键可以直接改变选项），"multiple"（多选）和 "extended"（也是多选，但需要同时按住 Shift 键或 Ctrl 键或拖动鼠标实现）；默认是 "browse"
listvariable	指向一个 StringVar 类型的变量，该变量存放 Listbox 中所有的文本选项；在 StringVar 类型的变量中，用空格分隔每个项目，如 var.set("文本选项 1 文本选项 2 文本选项 3")

令 lb 表示一个 Listbox 对象，表 9-8 列出了 Listbox 对象常用的方法。

表 9-8　Listbox 对象常用的方法

方法	描述
insert(index, item)	添加一个或多个项目（item）到列表框中，index 指定插入文本项的位置，若为 END，则在尾部插入文本项；若为 ACTIVE，则在当前选中处插入文本项
delete(first,last)	删除参数 first 到 last 范围内（包含 first 和 last）的所有选项，如果忽略 last 参数，则表示删除 first 参数指定的选项
get(first, last)	返回一个元组，包含参数 first 到 last 范围内（包含 first 和 last）的所有选项的文本，如果忽略 last 参数，则表示返回 first 参数指定的选项的文本
size()	返回列表框组件中选项的数量
curselection()	返回当前选中项目的索引，结果为元组

1. 对列表框实例添加和删除文本项

【例 9-9】 对列表框实例添加和删除文本项。（9-9.py）

```
from tkinter import *
window = Tk()
lb = Listbox(window)                    #创建一个列表框实例
for item in ['Python','tkinter','widget']:
    lb.insert(END,item)                 #向 lb 中插入 item
lb.delete(1)                            #删除第 2 个文本项
lb.pack()
window.mainloop()
```

执行 9-9.py 程序文件得到的输出结果如图 9-10 所示。

2. 通过设置参数 selectmode 创建一个可以多选的列表框

selectmode：设置为 MULTIPLE 时允许多选。

【例 9-10】 通过设置参数 selectmode 创建可以多选的列表框。（9-10.py）

```
from tkinter import *
window = Tk()
#属性 MULTIPLE 允许多选，依次单击 3 个 item，均显示为选中状态
lb = Listbox(window, selectmode = MULTIPLE, font=('楷体', 14))
for item in ['Python','Java','C语言']:
    lb.insert(END, item)
lb.pack()
window.mainloop()
```

执行 9-10.py 程序文件得到的输出结果如图 9-11 所示。

图 9-10　执行 9-9.py 程序文件得到的输出结果　　图 9-11　执行 9-10.py 程序文件得到的输出结果

3. 列表框与变量绑定

通过属性 listvariable 指定与列表框绑定的变量名称。

【例 9-11】 创建一个获取列表框组件内容的程序。（9-11.py）

```
from tkinter import *
window=Tk(className='Listbox 使用举例')  #创建列表框使用举例窗口
Str=StringVar()
lb = Listbox(window, selectmode = MULTIPLE, font=('楷体', 14),listvariable=Str)
#属性 MULTIPLE 允许多选，依次单击 3 个 item，均显示为选中状态
for item in ['Python','Java','C语言']:
    lb.insert(END, item)
def callButton1():
    print(Str.get())
def callButton2():
```

```
        for i in lb.curselection():
            print(lb.get(i))
lb.pack()
Button(window,text='获取列表框的所有内容',command=callButton1,width=20).pack()
Button(window,text='获取列表框的选中内容',command=callButton2,width=20).pack()
window.mainloop()
```

执行 9-11.py 程序文件得到的输出结果如图 9-12 所示。

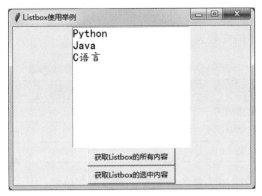

图 9-12　执行 9-11.py 程序文件得到的输出结果

单击"获取 Listbox 的所有内容"按钮则输出：

```
('Python', 'Java', 'C 语言')
```

选中 Python 后，单击"获取 Listbox 的选中内容"按钮则输出：

```
Python
```

再选中 Java 后，单击"获取 Listbox 的选中内容"按钮则输出：

```
Python
Java
```

9.3.7　菜单组件

菜单组件是 GUI 界面非常重要的一个组成部分，几乎所有的应用都会用到菜单组件。Tkinter 也有菜单组件，菜单组件是通过使用 Menu 类来创建的。菜单可用于展示可用的命令和功能。菜单以图标和文字的方式展示可用选项，用鼠标选择一个选项，程序的某个行为就会被触发。Tkinter 的菜单分为 3 种。

1．顶层菜单

这种菜单是直接位于窗口标题下面的固定菜单，通过单击即可下拉出子菜单，选择子菜单可执行相关的操作。顶层菜单也称作主菜单。

2．下拉菜单

窗口的大小是有限的，不能把所有的菜单项都做成顶层菜单，这时就需要下拉菜单。

3．弹出菜单

最常见的是通过鼠标右击某对象而弹出的菜单，一般为与该对象相关的常用菜单命令，如剪切、复制、粘贴等。

Menu 类实例化菜单的语法格式如下。

```
Menu ( master, option, … )
```

参数说明如下。

- master：指定拟要创建的菜单的父窗口。
- option：创建菜单时的参数选项列表，参数选项以键-值对的形式出现，多个键-值对之间用逗号隔开。

在 Menu 类中需要注意的参数选项如表 9-9 所示。

表 9-9　Menu 类中需要注意的参数选项

选项	描述
postcommand	将此选项与一个方法相关联，当菜单被打开的时候该方法将自动被调用
font	指定菜单中文本的字体
foreground（fg）	设置菜单的前景色

在创建菜单之后可通过调用菜单的以下方法来添加菜单项。

- add_command()：添加菜单项。
- add_checkbutton()：添加复选框菜单项。
- add_radiobutton()：添加一个单选按钮的菜单项。
- add_separator()：添加菜单分隔线。
- add_cascade()：添加一个父菜单。

1. 创建主菜单

通过 add_command 方法为 Menu 类的实例对象添加菜单项 item，如果添加的是主菜单，则依次向右添加菜单项。如果是为主菜单添加子菜单，则添加的菜单项属于该主菜单的下拉菜单项。

【例 9-12】　创建主菜单。（9-12.py）

```
from tkinter import *
window = Tk()
m = Menu(window)   #创建一个以窗口为父容器的菜单实例
def printmenu1():
     print('单击了'文件'菜单项')
def printmenu2():
     print('单击了'视图'菜单项')
def printmenu3():
     print('单击了'编辑'菜单项')
lst=[printmenu1,printmenu2,printmenu3]
i=0
#为 m 菜单添加菜单项，依次向右添加菜单项
#command 为菜单指定一个事件处理函数，label 指定菜单的名称
for item in ['文件','视图','编辑']:
     m.add_command(label = item, command = lst[i])
     i+=1
```

```
window['menu']=m                                          #将菜单实例 m 添加到窗口中
window.mainloop()
```

执行 9-12.py 程序文件得到的输出结果如图 9-13 所示。

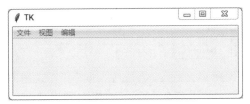

图 9-13　执行 9-12.py 程序文件得到的输出结果

在执行程序后出现的图形界面中单击菜单项，程序就会向标准输出打印和该菜单相关的信息：

```
单击了'文件'菜单项
单击了'视图'菜单项
单击了'编辑'菜单项
```

2. 添加下拉菜单

【例 9-13】　添加下拉菜单。（9-13.py）

```
from tkinter import *
window = Tk()
menubar = Menu(window)                                    #窗口下创建一个主菜单
fsubmenu = Menu(menubar)                                  #在主菜单下创建子菜单
#在子菜单下创建菜单项
for item in ['New file','Open','Save']:
    fsubmenu.add_command(label=item)
fsubmenu.add_separator()                                  #给菜单项添加分割线
#继续在子菜单实例下创建菜单项
for item in ['Close','Exit']:
    fsubmenu.add_command(label=item)
esubmenu = Menu(menubar)                                  #在主菜单下创建子菜单
for item in ['Undo','Redo','Cut','Copy']:
    esubmenu.add_command(label=item)                      #为 esubmenu 菜单添加菜单项
rsubmenu = Menu(menubar)                                  #在主菜单实例下创建子菜单
for item in ['Python Shell','Check Module','Run Module']:
    rsubmenu.add_command(label=item)
#为主菜单添加下拉菜单
menubar.add_cascade(label='File',menu=fsubmenu)    #fsubmenu 成为 File 的下拉菜单
menubar.add_cascade(label='Edit',menu=esubmenu)
menubar.add_cascade(label='Run',menu=rsubmenu)
window['menu']= menubar                                   #将主菜单实例 menu 添加到窗口中
window.mainloop()
```

执行 9-13.py 程序文件得到的输出结果如图 9-14 所示。

在执行程序后出现的图形界面中单击主菜单，就会在该菜单下出现下拉菜单。

173

Python 程序设计与应用

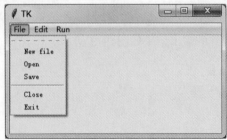

图 9-14　执行 9-13.py 程序文件得到的输出结果

9.3.8　消息组件

消息组件也可用于显示多行文本，但其提供了一个换行对象，支持文字的自动换行与对齐。消息组件的用法与标签组件基本一样。

【例 9-14】　使用消息组件显示多行文本。（9-14.py）

```
from tkinter import *
window = Tk()
#执行程序，text 中的内容自动多行显示对齐，标签组件没有这个功能
Message(window, text="Genius only means hard-working.",fg='white',bg = 'grey',).pack()
#如果不想让 text 中的内容自动多行显示，则需要指定足够大的宽度
Message(window, text="Genius only means hard-working.", width=300).pack()
window.mainloop()
```

执行 9-14.py 程序文件得到的输出结果如图 9-15 所示。

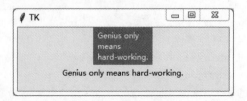

图 9-15　执行 9-14.py 程序文件得到的输出结果

9.3.9　消息窗口

消息窗口（也称消息框）用于弹出提示框以向用户进行告警，或指示用户下一步该如何操作。消息窗口包括很多种类型，常用的有 showinfo、showwarning、showerror、askyesno、askokcancel 等，它们具有不同的图标、按钮以及弹出提示音。它们有相同的语法格式：

```
tkmessagebox.消息窗口类型(title, message [, options])
```

参数说明如下。

- title：窗口的标题。
- message：在对话框体中显示的消息。
- options：调整外观的选项。

174

【例 9-15 】　消息框使用举例。（9-15.py）

```
from tkinter import *
import tkinter.messagebox
def info_warn():
    a=tkinter.messagebox.showinfo("平凡的世界经典对白","这就是生命!没有什么力量能扼杀生
命。下一句，点确定! ")
    a=tkinter.messagebox.showinfo("平凡的世界经典对白","生命是这样顽强，它对抗的是整整一个
严寒的冬天。下一句，点确定! ")
    a=tkinter.messagebox.showinfo("平凡的世界经典对白","冬天退却了，生命之花却蓬勃地怒放。
下一句，点确定! ")
    a=tkinter.messagebox.showinfo("平凡的世界经典对白", "你，为了这瞬间的辉煌，忍耐了多少
暗淡无光的日月?下一句，点确定! ")
    a=tkinter.messagebox.showwarning("平凡的世界经典对白", "只要春天不死，就会有迎春的花
朵年年岁岁开放。这是最后一句对白，点击确定退出! ")
def func2():
    a=tkinter.messagebox.askyesno("人","你都不理我了。点是返回答案")
    a=tkinter.messagebox.askokcancel("机器","我怎么不理你? 点确定继续问话! ")
    a=tkinter.messagebox.askquestion("人","荣耀 6plus 多少钱?想知道多少钱点是")
    a=tkinter.messagebox.askretrycancel("机器"," 京东大哥说过是 2,899 元哦。")
    a=tkinter.messagebox.askyesnocancel("人","你知道的真多呀。")
    a=tkinter.messagebox.showwarning("机器", "我应该的呀。")
    if tkinter.messagebox.askyesno("你没问题了吗? ", "确认关闭窗口吗!"):
        window.destroy()
window=Tk()
window.title("消息框")
Button(window,text="平凡的世界经典对白消息框", command= info_warn ).pack()
Button(window,text="对话框",command=func2).pack()
window.mainloop()
```

执行 9-15.py 程序文件得到的输出结果如图 9-16 所示。

图 9-16　执行 9-15.py 程序文件得到的输出结果

在图 9-16 所示的界面中单击"平方的世界经典对白消息框"按钮或"人机对话消息框"按
钮，就会弹出消息框。

9.3.10　单行文本框组件

单行文本框用来让用户输入一行文本字符串。如果用户输入的字符串长度比该组件可显示
的空间更长，那么内容将被滚动，这意味着该字符串将不能被全部看到（但可以用鼠标或键盘
的方向键调整文本的可见范围）。如果需要输入多行文本，则可以使用多行文本框组件。如果
需要显示一行或多行文本且不允许用户修改，则可以使用标签组件。

Entry 类实例化单行文本框的语法格式如下。

```
Entry ( master, option, … )
```

参数说明如下。

- master：指定拟要创建的单行文本框的父窗口。

- option：创建单行文本框时的参数选项列表，参数选项以键-值对的形式出现，多个键-值对之间用逗号隔开。

在 Entry 类中需要注意的参数选项如表 9-10 所示。

表 9-10　Entry 类中需要注意的参数选项

选项	描述
show	设置输入框如何显示文本的内容，如果该值非空，则输入框会显示指定的字符串以代替真正的内容；若 show="*"，则输入文本框内显示为*，这可用于密码输入
selectbackground	指定输入框的文本被选中时的背景颜色
selectforeground	指定输入框的文本被选中时的字体颜色
insertbackground	指定输入光标的颜色，默认为 black
textvariable	指定一个与输入框的内容相关联的 Tkinter 变量（通常是 StringVar），当输入框的内容发生改变时，该变量的值也会相应地发生改变

Entry 对象的常用方法：

- delete(first, last=None)：删除参数 first 到 last 范围内（包含 first 和 last）的所有内容；如果忽略 last 参数，则表示删除 first 参数指定的选项；使用 delete(0, END) 可删除输入框中的所有内容。

- get()：获得当前输入框中的内容。

1. 单行文本框与变量绑定

text 属性对单行文本框不起作用，可通过 textvariabl 属性指定一个与输入框的内容相关联的 Tkinter 变量，当输入框的内容发生改变时，该变量的值也会相应地发生改变。

【例 9-16】　单行文本框与变量绑定。（9-16.py）

```
from tkinter import *
window = Tk()
entry1=Entry(window,text = 'input your text here')
entry1.pack()
v = StringVar()
#绑定字符串变量 v
entry2 = Entry(window,textvariable = v)
v.set('获取：')
entry2.pack()
window.mainloop()
```

执行 9-16.py 程序文件得到的输出结果如图 9-17 所示。

图 9-17　执行 9-16.py 程序文件得到的输出结果

从执行结果可以看出：在创建的 entry1 对象中并没有显示'input your text here'文本。

2．设置单行文本框如何显示文本的内容

show 参数选项用于设置输入框如何显示文本框输入文本的内容，如果该值非空，则输入框会显示指定的字符串以代替文本框输入文本的内容；若 show="*"，则输入文本框内输入的内容会显示为*。

【**例 9-17**】　指定单行文本框显示文本的样式。（9-17.py）

```
from tkinter import *
window=Tk(className='输入账号密码')  #创建'输入账号密码'窗口
Label(window, text='账号:').grid(row=0,column=0)
Label(window, text='密码:').grid(row=1,column=0)
entry1 = Entry(window,font=('楷体', 14))
entry2 = Entry(window,show='*',font=('楷体', 14))
entry1.grid(row=0,column=1, padx=10, pady=5)
entry2.grid(row=1,column=1, padx=10, pady=5)
window.mainloop()
```

执行 9-17.py 程序文件得到的输出结果如图 9-18 所示。

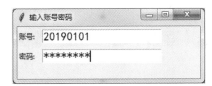

图 9-18　执行 9-17.py 程序文件得到的输出结果

在图 9-18 中输入密码时，文本框中呈现的字符样式为*号。

9.3.11　框架组件

Frame 类生成的框架组件实例在屏幕上表现为一块矩形区域，其会被当作容器（Container）用于布局组织其他组件。

【**例 9-18**】　框架组件使用举例。（9-18.py）

```
from tkinter import *
window = Tk()
'''创建 Frame 组件的方法与创建其他组件的方法不同，第 1 个参数不是 window，也可以不加任何参数'''
frame1 = Frame(height = 20,width = 400,bg = "grey")
frame1.pack()
redbutton = Button(frame1, text="Redbutton", fg="white",bg='blue')
redbutton.pack( side = LEFT)
brownbutton = Button(frame1, text="Brownbutton", fg="brown",bg='yellow')
brownbutton.pack( side = RIGHT )
bluebutton = Button(frame1, text="Bluebutton", fg="blue",bg='white')
bluebutton.pack( side = LEFT )
frame2 = Frame()
frame2.pack()
```

```
#redbutton 被添加到了 Frame2 中，而不是 window 默认的最上方
redbutton = Button(frame2, text="Redbutton", fg="white",bg='blue')
redbutton.pack( side = LEFT)
brownbutton = Button(frame2, text="Brownbutton", fg="brown",bg='yellow')
brownbutton.pack( side = LEFT )
bluebutton = Button(frame2, text="Bluebutton", fg="blue",bg='white')
bluebutton.pack( side = LEFT )
window.mainloop()
```

执行 9-18.py 程序文件得到的输出结果如图 9-19 所示。

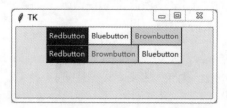

图 9-19　执行 9-18.py 程序文件得到的输出结果

9.4　使用 Canvas（画布）组件绘图

9.4.1　Canvas（画布）组件

Canvas（画布）组件是一个画布容器，可在 Canvas 中绘制直线、矩形、椭圆等各种几何图形，也可绘制图片、文字等。Canvas 允许重新改变这些图形项的属性值，如改变其坐标、外观等。创建画布的语法格式如下。

```
canvas = Canvas (master, option=value,…)
```

参数说明如下。

● master：画布的父容器。

● options：属性可选项，这些选项以键-值对的形式出现。Canvas 常用属性如表 9-11 所示。

表 9-11　Canvas 常用属性

属性	描述
bd	边框宽度，以像素为单位，默认值为 2
bg	背景颜色
confine	如果为 True（默认），则画布不能滚动到可滑动的区域外
cursor	光标的形状设定，如 arrow、circle、cross、plus 等
height	高度
width	宽度

Canvas 对象的常用绘图方法如表 9-12 所示。

表 9-12　Canvas 对象的常用绘图方法

绘图方法	描述
create_arc()	在画布上绘制弧
create_image()	在画布上绘制图像
create_line()	绘制直线，需要指定两个点的坐标，分别作为直线的起点和终点
create_rectangle()	绘制矩形，需要指定两个点的坐标，分别作为矩形左上角点和右下角点的坐标
create_oval()	绘制椭圆（包括圆，圆是椭圆的特例），需要指定两个点的坐标，分别作为左上角点和右下角点的坐标以确定一个矩形，进而绘制该矩形的内切椭圆
create_polygon()	绘制多边形，至少须有 3 个顶点
create_text()	创建文本对象，在画布上显示文本
create_window()	绘制子窗口

使用表中的绘图方法创建绘图对象，会返回绘图对象的标志 ID（整数）。

9.4.2　绘制直线

使用 create_line()方法可以在画布对象上创建一个直线对象，具体语法格式如下。

```
canvas. create_line(x0, y0, x1, y1, …, xn, yn, options)
```

参数说明如下。

● x0, y0, x1, y1, …, xn, yn：(x0, y0)、(x1, y1)、…、(xn, yn)是线条上各个点的坐标。

● options：创建线段的选项，如 width 指定线段宽度，arrow 指定是否使用箭头（none 表示不使用箭头，first 表示起点有箭头，last 表示终点有箭头，both 表示两端均有箭头），fill 指定线条颜色，dash 指定线段为虚线（整数值决定虚线的样式），arrowshape 指定箭头形状。

【例 9-19】　使用画布绘制直线。

```
from tkinter import *
window = Tk()                                              #创建一个窗口
window.title('使用画布绘制直线')
cv = Canvas(window,background='white',width=830,height=230)  #创建画布
#将画布 cv 放进 window 窗口，BOTH 表示设置画布水平和垂直填充窗口
cv.pack(fill=BOTH)
#绘制直线
options = [(None,None,None,None,None), (6,None,None,BOTH,(35,40,10)), (6,'pink',
None,FIRST,(40,40,10)), (6,'pink',None,LAST,(60,50,10)), (8,'pink','error',None,None)]
for i,opt in enumerate(options):
    cv.create_line((90+i*140,80,200+i*140,160), width = opt[0], fill = opt[1], arrow
= opt[3], stipple = opt[2] , arrowshape=opt[4] )              #stipple 指定位图填充
    #arroeshape 形如"20 20 10"中的 3 个整数依次指定箭头填充长度、箭头长度、箭头宽度
window.mainloop()
```

执行上述使用画布绘制直线的程序代码得到的输出结果如图 9-20 所示。

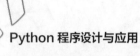

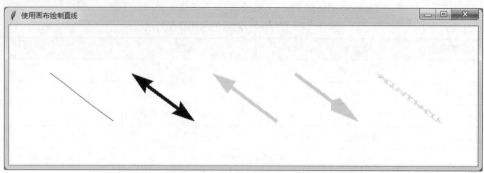

图 9-20　使用画布绘制直线

9.4.3　绘制矩形

使用 create_rectangle()方法可以创建一个矩形对象，具体语法格式如下。

```
create_rectangle(x0, y0, x1, y1, options)
```

参数说明如下。

● x0, y0, x1, y1：(x0, y0)是矩形左上方顶点坐标、(x1, y1)是矩形右下方顶点坐标。

● options：创建矩形的选项，如 width 指定边框宽度，outline 指定边框颜色，fill 指定矩形填充颜色，dash 指定边框为虚线，stipple 指定位图填充矩形。

【例 9-20】　使用画布绘制矩形。

```
from tkinter import *
window = Tk()                                            #创建一个窗口
window.title('使用画布绘图')
cv = Canvas(window,background='white',width=830,height=140)   #创建画布
cv.pack(fill=BOTH)   #将画布 cv 放进 window 窗口
#在画布上绘制字体，font 指定字体样式，fill 指定字体颜色
for i,str in enumerate(['默认', '指定边宽', '指定填充', '边框颜色', '位图填充']):
    # anchor 指定字体文本所处的方位，justify 指定文本的对齐方式
    cv.create_text((130 + i*140,20),text=str, font = ('楷体',15), fill = 'red',
                    anchor = 'w', justify = 'left' )
#在画布上创建一个文字对象
cv.create_text((10,80),text="绘制矩形",font=('楷体',15),fill = 'blue', anchor = 'w',
                justify = 'left' )
#创建列表：图形边框大小、填充颜色、边框颜色、位图填充
options = [(None,None,None,None), (3,None,None,None), (3,'pink','gray',None),
(3,'pink','red',None), (3,'pink','red','info')]
#绘制矩形，左上方顶点坐标(130+i*140,50)，右下方顶点坐标(240+i*140,120)
for i,opt in enumerate(options):
    #width 指定边框宽度，fill 指定矩形填充颜色，outline 指定边框颜色
    cv.create_rectangle((130+i*140,50,240+i*140,120), width = opt[0],
fill = opt[1], outline = opt[2], stipple = opt[3] )          #stipple 指定位图填充
window.mainloop()
```

执行上述绘制矩形的程序代码得到的输出结果如图 9-21 所示。

图 9-21　绘制矩形

9.4.4　绘制多边形

使用 create_polygon()方法可以在画布对象上创建一个多边形对象，具体语法格式如下。

```
create_polygon(x0, y0, x1, y1,…, xn, yn, options)
```

参数说明如下。

- x0, y0, x1, y1,…, xn, yn：(x0, y0)、(x1, y1)、…、(xn, yn)是多边形各个顶点的坐标。
- options：创建多边形的选项，如 width 指定边框宽度，outline 指定边框颜色，fill 指定多边形填充颜色（默认是 black，即黑色填充），dash 指定边框为虚线，stipple 指定位图填充多边形。

创建成功后返回该画布对象的 ID，新创建的画布对象位于显示列表的顶端。

【例 9-21】　绘制正五边形和正五角星。

```
from tkinter import *
import math
window = Tk()        #创建一个窗口
cv = Canvas(window, width = 600, height = 300, background = "grey") #创建画布
cv.pack()            #将画布 cv 放进 window 窗口
center_x = 200
center_y = 150
r = 100
points1 = [
        #正五角星左上点
        center_x+200 - int(r * math.sin(2 * math.pi/ 5)),
        center_y - int(r * math.cos(2 * math.pi / 5)),
        #正五角星右上点
        center_x+200 + int(r * math.sin(2 * math.pi / 5)),
        center_y - int(r * math.cos(2 * math.pi / 5)),
        #正五角星左下点
        center_x+200 - int(r * math.sin(math.pi / 5)),
        center_y + int(r * math.cos(math.pi / 5)),
        #正五角星上方的点
        center_x+200,
        center_y - r,
        #正五角星右下点
        center_x+200 + int(r * math.sin(math.pi / 5)),
        center_y + int(r * math.cos(math.pi / 5))
        ]
points2 = [
```

```
                #正五边形左上点
                center_x - int(r * math.sin(2 * math.pi/ 5)),
                center_y - int(r * math.cos(2 * math.pi / 5)),
                #正五边形上方的点
                center_x,
                center_y - r,
                #正五边形右上点
                center_x + int(r * math.sin(2 * math.pi / 5)),
                center_y - int(r * math.cos(2 * math.pi / 5)),
                #正五边形右下点
                center_x + int(r * math.sin(math.pi / 5)),
                center_y + int(r * math.cos(math.pi / 5)),
                #正五边形左下点
                center_x - int(r * math.sin(math.pi / 5)),
                center_y + int(r * math.cos(math.pi / 5))
                ]
cv.create_polygon(points1, outline = "white", fill = "white")
cv.create_polygon(points2, outline = "white", fill = "white")
window.mainloop()
```

执行上述绘制多边形的程序代码得到的输出结果如图 9-22 所示。

图 9-22　绘制多边形

9.4.5　绘制椭圆

使用 Canvas 对象的 create_oval()方法可在画布上创建一个椭圆对象，具体语法格式如下。

```
create_oval(x0, y0, x1, y1, options)
```

参数说明如下。

● x0, y0, x1, y1：(x0, y0)是包裹椭圆的矩形左上方顶点的坐标、(x1, y1)是包裹椭圆的矩形右下方顶点的坐标，用左上方和右下方两个顶点的位置定位出矩形的内切椭圆，如果矩形是正方形，则绘制的是一个圆形。

● options：创建椭圆的选项，如 width 指定边框宽度，outline 指定边框颜色，fill 指定椭圆填充颜色，dash 指定边框为虚线，stipple 指定位图填充多边形。

【例 9-22】　绘制椭圆。

```
from tkinter import *
window = Tk()   #创建一个窗口
```

```
window.title('在画布上绘制椭圆')                 #为窗口添加标题
cv = Canvas(window,background='white',width =400, height = 120)  #创建画布
cv.pack()                                        #将画布 cv 放进 window 窗口
cv.create_oval(40, 20, 360, 100)                 #绘制椭圆
window.mainloop()
```

执行上述绘制椭圆的程序代码得到的输出结果如图 9-23 所示。

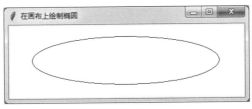

图 9-23　绘制椭圆

9.4.6　绘制文本

使用画布对象的 create_text()方法可在画布上创建文本对象，用来在画布上显示文本，具体语法格式如下。

```
create_text(x, y, options)
```

参数说明如下。

- x, y：(x, y)是文本放置区域的中心坐标。
- options：创建文本的选项，如 anchor 指定文本相对于中心坐标的位置，font 指定文本的字体、尺寸等信息，fill 指定文本的颜色，justify 指定针对多行文本的对齐方式，text 指定该文本对象将要显示的文本内容。

【例 9-23】　在画布上绘制文本。

```
from tkinter import *
window = Tk()                                    #创建一个窗口
window.title('在画布上绘制文本')                  #为窗口添加标题
cv = Canvas(window,width=400,height=100,background="grey")  #创建画布
cv.pack()                                        #将画布 cv 放进 window 窗口
cv.create_text(200, 50, font = ('楷体',15), fill = 'white', text='古人学问无遗力,少壮工夫老始成。\n 纸上得来终觉浅,绝知此事要躬行。')
window.mainloop()
```

执行上述绘制文本的程序代码得到的输出结果如图 9-24 所示。

图 9-24　绘制文本

9.4.7 绘制图像

使用画布对象的 create_image()方法可在画布上绘制图像，具体语法格式如下。

```
create_image(x, y, options)
```

参数说明如下。

- x, y：(x, y)是图像放置区域的中心坐标。
- options：绘制图像的选项，如 anchor 指定显示的图像相对于中心坐标(x, y)的位置，image 指定要显示的图片的位置。

【例 9-24】 在画布上绘制图像。

```
from tkinter import *
window = Tk()                                    #创建一个窗口
window.title('在画布上绘制图像')
cv = Canvas(window,background='white',width=430,height=190)  #创建画布
cv.pack(fill=BOTH)                               #BOTH 表示设置画布水平和垂直填充窗口
#PhotoImage 只能识别 GIF、PGM、PPM 格式的图片
img=PhotoImage(file='D:/Python/lantian.gif')  #把图片读为 PhotoImage
cv.create_image((100,50), image=img)           #把 img 加到 cv 里面
window.mainloop()
```

执行上述绘制图像的程序代码得到的输出结果如图 9-25 所示。

图 9-25　绘制图像

9.5　Tkinter 的主要几何布局管理器

所谓布局，是指设定窗口容器中各个组件之间的位置关系。Tkinter 提供了截然不同的 3 种几何布局管理器：pack、grid 和 place。

9.5.1　pack 布局管理器

pack 是 3 种布局管理器中最常用的，另外两种布局管理器需要精确指定组件具体的放置位置，而 pack 布局管理器可以指定相对位置，精确的位置会由 pack 系统自动完成，pack 是简单应用的首选布局管理器。pack 采用块的方式组织组件，根据生成组件的顺序将组件添加到父容

器中去。通过设置相同的锚点（anchor）可以将一组组件紧挨一个地方放置。如果不指定任何选项，则默认在父容器中自顶向下添加组件，pack 会给组件一个自认为合适的位置和大小。

pack 语法格式如下。

```
WidgetObject.pack(option,…)
```

参数说明如下。

● WidgetObject：拟要放置的组件对象。

● option：放置 WidgetObject 时的参数选项列表，参数选项以键-值对的形式出现，多个键-值对之间用逗号隔开。pack 提供的属性参数如表 9-13 所示。

表 9-13　pack 提供的属性参数

参数名	参数简析	取值与说明
fill	设置组件是否向水平或垂直方向填充	X、Y、BOTH 和 NONE。fill = X(水平方向填充)、fill = Y(垂直方向填充)、fill = BOTH(水平和垂直方向均填充)、fill =NONE（不填充）
expand	设置组件是否展开,组件显示在父容器中心位置；若 fill 选项为 BOTH，则填充父组件的剩余空间。默认为不展开	YES、NO。为 YES 时，扩展整个空白区，side 选项无效
side	设置组件的对齐方式	LEFT、TOP、RIGHT、BOTTOM，对应为左、上、右、下对齐
ipadx、ipady	设置 x 方向（或者 y 方向）内部间隙（组件之间的间隔）	可设置数值，默认为 0；默认单位为像素，可选单位为 cm（厘米）、mm（毫米），用法为在值后加上一个后缀即可
padx、pady	设置 x 方向、y 方向外部间隙，即并列的组件之间的间隔	可设置数值，默认为 0；默认单位为像素，可选单位为 cm（厘米）、mm（毫米），用法为在值后加上一个后缀即可
anchor	锚选项，用于指定组件的停靠位置，当可用空间大于所需尺寸时，决定组件被放置于容器中的何处	N、E、S、W、NW、NE、SW、SE、CENTER（默认值为 CENTER）表示 8 个方向以及中心

注：从以上选项中可以看出，expand、fill 和 side 是相互影响的。

【例 9-25】　pack 举例（9-25.py）。

```
from tkinter import *
window=Tk()
window.title("Pack 举例")    #设置窗口标题
frame1 = Frame(window)
Button(frame1, text='Top', fg='white',bg='blue').pack(side=TOP, anchor=E, fill=X,
expand=YES)
Button(frame1, text='Center',fg='white',bg='black').pack(side=TOP, anchor=E, fill=X,
expand=YES)
Button(frame1, text='Bottom').pack(side=TOP, anchor=E, fill=X, expand=YES)
frame1.pack(side=RIGHT, fill=BOTH, expand=YES)
frame12 = Frame(window)
Button(frame12, text='Left').pack(side=LEFT)
Button(frame12, text='This is the Center button').pack(side=LEFT)
Button(frame12, text='Right').pack(side=LEFT)
frame12.pack(side=LEFT, padx=10)
window.mainloop()
```

执行 9-25.py 程序所得到的输出结果如图 9-26 所示。

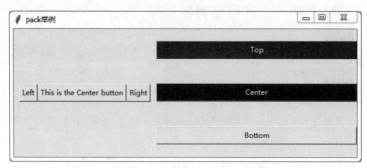

图 9-26　执行 9-25.py 程序所得到的输出结果

9.5.2　grid 布局管理器

grid（网格）布局管理器采用表格结构组织组件，父容器组件被分割成一系列的行和列，表格中的每个单元（cell）中都可以放置一个子组件，子组件可以跨越多行/列。组件位置由其所在的行号和列号决定，行号相同而列号不同的几个组件会被彼此左右排列，列号相同而行号不同的几个组件会被彼此上下排列。使用 grid 布局管理器的过程就是为各个组件指定行号和列号的过程，不需要为每个格子指定大小，grid 布局管理器会为每个格子自动设置一个合适的大小。

grid 语法格式如下。

```
WidgetObject. grid(option,…)
```

参数说明如下。

● WidgetObject：拟要放置的组件对象。

● option：放置 WidgetObject 时的参数选项列表，参数选项以键-值对的形式出现，多个键-值对之间用逗号隔开。option 的主要参数选项如下。

1. row 和 column

row=x，column=y：将组件放在 x 行 y 列的位置。如果不指定 row/ column 参数，则默认从 0 开始。此处的行号和列号只代表一个上下左右的关系，而并不像在数学中的坐标轴平面上一样严格，如下所示。

```
from tkinter import *
window=Tk()
Label(master, text="First").grid(row=0)
Label(master, text="Second").grid(row=1)
window.mainloop()
```

将上述代码中的 row=1 换成 row=5，两种情况下程序的执行结果是相同的，如图 9-27 所示。

2. columnspan 和 rowspan

● columnspan：设置组件占据的列数（宽度），取值为正整数。

● rowspan：设置组件占据的行数（高度），取值为正整数。

3. ipadx 和 ipady，padx 和 pady

- ipadx：设置组件内部在 x 方向上填充的空间大小。
- ipady：设置组件内部在 y 方向上填充的空间大小。
- padx：设置组件外部在 x 方向上填充的空间大小。
- pady：设置组件外部在 y 方向上填充的空间大小。

图9-27　row=1换成row=5执行的
结果

4. sticky

sticky：设置组件从所在单元格的哪个位置开始布置并对齐。sticky 可以选择的值有
"N""S""E""W""NW""NE""SW""SE"。

【例 9-26】　grid 几何布局示例。（9-26.py）

```
from tkinter import *
window =Tk()
window.title("登录")
frame1 = Frame()
frame1.pack()
#用 row 表示行，用 column 表示列，row 和 column 的编号都从 0 开始
Label(frame1,text="账号: ").grid(row=0,column=0)
#Entry 表示"输入框"
Entry(frame1).grid(row=0,column=1,columnspan=2,sticky=E)
Label(frame1,text="密码: ").grid(row=1,column=0,sticky=W)
Entry(frame1).grid(row=1,column=1,columnspan=2,sticky=E)
frame2 = Frame()
frame2.pack()
Button(frame2,text="登录").grid(row=3,column=1,sticky=W)
Button(frame2,text="取消").grid(row=3,column=2,sticky=E)
window.mainloop()
```

执行 9-26.py 程序文件所得到的输出结果如图 9-28 所示。

图 9-28　执行 9-26.py 程序文件所
得到的输出结果

9.5.3　place 布局管理器

place 布局管理器允许指定组件的大小与位置。place 布局
管理器可以显式地指定组件的绝对位置或相对于其他控件的
位置。

place 的语法格式与 pack 和 grid 类似。place 提供的属性参数如表 9-14 所示。

表 9-14　place 提供的属性参数

属性名	属性简析
anchor	锚选项，用于指定组件的停靠位置，同 pack 布局管理器中的 anchor
x、y	组件左上方顶点的 x、y 坐标，为绝对坐标
relx、rely	组件相对于父容器的 x、y 坐标，为相对坐标
width、height	组件的宽度、高度
relwidth、relheight	组件相对于父容器的宽度、高度

【例 9-27】　place 布局管理器示例。（9-27.py）

Python 程序设计与应用

```
from tkinter import *
window = Tk()
#修改 window 的大小: width x height + x_offset + y_offset
window.geometry("170x200+30+30")
lb1 =Label(window,text='Python',fg='White',bg='red')
lb1.place(x = 120, y = 30, width=120, height=25)
lb2 = Label(window,text='C++',fg='White',bg='orange')
lb2.place(x = 120, y = 60, width=120, height=25)
lb3 = Label(window,text='Java',fg='White',bg='purple')
lb3.place(x = 120, y = 90, width=120, height=25)
window.mainloop()
```

执行 9-27.py 程序文件所得到的输出结果如图 9-29 所示。

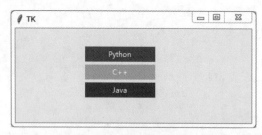

图 9-29　执行 9-27.py 程序文件所得到的输出结果

习题 9

1. 图形用户界面由_____、_____、_____以及_____构成。

2. 通过组件的_____选项，可以设置其显示的文本的字体。

3. 通过组件的_____选项，可以设置其显示的图像。

4. 基于 Tkinter 模块创建的图形用户界面主要包括哪几部分？

5. Tkinter 提供了几种几何布局管理器？简述它们的特点。

6. Python 中包括哪些常用的组件？

7. 利用 Label 和 Button 组件，创建简易的图片浏览器程序。

8. 创建主菜单示例程序。

9. 创建简易的文本编辑器程序。

10. 设计一个窗体，并在其中放置一个按钮，按钮默认文本为"开始"，单击按钮后文本变为"结束"，再次单击后文本变为"开始"，循环切换。

11. 设计一个窗体，模拟 QQ 登录界面，当用户输入账号 123456 和密码 654321 时提示"成功登录"，否则提示"错误"。

188

第 10 章

利用 matplotlib 库
实现数据可视化

     matplotlib 是一个实现数据可视化的库，可以绘制的图形包括线形图、直方图、饼图、散点图以及误差线图等。它可以比较方便地定制图形的各种属性，如图线的类型、颜色、粗细等。PyeCharts 是一个用于生成 Echarts 图表的类库。Echarts 是百度开源的一个数据可视化库，可以绘制的图形包括折线图、柱状图、散点图、饼图、K 线图、盒形图、用于地理数据可视化的地图、用于关系数据可视化的关系图等。

10.1 matplotlib 库概述

matplotlib 的核心是一套由对象构成的绘图 API，Python 借助它可以绘制多种多样的数据图形。matplotlib 的主要功能是提供了一套表示和操作图形对象以及它的内部对象的函数和工具。matplotlib 不仅可以处理图形，还可以为图形添加动画效果，能生成以键盘按键或鼠标移动触发的交互式图表。

matplotlib 库的特色：以渐进、交互等方式实现数据可视化，绘制的图形可输出为 PNG、PDF、SVG 和 EPS 等多种格式。matplotlib 的交互性是指数据分析人员可逐条输入命令，为数据生成渐趋完整的图形表示。此外，用这个库实现的图形能够以图像的格式（如 PNG、SVG 等）输出，以方便在其他应用、文档和网页中使用。

使用 matplotlib 绘图，主要是使用 matplotlib.pyplot 子库绘图。matplotlib 的 pyplot 子库提供了与 MATLAB 类似的绘图 API，可方便用户快速绘制 2D 图表，并设置图表的各种细节。pyplot 子库是命令行式函数的集合，通过 pyplot 的函数可操作或改动绘图区域（窗口），在绘图区域上画线，为绘图添加标签等。pyplot 还具有状态特性，它能跟踪当前绘图区（窗口）的状态，因在调用函数时，函数只会对当前绘图区起作用。在绘图时，pyplot 子库下的 figure()函数用于创建窗口，subplot()函数用于在窗口中创建子图。

figure()函数的语法格式如下。

```
pyplot.figure(num=None, figsize=None, dpi=None, facecolor=None, edgecolor=None)
```

返回：Figure 对象。

参数说明如下。

● num：整数或者字符串，默认值是 None，表示 Figure 对象的 id。如果没有指定 num，那么就会创建新的 Figure，id（即数量）也会递增，这个 id 存在于 Figure 对象的成员变量 number 中；如果指定了 num 值，那么就会检查 id 为 num 的 Figure 是否存在，如果存在，则直接返回，否则创建 id 为 num 的 Figure 对象。如果 num 是字符串类型，则窗口的标题会被设置成 num。

figsize：整数元组，默认值是 None，表示宽和高的 inches 数。

● dpi：整数，默认值是 None，表示 Figure 对象的分辨率。

● facecolor：背景颜色。

● edgecolor：边缘颜色。

【例 10-1】 创建一个窗口。（10-1.py）

```
import matplotlib.pyplot as plt
'''使用 figure()创建一块自定义大小的画布(窗口)，以使后面的图形输出在该画布上；可使用参数 figsize
来设置画布的大小'''
fig=plt.figure(figsize=(4,3))          #创建指定大小的窗口
plt.show()                             #打开 matplotlib 查看器，并显示绘制的图形
```

上述创建一个窗口的程序代码执行的结果如图 10-1 所示。

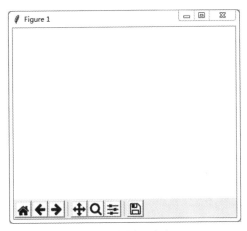

图 10-1 创建一个窗口

图表中的每个元素对象都有多个属性可控制其显示效果，主要属性介绍如下。

（1）alpha：透明度，在 0～1 之间取值，0 为完全透明，1 为完全不透明。

（2）animated：布尔值，在绘制动画效果时使用。

（3）axes：此 Artist 对象所在的 Axes 对象，可能为 None。

（4）contains：判断指定点是否在对象上。

（5）figure：所在的 Figure 对象，可能为 None。

（6）label：文本标签。

（7）picker：控制 Artist 对象选取。

（8）transform：控制偏移旋转。

（9）visible：控制是否可见。

（10）zorder：控制绘图顺序。

在 matplotlib 中，一个 Figure 对象可以包含多个子图，可以使用 subplot() 来创建子图，subplot 的语法格式如下。

```
pyplot.subplot(numRows, numCols, plotNum)
```

参数说明如下。

整个绘图区域被分成 numRows 行和 numCols 列，然后按照从左到右、从上到下的顺序对每个子区域进行编号，左上的子区域的编号为 1，plotNum 参数指定接下来要进行绘图的子区域。如果 numRows = 2，numCols = 3，那么整个绘图区域就会被分成 2×3 个子区域，用坐标表示为：

(1, 1), (1, 2), (1, 3)

(2, 1), (2, 2), (2, 3)

若 plotNum = 3，则表示 subplot 将子区域(1, 3)指定为绘图区域。

通常使用 pyplot 子库绘图的步骤如下：

（1）创建窗口对象 Figure；

（2）用 Figure 对象创建一个或者多个 subplot 对象；

（3）调用 subplot 对象的方法以创建各种类型的图表。

【例 10-2】 在一个窗口中创建多个子图。（10-2.py）

```python
import matplotlib.pyplot as plt
'''使用figure()创建一块自定义大小的画布(窗口)，使得后面的图形输出在这块规定了大小的画布上，其中
参数figsize用于设置画布的大小'''
plt.figure(figsize=(8,8))
'''将figure()设置的画布分成多个部分，参数'221'表示将画布分成两行两列的4块区域，1表示选择4块
区域中的第1块作为输出区域；如果参数设置为subplot(111)，则表示图形直接输出在整块画布上，画布不分
割成小块区域'''
plt.subplot(221)
plt.subplot(222)
plt.subplot(223)
plt.subplot(224)
plt.show()
```

上述在一个窗口中创建多个子图的程序代码执行的结果如图 10-2 所示。

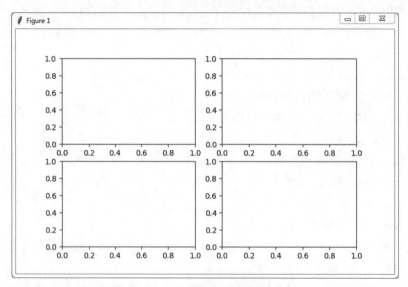

图 10-2　在一个窗口中创建多个子图

图表中的每个元素对象的所有属性都可通过相应的 get_* 和 set_* 函数进行读写。

【例 10-3】 绘制两个子图。（10-3.py）

```python
import matplotlib.pyplot as plt
#先创建窗口，再创建子图
fig = plt.figure(num=1, figsize=(15, 8),dpi=80)  #创建窗口并设置大小、分辨率
ax1 = fig.add_subplot(2,1,1)    #通过fig添加子图，参数：行数，列数，第几个
ax2 = fig.add_subplot(2,1,2)    #通过fig添加子图，参数：行数，列数，第几个
#设置子图的基本元素
ax1.set_title('Python-drawing',fontsize=14)      #设置图标题，并设置标题字体大小
ax1.set_xlabel('x-name',fontsize=14)             #设置x轴标签，并设置标签字体大小
ax1.set_ylabel('y-name',fontsize=14)             #设置y轴标签，并设置标签字体大小
plt.axis([-6,6,-10,10])         #设置横、纵坐标轴范围，本函数可分解为下面两个函数
ax1.set_xlim(-5,5)              #设置横轴范围，会覆盖上面的横坐标轴范围
```

```
ax1.set_ylim(-10,10)                    #设置纵轴范围，会覆盖上面的纵坐标轴范围
plt.savefig(r'D:\mypython\Python-drawing.jpg', dpi=400)  #保存绘制的图像并设置分辨率
plt.show()                              #打开 matplotlib 查看器，并显示绘制的图形
```

执行 10-3.py 程序代码得到的绘图如图 10-3 所示。

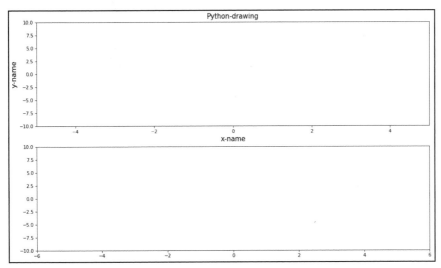

图 10-3　执行 10-3.py 程序代码得到的绘图

10.2　绘制线形图

利用 pyplot 模块的 plot()函数绘制线形图，具体绘图步骤如下。

1. 调用 figure()函数创建一个绘图窗口（绘图面板、绘图对象）

```
>>> import matplotlib.pyplot as plt     #导入 pyplot 子库
>>> plt.figure(figsize=(8, 4))          #创建一个绘图窗口，指定绘图窗口的宽度和高度
```

可以不创建绘图对象而调用 pyplot 的 plot 函数直接绘图，matplotlib 会自动创建一个绘图对象。

如果需要同时绘制多幅图表，则可给 figure()传递一个整数参数以指定图表的序号，如果所指定序号的绘图对象已经存在，则将不会再创建新的对象，而只会让它成为当前的绘图对象。

figsize 参数：指定绘图对象的宽度和高度，单位为英寸。

2. 通过调用 plot()函数进行绘图

```
>>> plt.plot([1, 2, 3, 4], 'ko--')      #在绘图对象中进行绘图
```

plt.plot()只有一个输入列表或数组时，参数会被当作 y 轴，x 轴会以索引形式自动生成。此处设置 y 的坐标为[1, 2, 3, 4]，则 x 的坐标默认为[0, 1, 2, 3]，两轴的长度相同，x 轴默认从 0 开始。'ko--'为控制曲线的格式字符串，其中，k 表示曲线的颜色是黑色，o 表示数据点用实心圈标记，--表示曲线的形状类似于破折线。

193

3. 设置绘图窗口的各个属性

```
>>> plt.ylabel("y-axis")    #给 y 轴添加标签 y-axis
>>> plt.xlabel("x-axis")    #给 x 轴添加标签 x-axis
>>> plt.title("hello")      #给图添加标题 hello
>>> plt.show()              #打开 matplotlib 查看器，并显示绘制的图形
```

上述代码执行的结果如图 10-4 所示。由图可知，生成了一个绘图窗口，窗口底部是工具栏，窗口中间是绘制的图像。

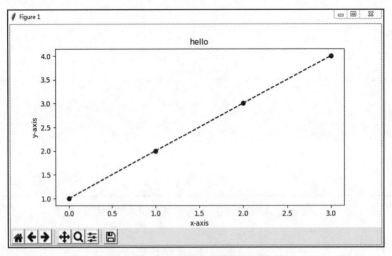

图 10-4　为绘图对象设置标签和标题

plt.plot()函数的语法格式如下。

```
plt.plot(x, y, format_string, **kwargs)
```

参数说明如下。

- x：x 轴数据，可为列表或数组。
- y：y 轴数据，可为列表或数组。
- format_string：控制曲线的格式字符串，由颜色字符、标记字符和风格字符组成。
- **kwargs：第 2 组或更多组（x, y, format_string）参数。

常用的颜色（color）字符如表 10-1 所示。

表 10-1　常用的颜色字符

颜色字符	说明	颜色字符	说明
'b'	蓝色	'm'	洋红色
'g'	绿色	'y'	黄色
'r'	红色	'k'	黑色
'c'	青绿色	'w'	白色
'#008000'	RGB 某颜色	'0.8'	灰度值字符串

常用的标记（maker）字符如表 10-2 所示。

表 10-2　常用的标记字符

标记字符	说明	标记字符	说明	标记字符	说明
'.'	点标记	'1'	下花三角标记	'h'	竖六边形标记
','	像素标记	'2'	上花三角标记	'H'	横六边形标记
'o'	实心圈标记	'3'	左花三角标记	'+'	十字标记
'v'	倒三角标记	'4'	右花三角标记	'x'	x 标记
'^'	上三角标记	's'	实心方形标记	'D'	菱形标记
'>'	右三角标记	'p'	实心五角标记	'd'	瘦菱形标记
'<'	左三角标记	'*'	星形标记	'|'	垂直线标记

常用的线条风格（linestyle）字符如表 10-3 所示。

表 10-3　常用的线条风格字符

线条风格字符	说明
'-'	实线
'--'	破折线
'-.'	点划线
':'	虚线
""	无线条

pyplot 常用的添加文本的函数如表 10-4 所示。

表 10-4　pyplot 常用的添加文本的函数

函数	说明
xlabel()	给 x 坐标轴加上文本标签
ylabel()	给 y 坐标轴加上文本标签
title()	给图形整体加上文本标签
text(x,y,str)	在图像的某一位置加上文本
annotate()	在图形中加上带箭头的注解

设定坐标范围：

```
plt.axis([xmin, xmax, ymin, ymax])        #设定 x 轴和 y 轴的取值范围
xlim(xmin, xmax)和 ylim(ymin, ymax)        #调整 x 轴和 y 轴的取值范围
```

pyplot 并不默认支持中文显示，要想显示中文有以下 2 种方法。

第 1 种方法：通过修改全局的字体来实现，即通过 matplotlib 的 rcParams 来修改字体。rcParams 的常用属性如表 10-5 所示。

表 10-5　rcParams 的常用属性

属性	说明
'font.family'	设置字体格式
'font.style'	设置字体风格（正常'normal'或斜体'italic'）
'font.size'	设置字体的大小，整数字号或者'large'、'x-small'

Python 程序设计与应用

常用的中文字体格式如表 10-6 所示。

表 10-6　常用的中文字体格式

中文字体	说明
'SimHei'	中文黑体
'KaiTi'	中文楷体
'LiSu'	中文隶书
'FangSong'	中文仿宋
'YouYuan'	中文幼圆
'STSong'	华文宋体

【例 10-4】　使用 rcParams 实现中文字体显示。

```
>>> import matplotlib.pyplot as plt
>>> import matplotlib
>>> matplotlib.rcParams['font.family'] = 'FangSong'  #设置中文字体显示格式为仿宋
>>> plt.plot([1,2,3,4,5],[2,4,6,8,10],'ko--')
[<matplotlib.lines.Line2D object at 0x000000000DDBA780>]
>>> plt.xlabel("横轴（值）")
Text(0.5,0,'横轴（值）')
>>> plt.ylabel("纵轴（值）")
Text(0,0.5,'纵轴（值）')
>>> plt.title("直线")
Text(0.5,1,'直线')
>>> plt.show()                                        #显示图形，如图 10-5 所示
```

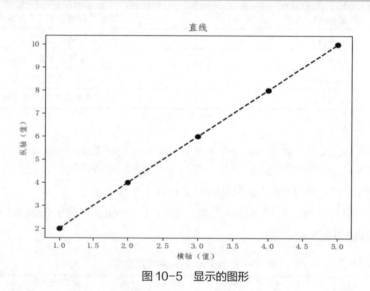

图 10-5　显示的图形

第 2 种方法：在有中文输出的地方，增加一个属性 fontproperties（仅修饰有需要的地方，其他地方的字体不会随之改变）。

【例 10-5】　在有中文输出的地方，使用属性 fontproperties 显示中文字体。

196

```
import matplotlib.pyplot as plt
import numpy as np
a = np.arange(0.0, 5.0, 0.02)          #生成一个序列
plt.plot(a, np.sin(2*np.pi*a), 'k--')
plt.xlabel('横轴：时间', fontproperties='KaiTi', fontsize=18)
plt.ylabel('纵轴：振幅', fontproperties='KaiTi', fontsize=18)
plt.title("正弦线", fontproperties='LiSu', fontsize=18)
plt.show()
```

执行上述程序代码，生成的图形如图 10-6 所示。

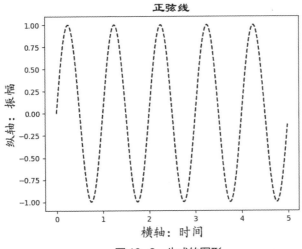

图 10-6　生成的图形

【**例 10-6**】　在图形中添加带箭头的注解。

```
import matplotlib.pyplot as plt
import numpy as np
a = np.arange(0.0, 5.0, 0.02)
plt.plot(a, np.sin(2*np.pi*a), 'k--')
#fontproperties 也可用 fontname 代替
plt.ylabel('纵轴：振幅', fontproperties='Kaiti', fontsize=20)
plt.xlabel('横轴：时间', fontproperties='Kaiti', fontsize=20)
plt.title(r'正弦波实例：$y=sin(2\pi x)$', fontproperties='Kaiti', fontsize=20)
''' xy=(2.25,1)指定箭头的位置，xytext=(3, 1.5)指定箭头的注解文本的位置，facecolor ='black'
指定箭头填充的颜色，shrink=0.1 指定箭头的长度，width=1 指定箭头的宽度'''
plt.annotate(r'$\mu=100$', fontsize=15, xy=(2.25,1), xytext=(3, 1.5), arrowprops =
dict(facecolor='black', shrink=0.1, width=1))
#text()可以在图中的任意位置添加文字，(1, 1.5)为文本在图像中的坐标
plt.text(1, 1.5, '正弦波曲线', fontproperties='Kaiti',fontsize=20)#添加文本'正弦波曲线'
plt.axis([0, 5, -2, 2])                 #指定 x 轴和 y 轴的取值范围
plt.grid(True)                          #在绘图区域添加网格线
plt.show()
```

执行上述程序代码，所生成的带箭头的注解图形如图 10-7 所示。

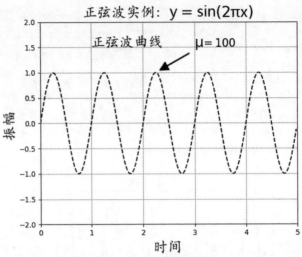

图 10-7　带箭头的注解图形

【例 10-7】　在一个图表中绘制多个序列数据。

```python
import matplotlib.pyplot as plt
import numpy as np
x = np.arange(-2*np.pi, 2*np.pi, 0.01)
y1 = np.sin(2*x)/x
y2 = np.sin(3*x)/x
y3 = np.sin(4*x)/x
plt.plot(x, y1, 'k--')
plt.plot(x, y2, 'k-.')
plt.plot(x, y3, 'k')
plt.show()
```

执行上述程序代码，在一个图表中绘制多个序列数据如图 10-8 所示。

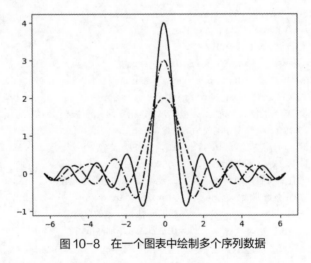

图 10-8　在一个图表中绘制多个序列数据

在图 10-8 中，几个函数的图像使用了相同的刻度范围，即每个序列的数据点使用了相同的

x 轴和 y 轴。Figure 对象会记录先前的命令，每次调用 plot()函数都会考虑之前是怎么调用的，并采用与之相应的效果。

10.3　绘制直方图

　　直方图是用一系列等宽不等高的长方形来表示数据的，宽度表示数据范围的间隔，高度表示在给定间隔内数据出现的频数，矩形的高度跟落在间隔内的数据数量成正比，变化的高度形态反映了数据的分布情况。

　　直方图的作用包括：

　　（1）显示各种数值出现的相对概率；

　　（2）提示数据的中心；

　　（3）快速阐明数据的分布情况；

　　（4）为预测过程提供有用的信息。

　　pyplot 用于绘制直方图的函数为 hist()，它除了能绘制直方图外，还能以元组形式返回直方图的计算结果。此外，hist()函数还可以实现直方图的计算，即它能够接收一系列样本个体并将期望的间隔数量作为参数，把样本范围分成多个区间（间隔），然后计算每个间隔所包含的样本个体的数量，即运算结果除了以图形形式表示外，还能以元组形式返回。

```
import matplotlib.pyplot as plt
import numpy as np
pop = np.random.randint(0,100,100)  #生成 0～100 的 100 个随机整数
plt.hist(pop, bins=20)               #设定间隔数为 20，默认是 10
plt.show()
```

执行上述程序代码生成的直方图如图 10-9 所示。

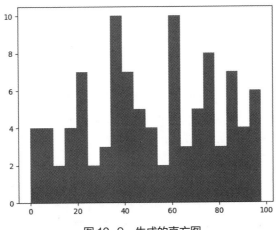

图 10-9　生成的直方图

hist ()函数的语法格式如下。

199

Python 程序设计与应用

```
n, bins, patches = hist(x, bins= 10, range= None, normed= False, cumulative= False,
bottom= None, histtype= 'bar', align= 'mid', orientation= 'vertical', color= None,
label= None, stacked= False)
```

返回值说明如下。

- n：直方图向量，是否归一化由参数 normed 来设定。
- bins：返回各个 bin 的区间范围。
- patches：返回每个 bin 里面包含的数据，是一个 list。

参数说明如下。

- x：指定要绘制直方图的数据。
- bins：指定直方图条形的个数。
- range：指定直方图数据的上下界，默认包含绘图数据的最大值和最小值。
- normed：是否将直方图的频数转换成频率。
- cumulative：是否需要计算累计频数或频率。
- histtype：指定直方图的类型，默认为'bar'，此外还有'step'。
- align：设置条形边界值的对齐方式，默认为'mid'，此外还有'left'和'right'。
- orientation：设置直方图的摆放方向，默认为垂直方向，还有水平方向'horizontal'。
- color：设置直方图的填充颜色。
- label：设置直方图的标签，可通过 pyplot 的 legend 函数展示其图例。
- stacked：当有多个数据时，是否需要将直方图堆叠摆放（默认的水平摆放）。

10.4 绘制条形图

1. 垂直方向条形图

使用 pyplot 的 bar ()函数绘制的条形图跟直方图类似，只不过 x 轴表示的不是数值，而是类别。bar ()函数的原型如下。

```
bar(left, height, width=0.8, color, align, orientation)   #函数：绘制柱形图。
```

参数说明如下。

- left：x 轴的位置序列，即条形的起始位置。
- height：y 轴的数值序列，也就是条形图的高度，这是需要展示的数据。
- width：条形图的宽度，默认值为 0.8。
- color：条形图的填充颜色。
- align：{'center','edge'}，可选参数，默认为'center'，如果是'edge'，则会通过左边界（条形图垂直）和底边界（条形图水平）来使条形图对齐；如果是'center'，则会将 left 参数解释为条形图中心坐标。
- orientation：{'vertical', 'horizontal'}，垂直或水平，默认为垂直。

【例 10-8】　2017 年上半年中国城市 GDP 排名前 4 的城市为上海市、北京市、广州市和深圳市，它们的 GDP 分别为 13908.57 亿元、12406.8 亿元、9891.48 亿元和 9709.02 亿元。对于这样一组数据，可使用垂直方向条形图来展示它们各自的 GDP 水平。

```
import matplotlib
import matplotlib.pyplot as plt
xvalues = [0,1,2,3]                                    #条形图在 x 轴上的起始位置
GDP = [13908.57,12406.8,9891.48,9709.02]
#设置图表的中文显示方式
matplotlib.rcParams['font.family'] = 'FangSong'        #设置字体为 FangSong(中文仿宋)
matplotlib.rcParams['font.size'] = 15                  #设置字体的大小
plt.bar(range(4), GDP, align = 'center', color='black') #绘图
plt.ylabel( 'GDP(亿元)')                                #添加 y 轴标签
plt.title( 'GDP--Top4 的城市')                          #添加标题
plt.xticks(range( 4), [ '上海市', '北京市', '广州市', '深圳市'])    #设置 x 轴刻度标签
plt.ylim([9000, 15000])                                #设置 y 轴的刻度范围
#为每个条形图添加数值标签
for x,y in enumerate(GDP):
    plt.text(x, y+ 100, '%s'%round(y, 1), ha= 'center') #ha= 'center'表示居中对齐
plt.show()                                             #显示图形
```

执行上述程序代码得到的中国城市 GDP 排名前 4 的城市的垂直方向条形图如图 10-10 所示。

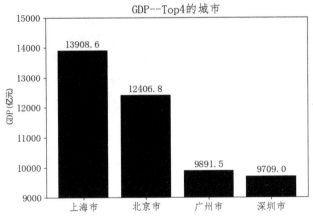

图 10-10　中国城市 GDP 排名前 4 的城市的垂直方向条形图

2. 水平方向条形图

绘制水平方向的条形图可用 barh( )函数来实现。bar( )函数的参数和关键字参数对该函数依然有效。需要注意的是，用 barh( )函数绘制水平方向条形图时，两条轴的用途跟垂直方向条形图的刚好相反，类别显示在 y 轴上，数值显示在 x 轴。

【例 10-9】　2017 年上半年中国城市 GDP 排名前 4 的城市为上海市、北京市、广州市和深圳市，它们的 GDP 分别为 13908.57 亿、12406.8 亿、9891.48 亿和 9709.02 亿。对于这样一组数据，可使用水平方向条形图来展示它们各自的 GDP 水平。

```
import matplotlib
import matplotlib.pyplot as plt
```

```
import numpy as np
matplotlib.rcParams['font.family'] = 'FangSong'    #设置字体为 FangSong（中文仿宋）
matplotlib.rcParams['font.size'] = 15               #设置字体的大小
label = ['上海市', '北京市', '广州市', '深圳市']
GDP = [13908.57, 12406.8, 9891.48, 9709.02]
index =np.arange(len(GDP))
plt.barh(index, GDP, color='black')
plt.yticks(index, label)                            #设置 y 轴刻度标签
plt.xlabel( 'GDP(亿元)')                             #添加 x 轴标签
plt.ylabel('Top4 城市')
plt.title( 'GDP--Top4 的城市')                       #添加标题
plt.grid(axis='x')
plt.show()                                          #显示图形
```

执行上述程序代码得到的中国城市 GDP 排名前 4 的城市的水平方向条形图如图 10-11 所示。

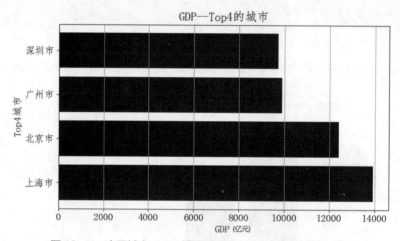

图 10-11　中国城市 GDP 排名前 4 的城市的水平方向条形图

3. 多序列垂直方向条形图

多序列垂直方向条形图的生成步骤：定义 x 轴的类别索引值，把每个类别占据的空间分为拟显示的多个部分。

```
import matplotlib
import matplotlib.pyplot as plt
import numpy as np
matplotlib.rcParams['font.family'] = 'FangSong'    #设置字体为 FangSong（中文仿宋）
matplotlib.rcParams['font.size'] = 15               #设置字体的大小
index =np.arange(5)                                 #拟生成 5 个类别
label = ['类别 1','类别 2','类别 3','类别 4','类别 5']
values1= [5,8,4,6,9]
values2= [6,7,4.5,5,8]
values3= [5,6,5,8,7]
bw=0.3                                              #指定条形的宽度
```

```
plt.axis([0,5.2,0,10])                          #指定 x 轴和 y 轴的取值范围
plt.bar(index+bw,values1,bw,color='y')          #index+bw 表示条形在 x 轴上的起始位置
plt.bar(index+2*bw,values2,bw,color='b')
plt.bar(index+3*bw,values3,bw,color='r')
plt.xticks(index+2*bw,label)                     #设置 x 轴刻度标签
plt.show()
```

执行上述程序代码得到的多序列垂直方向条形图如图 10-12 所示。

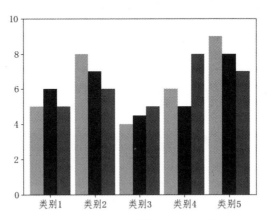

图 10-12　多序列垂直方向条形图

4．多序列水平方向条形图

多序列水平方向条形图的生成与多序列垂直方向条形图的生成方法类似，用 barh()函数替换 bar()函数，用 yticks()函数替换 xticks()函数，交换 axis()函数的参数中两条轴的取值范围。

```
import matplotlib
import matplotlib.pyplot as plt
import numpy as np
matplotlib.rcParams['font.family'] = 'FangSong'  #设置字体为 FangSong（中文仿宋）
matplotlib.rcParams['font.size'] = 15            #设置字体的大小
index =np.arange(5)                              #拟生成 5 个类别
label = ['类别 1','类别 2','类别 3','类别 4','类别 5']
values1= [5,8,4,6,9]
values2= [6,7,4.5,5,8]
values3= [5,6,5,8,7]
bw=0.3                                           #指定条形的宽度
plt.axis([0,10,0,5.2,])                          #指定 x 轴和 y 轴的取值范围
plt.barh(index+bw,values1,bw,color='y')          #index+bw 表示条形在 y 轴上的起始位置
plt.barh(index+2*bw,values2,bw,color='b')
plt.barh(index+3*bw,values3,bw,color='r')
plt.yticks(index+2*bw,label)                     #设置 y 轴刻度标签
plt.show()
```

执行上述程序代码得到的多序列水平方向条形图如图 10-13 所示。

203

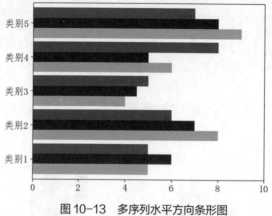

图 10-13　多序列水平方向条形图

10.5　绘制饼图

饼图可显示一个数据系列中各项的大小与各项总和的比例。pyplot 使用 pie()来绘制饼图，其语法格式如下。

```
pie(sizes, explode= None, labels=None, colors=None, autopct=None, pctdistance=0.6,
shadow=False, labeldistance=1.1, startangle=None, radius=None)
```

参数说明如下。

- sizes：饼图中每块的比例，如果 sum(sizes) > 1，则会使用 sum(sizes)进行归一化。
- explode：指定饼图中每块离饼图中心点的距离。
- labels：为饼图添加标签说明，类似于图例说明。
- colors：指定饼图的填充颜色。
- autopct：设置饼图中每块的百分比显示样式，可以使用 format 字符串或者格式化函数
'%width.precisionf%%'来指定饼图中百分比的数字显示宽度和小数的位数。
- startangle：起始绘制角度，默认是从 x 轴正方向逆时针画起，如果设定 startangle=90，则从 y 轴正方向逆时针画起。
- shadow：是否有阴影。
- labeldistance：每块旁边的文本标签的位置离饼图中心点有多远，1.1 指 1.1 倍半径的位置。
- pctdistance：每块的百分比标签离饼图中心点的距离。
- radius：设置饼图的半径大小。

【例 10-10】　饼图举例。

```
import matplotlib.pyplot as plt
labels = ('Java','C','C++','Python')
sizes = [15,30,45,10]
explode = (0,0.1,0,0)  #0.1表示'C'块离开中心的距离
#startangle表示饼图的起始角度
```

```
plt.pie(sizes,explode=explode,labels=labels,autopct='%1.1f%%',shadow=False,start
angle=90)
plt.show()
```

执行上述程序代码得到的饼图如图 10-14 所示。

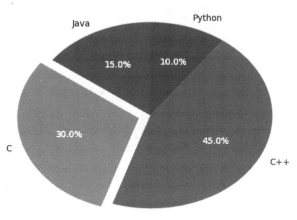

图 10-14　饼图

【例 10-11】　绘制"三山六水一分田"的地球山、水、田占比的饼图。（10-11.py）

```
from matplotlib import pyplot as plt
import matplotlib
matplotlib.rcParams['font.family'] = 'FangSong' #显示 FangSong（中文仿宋）字体
matplotlib.rcParams['font.size'] = '12'            #设置字体的大小
plt.figure(figsize=(7,7)) #创建一个绘图对象（窗口），指定绘图对象的宽度和高度
#定义饼图中每块旁边的标签
labels = ('六分水','三分山','一分田')
#定义饼图中每块的大小
sizes = (6,3,1)
colors = ['red','yellowgreen','lightskyblue']
explode = (0,0,0.05)          #0.05 表示'一分田'那一块离饼图中心点的距离
plt.pie(sizes,explode=explode,labels=labels,colors=colors,  labeldistance = 1.1,
autopct = '%4.2f%%',shadow = True, startangle = 90,pctdistance = 0.5)
#labeldistance，文本的位置离饼图中心点有多远，1.1 指 1.1 倍半径的位置
#autopct，圆里面的文本格式，%4.2f%%表示数字显示的宽度有 4 位，小数点后有 2 位
#shadow，饼图是否有阴影，取 False 没有阴影，取 True 有阴影
#startangle，饼图的起始绘制角度，一般选择从 90 度开始
#pctdistance，百分比的文本离饼图中心点的距离，0.5 指 0.5 倍半径的位置
plt.legend(loc="best")        #为饼图添加图例，loc="best"用来设置图例的位置
plt.show()
```

在 IDLE 中，10-11.py 执行的结果如图 10-15 所示。

pyplot 子库中的设置图例的 legend 函数的语法格式如下。

```
legend(loc, fontsize, frameon, edgecolor, facecolor, title)
```

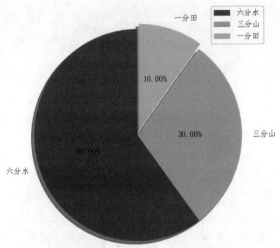

图 10-15　10-11.py 执行的结果

参数说明如下。

● loc：图例在窗口中的位置，可以是表示位置的元组或位置字符串，如 pyplot.legend (loc='lower left')。常用的位置字符串如表 10-7 所示。

表 10-7　常用的位置字符串

位置	位置字符串
0	'best'
1	'upper right'
2	'upper left'
3	'lower left'
4	'lower right'
5	'right'
6	'center left'
7	'center right'
8	'lower center'
9	'upper center'
10	'center'

● fontsize：设置图例字体大小。
● frameon：设置图例边框，frameon= False 时会去掉图例边框。
● edgecolor：设置图例边框颜色。
● facecolor：设置图例背景颜色，若无边框，则参数无效。
● title：设置图例标题。

10.6　绘制散点图

散点图又称为散点分布图，是以一个变量为横坐标，另一变量为纵坐标，利用散点（坐标点）

的分布形态反映变量统计关系的一种图形。pyplot 下绘制散点图的 scatter()函数的语法格式如下。

```
scatter(x, y, s= 20, c= None, marker= 'o', alpha= None, edgecolors= None)
```

参数说明如下。

- x：指定散点图中点的 x 轴数据。
- y：指定散点图中点的 y 轴数据。
- s：指定散点图中点的大小，默认为 20。
- c：指定散点图中点的颜色，默认为蓝色。
- marker：指定散点图中点的形状，默认为圆形。
- alpha：设置散点的透明度。
- edgecolors：设置散点边界线的颜色。

【例 10-12】　绘制散点图，图中的每个散点呈现不同的大小。

```
import numpy as np
import matplotlib.pyplot as plt
N = 50
x = np.random.rand(N)                    #生成由 50 个[0,1)之间的数组成的数组
y = np.random.rand(N)
#生成点的大小,半径范围为 0～15, np.pi 表示π
area = np.pi * (15 * np.random.rand(N))**2
colors = np.random.rand(N)               #生成 50 个[0,1)之间的数来表示颜色
plt.scatter(x, y, s=area,c=colors)       #s 中的值表示每个点的大小
plt.show()
```

执行上述程序代码得到的每个散点呈现不同大小的散点图如图 10-16 所示。注意：每次执行所得图形结果都不一样。

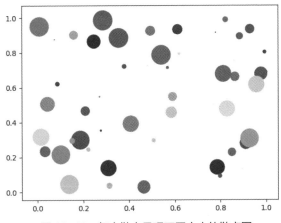

图 10-16　每个散点呈现不同大小的散点图

习题 10

1. 简述 pyplot 子库的功能。
2. 绘制 0～2π 之间的正弦曲线图。

3. 如何绘制包含多个子图的图表?

4. 如何在图表中显示中文?

5. 一个班的成绩为及格、中、良好、优秀的学生人数分别为 20、26、30、24,据此绘制饼图,并设置图例。

6. 2017 年上半年中国城市 GDP 排名前 4 的城市分别为上海市、北京市、广州市和深圳市,它们的 GDP 分别为 13908.57 亿元、12406.8 亿元、9891.48 亿元和 9709.02 亿元。对于这样一组数据,使用线形图来展示它们各自的 GDP 水平。

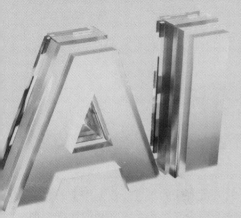

第 11 章

数据库编程

应用程序通常使用数据库来存储大量的数据。Python 支持多种数据库，如 SQLite3、Access、MySQL、SQLServer 等。使用 Python 中相应的模块可以连接到相应的数据库，进行查询、插入、更新和删除等操作。

■ 11.1 数据库基础

数据库是长期存储在计算机内的、有组织的、可共享的大量数据的集合。数据库中的数据按一定的数据模型组织、描述和存储。数据库管理系统是位于用户与操作系统之间的数据管理软件，主要完成对数据库的管理和控制。

11.1.1 关系型数据库

关系型数据库以行和列的形式存储数据，关系型数据库和常见的表格相似，存储的格式可以直观地反映实体间的关系。关系模型可以简单地理解为二维表格模型，而一个关系型数据库就是由二维表及其之间的关系所组成的一个数据组织。关系型数据库主要包括 Oracle、DB2、Microsoft SQL Server、Microsoft Access、MySQL 等。

虽然关系型数据库有很多，但大多数都遵循结构化查询语言（Structured Query Language，SQL）标准。常见的操作有查询、新增、更新和删除等，其相应的 SQL 语句介绍如下。

● 查询语句：SELECT param FROM table WHERE condition，该语句可以理解为从表 table 中查询出满足条件 condition 的字段 param。去重查询：SELECT DISTINCT param FROM table WHERE condition，该语句可以理解为从表 table 中查询出满足条件 condition 的字段 param，但是 param 中重复的值只能出现一次。排序查询：SELECT param FROM table WHERE condition ORDER BY param1，该语句可以理解为从表 table 中查询出满足条件 condition 的字段 param，并且要按照字段 param1 升序的顺序进行排序。

● 新增语句：INSERT INTO table（param1，param2，param3）VALUES（value1，value2，value3），该语句可以理解为向表 table 中的字段 param1、param2、param3 中分别插入值 value1、value2、value3。

● 更新语句：UPDATE table SET param=new_value WHERE condition，该语句可以理解为将满足条件 condition 的字段 param 更新为值 new_value。

● 删除语句：DELETE FROM table WHERE condition，该语句可以理解为将满足条件 condition 的数据全部删除。

11.1.2 通用数据库访问模块

开放数据库连接（Open Database Connectivity，ODBC）是为解决异构数据库间的数据共享而产生的，现已成为 Windows 开放系统体系结构（Windows Open System Architecture，WOSA）的主要部分和基于 Windows 环境的一种数据库访问接口标准。ODBC 为异构数据库访问提供统一的接口，允许应用程序以 SQL 为数据存取标准，存取不同数据库管理系统（Database Management System，DBMS）管理的数据；可使应用程序直接操纵数据库（Database，DB）中的数据。用 ODBC 可以访问计算机上的各类 DB 文件，甚至可以访问如 Excel 表和 ASCII 数据文件等非数据库对象。

DBMS 是一种操纵和管理数据库的大型软件，用于建立、使用和维护数据库。它对数据库进行统一的管理和控制，以保证数据库的安全性和完整性。用户通过 DBMS 访问数据库中的数据，数据库管理员也通过 DBMS 进行数据库的维护工作。它可使多个应用程序和用户采用不同的方法建立、修改和询问数据库。大部分 DBMS 提供数据定义语言（Data Definition Language，DDL）和数据操作语言（Data Manipulation Language，DML）。

DDL 主要用于建立、修改数据库的库结构。DDL 所描述的库结构仅仅给出了数据库的框架，数据库的框架信息被存放在数据字典（Data Dictionary）中。

数据操作语言供用户实现对数据库中的数据进行追加、删除、更新、查询等操作。

Python 针对各种流行的数据库，提供的各种专用的数据库访问模块如表 11-1 所示。

表 11-1 Python 提供的各种专用的数据库访问模块

数据库	访问模块
MySQL	pymysql
MongoDB	pymongo
Oracle	cx_Oracle
SQL Server	pymssql
SQLite3	sqlite3

MySQL 是较流行的关系型数据库，其数据库访问模块 pymysql 适用于 Python 3 版本。

MongoDB 是一个介于关系型数据库和非关系型数据库之间的产品，是非关系型数据库当中功能最丰富、最像关系型数据库的数据库。MongoDB 最大的特点是它的查询语言功能非常强大，其语法类似于面向对象的查询语言，几乎可以实现类似关系型数据库单表查询的绝大部分功能。MongoDB 数据库将数据存储为一个文档，其为键-值对的有序集。

11.2 SQLite3 数据库

SQLite3 是内嵌在 Python 中的轻量级、基于磁盘文件的关系型数据库，不需要服务器进程，支持使用 SQL 语句来操作数据库。SQLite3 数据库就是一个文件，该文件存储了整个数据库。Python 使用 sqlite3 访问模块与 SQLite3 数据库进行交互。

表是数据库中存放关系数据的集合，一个数据库里面通常都包含多个表，如学生的表、班级的表、学校的表等。表和表之间通过外键关联。

要操作数据库，首先需要连接到数据库，一个数据库连接称为 Connection；连接到数据库后，需要打开游标（cursor），通过 cursor 执行 SQL 语句，并获得执行结果。

Python 定义了一套操作数据库的 API，Python 要想操作数据库，只须调用相应数据的 API 即可。

Python 的数据库操作都有统一的模式，假设数据库模块名为 db，则统一的操作流程如下。

（1）首先，用 db.connect()创建数据库连接对象，假设用 conn 表示。

（2）如果该数据库操作不需要返回查询结果，则直接使用 conn.execute( )查询。

（3）如果需要返回查询结果，则先用 conn.cursor()创建游标对象 cur，然后通过 cur.execute()进行数据库查询。若是修改了数据库，则需要执行 coon.commit( )才能将修改真正保存到数据库中。

（4）最后，用 conn.close()关闭数据库连接。

11.2.1　Connection 对象

访问和操作 SQLite3 数据库时，需要先导入 sqlite3 访问模块，然后使用其中的功能来操作数据库。使用数据库之前，需要先创建一个数据库的连接对象，即 Connection 对象，语法如下。

```
conn = sqlite3.connect(databasename , timeout, 其他可选参数)
```

函数功能：与 SQLite3 数据库建立连接。如果成功打开数据库，则返回一个连接对象给 conn。调用 connect 函数时，指定库名称 databasename，如果指定的数据库存在，则直接打开这个数据库；如果不存在，则新创建一个以 databasename 命名的数据库，然后再打开。当一个数据库被多个连接访问，且其中一个修改了数据库，此时 SQLite3 数据库被锁定，直到事务提交后才会解锁，即在执行 conn.commit()后解锁。

参数说明如下。

● databasename：数据库文件的路径，或":memory:"，后者表示在 RAM 中创建临时数据库。

● timeout：指定连接在引发异常之前等待锁定消失的时间，默认为 5.0s。

数据库连接 Connection 对象的主要方法如表 11-2 所示。其中，connection 是一个具体的数据库连接对象。

表 11-2　数据库连接 Connection 对象的主要方法

方法	说明
connection.cursor()	创建一个游标
connection.execute(sql)	执行一条 SQL 语句
connection.executemany(sql)	执行多条 SQL 语句
connection.total_changes()	返回自数据库连接打开以来被修改、插入或删除的数据库总行数
connection.commit()	提交当前事务，如果不提交，那么上次调用 commit()方法之后的所有修改就都不会被真正保存到数据库中
connection.rollback()	该方法用于回滚自上一次调用 commit()以来对数据库所做的所有修改
connection.close()	该方法用于关闭数据库连接。注意，这里不会自动调用 commit()。如果之前未调用 commit()，则直接关闭数据库连接，之前所做的所有修改将全部丢失

数据库的使用流程如图 11-1 所示。

下面的 Python 代码展示了如何连接到一个现有的数据库'sudent.db'。如果数据库'sudent.db'不存在，那么它就会被创建。

```
>>> import sqlite3
#连接到 SQLite3 数据库文件 sudent.db，如果该文件不存在，则自动在当前目录中创建它
```

```
#为数据库 sudent.db 创建一个连接对象 conn
>>> conn = sqlite3.connect(r'D:\Python\sudent.db')
```

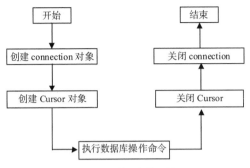

图 11-1　数据库使用流程

11.2.2　Cursor 对象

有了数据库连接对象 conn，即可创建游标对象 Cursor。

```
Cursor = conn.cursor()
```

函数功能：创建一个游标对象，返回游标对象给 Cursor，该游标将在整个数据库编程中被使用。游标对象 Cursor 提供了一些操作数据库的方法，如表 11-3 所示。

表 11-3　游标对象 Cursor 提供的操作数据库的方法

方法	说明
Cursor.execute(sql [, parameters])	在数据库上执行 SQL 语句，parameters 是一个序列或映射，用于为 SQL 语句中的变量赋值。sqlite3 访问模块支持两种类型的占位符：问号和命名占位符。例如：Cursor.execute("insert into people values (?, ?)", (who, age))
Cursor.executemany(sql, seq_of_parameters)	对 seq_of_parameters 中的所有参数或映射执行 SQL 语句
Cursor.executescript(sql_script)	以脚本的形式一次执行多条 SQL 语句。脚本中的所有 SQL 语句之间用分号 ";" 分隔
Cursor.fetchall()	获取查询的结果集，结果集是一个列表，其每个元素都是一个元组，对应一条记录
Cursor.fetchone()	该方法用于获取查询结果集中的下一条记录，当没有更多可用的数据时，返回 None
Cursor.fetchmany([size=cursor.arraysize])	获取查询结果集中的下一个记录组，并返回一个列表。当没有更多的可用记录时，返回一个空的列表。size 指定要获取的记录数。该方法尝试获取由 size 参数指定的尽可能多的记录
Cursor.fetchall()	获取查询结果集中所有（剩余）的记录，并返回一个列表。当没有可用记录时，返回一个空的列表

1.　创建表并插入记录

下面的 Python 代码将用于在之前创建的数据库 sudent.db 中创建一个表并插入一些记录。

```
import sqlite3
#为数据库 sudent.db 创建一个连接对象 conn
```

213

```
conn = sqlite3.connect(r'D:\Python\sudent.db')
cu = conn.cursor()                              #创建游标对象，用来操作数据库
#在数据库中创建 user 表
#id 数据类型为 integer 型，主键自增。这样，在插入数据时 id 可填 NULL
#name 数据类型为 varchar 型，最大长度 20，不能为空
cu.execute('''create table user (id integer primary key autoincrement, name varchar(20)
not null)''')
#插入一条 id=1、name='LiLi'的记录
cu.execute('''insert into user(id,name) values (1,'LiLi')''')
#插入一条 id=2、name='LiMing'的记录
cu.execute('''insert into user(id,name) values(2,'LiMing')''')
#调用 executemany()方法以把同一条 SQL 语句执行多次
cu.executemany('insert into user values (?, ?)', ((3, '张龙'), (4, '赵虎'), (5, '王朝'),
(6, '马汉')))
#通过 rowcount 获取被修改的记录条数
print('修改的记录条数：', cu.rowcount)
'''前面的修改只是将数据缓存在内存中，而并没有真正地写入数据库，需要提交事务才能将数据写入数据库，
操作完后要确保打开的 Connection 对象和 Cursor 对象都被正确地关闭'''
conn.commit()                                   #提交事务
cu.close()                                      #关闭游标
conn.close()                                    #关闭连接
```

执行上述代码得到的输出结果如下。

修改的记录条数：4

2. select 查询操作

```
import sqlite3
#为数据库 sudent.db 创建一个连接对象 conn
conn = sqlite3.connect(r'D:\Python\sudent.db')
cur = conn.cursor()                             #创建游标对象 cur
cur.execute('select * from user')              #执行 select 语句以查询数据
#通过游标的 description 属性获取列信息
for col in (cur.description):
    print(col[0], end='\t')
print('\n--------------------')
while True:
    #获取一行记录，每行数据都是一个元组
    row = cur.fetchone()
    #如果抓取的 row 为 None，则退出循环
    if not row :
        break
    print(row)
cur.execute('select * from user')    #执行查询
#获取查询结果
print('cur.fetchall()获取的查询结果：\n',cur.fetchall())
#关闭游标
cur.close()
#关闭连接
conn.close()
```

执行上述代码得到的输出结果如下。

```
id    name
--------------------
(1, 'LiLi')
(2, 'LiMing')
(3, '张龙')
(4, '赵虎')
(5, '王朝')
(6, '马汉')
```

cur.fetchall()获取的查询结果如下。

```
[(1, 'LiLi'), (2, 'LiMing'), (3, '张龙'), (4, '赵虎'), (5, '王朝'), (6, '马汉')]
```

3. 修改（update）和删除（delete）操作

```python
import sqlite3
#为数据库 sudent.db 创建一个连接对象 conn
conn = sqlite3.connect(r'D:\Python\sudent.db')
cur = conn.cursor()                               #创建游标对象 cur
#修改 id=1 记录中的 name 为 LiHua
cur.execute('''update user set name='LiHua' where id=1''')
cur.execute('''delete from user where id=1''')    #删除 id=1 的记录
#通过 rowcount 获得影响的行数:
print("影响的行数: ",cur.rowcount)
cur.execute('select * from user')                 #执行查询
#获取查询结果
print('cur.fetchall()获取的查询结果: \n',cur.fetchall())
conn.commit()                                     #提交事务
cur.close()                                       #关闭游标
conn.close()                                      #关闭连接
```

执行上述代码得到的输出结果如下。

```
影响的行数: 1
```

cur.fetchall()获取的查询结果如下。

```
[(2, 'LiMing'), (3, '张龙'), (4, '赵虎'), (5, '王朝'), (6, '马汉')]
```

11.3　Access 数据库

Microsoft Office Access 是微软把数据库引擎的图形用户界面和软件开发工具结合在一起的一个数据库管理系统。Access 广泛应用于很多场合，其用途主要体现在以下 2 个方面。

（1）用来分析数据。Access 有强大的数据处理、统计与分析能力，利用 Access 的查询功能，可以方便地进行各类统计，并可灵活设置统计的条件，其在统计分析十几万条记录及以上的数据时速度快且操作方便，这一点是 Excel 无法比拟的。

（2）用来开发软件。Access 可用于开发软件，如生产管理、销售管理、库存管理等各类企业管理软件。

11.3.1 创建 Access 数据库

（1）以 Access 2010 软件为例，单击"开始"→"所有程序"→"Microsoft Office"，选择"Microsoft Access 2010"，Access 软件打开后的界面如图 11-2 所示。

图 11-2 Access 软件打开后的界面

（2）在图 11-2 所示的界面中，双击"新建"右面的"空数据库"进入数据表的编辑界面，如图 11-3 所示。

图 11-3 数据表的编辑界面

（3）在打开的"表 1"上单击鼠标右键，选择"设计视图"，在出现的"另存为"对话框中，将"表名称"改为"students"。

（4）在"字段名称"的第 1 行中输入"学号"，然后单击"数据类型"，在"自动编号"后的倒三角下选择"数字"选项。在第 2 行中输入"姓名"，"数据类型"设为"文本"，其字段编辑界面如图 11-4 所示。

图 11-4　字段编辑界面

（5）用同样的方法输入字段名称"操作系统"和"软件工程"，"数据类型"均设置为数字。

（6）在"students"标签上单击鼠标右键，选择"数据表视图"，如图 11-5 所示。

图 11-5　选择"数据表视图"的界面

（7）打开数据表后，输入学生的学号、姓名以及操作系统和软件工程两门课的成绩，如图 11-6 所示。

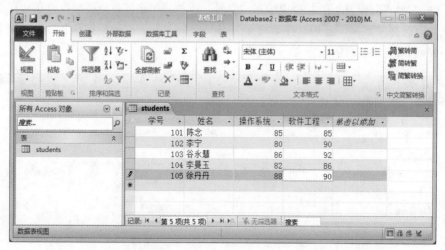

图 11-6　输入学生的学号、姓名以及操作系统和软件工程两门课的成绩

（8）单击"文件"→"保存并发布"，在"数据库另存为"对应的选项中双击"Access 数据库"，如图 11-7 所示，在出现"另存为"对话框时，给数据库命名，本例设为"学生成绩"，保存在"D:\mypython"文件中。

图 11-7　"数据库另存为"界面

（9）在"D:\mypython"文件夹中可以看到新建的数据库文件"学生成绩"，即"学生成绩.accdb"文件。

11.3.2 操作 Access 数据库

在使用 Python 操作 Access 数据库时，一定要注意位的匹配，x86 的 Python 要和 x86 的 Access 文件相对应，x64 的 Python 要和 x64 的 Access 文件相对应。如果不对应，则会出错。

用 Python 操作 Access 数据库之前，需要先安装 pyodbc 模块。

```
>>> import pyodbc
>>> DBfile = r"D:\Python\studentgrade.accdb"  #数据库文件
#为数据库创建连接对象
>>> conn = pyodbc.connect(r"Driver={Microsoft Access Driver (*.mdb, *.accdb)};DBQ=" +
DBfile + ";Uid=;Pwd=;charset='utf-8';")
>>> cursor=conn.cursor()                       #创建游标对象
#SQL 语句
>>> SQL = '''insert into students (学号,姓名,操作系统,软件工程) values (106,'李明',89,
85)'''
>>> cursor.execute(SQL)                        #执行 SQL 语句，向数据表 students 中插入记录
<pyodbc.Cursor object at 0x02976B60>
>>> cursor.commit()                            #提交事务
>>> cursor.close()                             #关闭游标
>>> conn.close()                               #关闭数据库连接，插入记录后的数据库如图 11-8 所示
```

学号	姓名	操作系统	软件工程	单击以添加
101	陈念	85	85	
102	李宁	80	90	
103	谷永慧	86	92	
104	李曼玉	82	86	
105	徐丹丹	88	90	
106	李明	89	85	

图 11-8 插入记录后的数据库

11.4 MySQL 数据库

MySQL 是一个使用非常广泛的数据库，很多网站都在用。MySQL 在过去由于性能高、成本低、可靠性好，成为了较流行的开源数据库，被广泛应用在了 Internet 上的中小型网站中。随着自身的不断成熟，MySQL 也被逐渐应用于更多大规模的网站和应用中，如 Google 和 Facebook 等网站。

用 Python 操作 MySQL 数据库之前，需要先安装 pymysql 库。

11.4.1 连接 MySQL 数据库

```
import pymysql
#为数据库创建连接对象
```

```
conn = pymysql.connect(host='localhost',user = "root",passwd = "123456",db = "school")
print (conn)
print (type(conn))
```

执行上述代码得到的输出结果如下。

```
<pymysql.connections.Connection object at 0x0000000004E29E48>
<class 'pymysql.connections.Connection'>
```

pymysql.connect(host='localhost',user = "root",passwd = "123456",db = "school")语句中的括号里的参数的含义介绍如下。

● host：指定 MySQL 数据库服务器的地址，若数据库安装于本地（本机），则使用 localhost 或者 127.0.0.1。若安装在其他服务器上，则应填写该服务器的 IP 地址。

● user：指定登录数据库的用户名。

● passwd：user 账户登录 MySQL 的密码。

● db：MySQL 数据库系统里存在的具体数据库。

11.4.2 创建游标对象

要想操作数据库，只连接数据库是不够的，还必须建立操作数据库的游标，这样才能进行后续的数据处理操作，如读取数据、添加数据等。可通过调用数据库连接对象 conn 的 cursor() 方法来创建数据库的游标对象。

```
import pymysql
#为数据库创建连接对象
conn = pymysql.connect(host='localhost',user = "root",passwd = "123456", db = "school")
cursor=conn.cursor()   #创建游标对象
print(cursor)
```

执行上述代码得到的输出结果如下。

```
<pymysql.cursors.Cursor object at 0x0000000004E29B00>
```

 conn.cursor()返回一个游标对象，游标对象具有很多操作数据库的方法。

11.4.3 执行 SQL 语句

游标对象执行 SQL 语句的方法有两个，一个为 execute(sql, args=None)，另一个为 executemany(sql, args=None)。

1. execute(sql,args=None)

函数作用：执行单条的 SQL 语句，执行成功后返回受影响的行数。

参数说明如下。

● sql：要执行的 SQL 语句，字符串类型。

● args：可选的序列或映射，用于 SQL 的参数值。如果 args 为序列，则 SQL 中必须使用 %s 占位符；如果 args 为映射，则 SQL 中必须使用%(key)s 占位符。

2. executemany(sql, args=None)

函数作用：批量执行 SQL 语句，如批量插入数据等，执行成功后返回受影响的行数。

参数说明如下。

- sql：要执行的 SQL 语句，字符串类型。
- args：嵌套的序列或映射，用于 SQL 的参数值。

11.4.4 创建数据库

```
import pymysql
#创建连接 MySQL 数据库的连接对象，但不连接到具体的数据库
conn = pymysql.connect('localhost',user = "root", passwd = "123456")
cursor=conn.cursor()                #创建游标对象
#创建数据库 students
cursor.execute('create database if not exists students')
cursor.close()                      #关闭游标
conn.close()                        #关闭数据库连接
print('创建 students 数据库成功! ')
```

执行上述代码得到的输出结果如下。

```
创建 students 数据库成功!
```

这样，在数据库系统里就成功创建了 students 数据库，如图 11-9 所示。

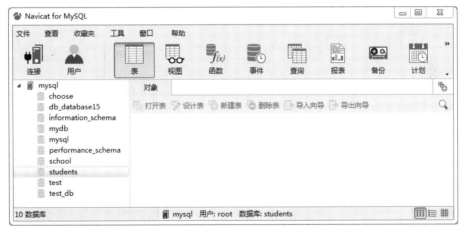

图 11-9 创建的 students 数据库

11.4.5 创建数据表

```
import pymysql
#创建数据库连接对象
conn = pymysql.connect('localhost',user = "root", passwd = "123456", db = "students")
cursor=conn.cursor()                #创建游标对象
#创建 user 表，如果该表已存在，则先将其删除
```

```
cursor.execute('drop table if exists user')
#创建表的 SQL 语句
sql = """create table 'user' ('ID' int(11), 'name' varchar(255)) ENGINE=InnoDB  DEFAULT
CHARSET=utf8 AUTO_INCREMENT=0"""
cursor.execute(sql)                    #执行创建表的 SQL 语句
cursor.close()                         #关闭游标
conn.close()                           #关闭数据库连接
print('创建 user 数据表成功! ')
```

执行上述代码得到的输出结果如下。

```
创建 user 数据表成功!
```

这样, 就在 students 数据库里创建了 user 数据表, 如图 11-10 所示。

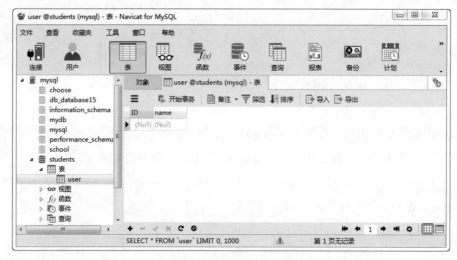

图 11-10　在 students 数据库里创建的 user 数据表

11.4.6　插入数据

```
import pymysql
conn = pymysql.connect('localhost',user = "root",passwd = "123456",db = "students")
cursor=conn.cursor()
#插入一条 id=1、name='LiLi'的记录
insert=cursor.execute('''insert into user(id,name) values (1,'LiLi')''')
print('添加语句受影响的行数: ', insert)
#另一种插入记录的方式
sql="insert into user values(%s,%s)"
cursor.execute(sql,('2','LiMing'))
#调用 executemany()方法以把同一条 SQL 语句执行多次
cursor.executemany('insert into user values (%s,%s)', ((3, '张龙'), (4, '赵虎'), (5,
'王朝'), (6, '马汉')))
#通过 rowcount 获取被修改的记录的条数
print('批量插入受影响的行数: ', cursor.rowcount)
```

```
conn.commit()              #提交事务
cursor.close()             #关闭游标
conn.close()               #关闭数据库连接
```

执行上述代码得到的输出结果如下。

```
添加语句受影响的行数: 1
批量插入受影响的行数: 4
```

上述向 user 表中添加记录后的结果如图 11-11 所示。

图 11-11　向 user 表中添加记录后的结果

11.4.7　查询数据

　　cursor 对象还提供了 3 种获取查询数据的方法：fetchone、fetchmany、fetchall，每个方法都会导致游标移动，因此必须注意游标的位置。

```
#使用 fetchone 获取查询数据
import pymysql
#创建连接 MySQL 数据库的连接对象, 但不连接到具体的数据库
conn=pymysql.connect('localhost','root','123456')
conn.select_db('students')             #连接到具体的数据库
cursor=conn.cursor()                   #创建游标对象
cursor.execute("select * from user")
while 1:
    res=cursor.fetchone()
    if res is None:
        #表示已经取完数据集
        break
    print(res)
conn.commit()
```

```
cursor.close()
conn.close()
```

执行上述代码得到的输出结果如下。

```
(1, 'LiLi')
(2, 'LiMing')
(3, '张龙')
(4, '赵虎')
(5, '王朝')
(6, '马汉')
```

11.4.8 更新数据和删除数据

```
import pymysql
#创建数据库连接对象
conn = pymysql.connect('localhost',user = "root",passwd = "123456",db = "students")
cursor=conn.cursor()  #创建游标对象
#更新1条数据
update=cursor.execute("update user set name='LiXiaoLi' where ID=1")
print('更新1条数据受影响的行数：', update)
#查询更新的1条数据
cursor.execute("select * from user where ID=1")
print(cursor.fetchone())
#更新2条数据
sql="update user set name=%s where ID=%s"
update=cursor.executemany(sql,[('ZhangLong',3),('ZhaoHu',4)])
#查询更新的2条数据
cursor.execute("select * from user where name in ('ZhangLong','ZhaoHu')")
print('2条更新的数据为：')
for res in cursor.fetchall():
    print (res)
#删除1条数据
cursor.execute("delete from user where id=1")
conn.commit()
cursor.close()
conn.close()
```

执行上述代码得到的输出结果如下。

```
更新1条数据受影响的行数：1
(1, 'LiXiaoLi')
2条更新的数据为：
(3, 'ZhangLong')
(4, 'ZhaoHu')
```

执行上述更新和删除数据的代码后，所得到的 user 表如图 11-12 所示。

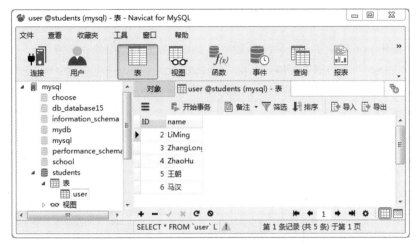

图 11-12　更新和删除数据后的 user 表

11.5　JSON 数据

JSON 是一种轻量级、跨平台、跨语言的数据（交换）格式，JSON 数据格式被广泛应用于各种语言的数据交换中，这些语言包括 C、C++、C#、Java、JavaScript、Perl、Python 等。

11.5.1　JSON 数据格式

JSON 的全称是 JavaScript Object Notation，即 JavaScript 对象符号，它是一种轻量级的数据（交换）格式。最早的时候，JSON 是 JavaScript 语言的数据（交换）格式，后来慢慢发展成一种与语言无关的数据（交换）格式。

JSON 有两种数据结构：对象和数组。

（1）对象（object）：用大括号表示，由键-值对组成，各键-值对之间用逗号隔开。其中，键必须为字符串且是双引号，值可以是多种数据类型，如{"firstName": "Brett", "lastName": "McLaughlin"}

（2）数组（array）：用中括号表示，各元素之间用逗号隔开。

JSON 数据可以嵌套表示出结构更加复杂的数据。需要特别注意的是，JSON 字符串用双引号，而非单引号。用 JSON 表示中国部分省市格式如下。

```
{
    "name": "中国",
    "province": [{"name": "湖北", "cities": {"city": ["武汉", "黄冈"]}},
                {"name": "广东", "cities": {"city": ["广州", "深圳"]}},
                {"name": "河南", "cities": {"city": ["郑州", "洛阳"]}},
                {"name": "江苏", "cities": {"city": ["南京", "苏州"]}}
                ]
}
```

11.5.2 Python 解码和编码 JSON 数据

Python 3 使用 json 模块的以下两个函数来对 JSON 数据进行编码和解码。

- json.dumps()：对数据进行编码，把一个 Python 对象编码转换成 JSON 格式字符串。
- json.loads()：对数据进行解码，把 JSON 格式字符串解码转换成 Python 对象。

在 JSON 的编/解码过程中，Python 数据类型与 JSON 数据类型会相互转换。Python 数据类型编码为 JSON 数据类型的转换对应表如表 11-4 所示，JSON 数据类型编码为 Python 数据类型的转换对应表如表 11-5 所示。

表 11-4　Python 数据类型编码为 JSON 数据类型的转换对应表

Python	JSON
dict	object
list, tuple	array
str	string
int, float	number
True	true
False	false
None	null

表 11-5　JSON 数据类型编码为 Python 数据类型的转换对应表

JSON	Python
object	dict
array	list
string	str
number (int)	int
number (real)	float
true	True
false	False
null	None

```
>>> import json
>>> #将 Python 对象转换成 JSON 数据类型
>>> s = json.dumps(['ZhangSan', {'favorite': ('coding', None, 'game')}])
>>> print(s)                        #注意观察输出结果
["ZhangSan", {"favorite": ["coding", null, "game"]}]
>>> #简单的 Python 字符串转换成 JSON 数据类型
>>> s2 = json.dumps("\"Python\Java")
>>> print(s2)
"\"Python\\Java"
>>> # Python 的 dict 对象转换成 JSON 数据类型，并对 key 进行排序
>>> s3 = json.dumps({"c": 3, "b": 2, "a": 1}, sort_keys=True)
>>> print(s3)
{"a": 1, "b": 2, "c": 3}
>>> #将 Python 列表转换成 JSON 数据类型，并指定 JSON 分隔符：逗号和冒号之后没有空格（默认有空格）
>>> s4 = json.dumps([1, 2, 3, {'x': 5, 'y': 7}], separators=(',', ':'))
```

```
>>> print(s4)
[1,2,3,{"x":5,"y":7}]
```

【例 11-1】　Python 数据类型和 JSON 数据类型之间的转换。

```
>>> import json
>>> data1 = {'name':'jack','age':20,'like':('sing','dance')}#定义 Python 字典类型数据
>>> json_str = json.dumps(data1)    #Python 字典类型数据转换为 JSON 数据类型
>>> type(json_str)
<class 'str'>
>>> print ("Python 原始数据: ", data1)
Python 原始数据: {'name': 'jack', 'age': 20, 'like': ('sing', 'dance')}
>>> print ("转化成 JSON 数据格式: ", json_str)
转化成 JSON 数据格式: {"name": "jack", "age": 20, "like": ["sing", "dance"]}
#将 JSON 对象转换为 Python 字典
>>> data2 = json.loads(json_str)
>>> print("再转化成 Python 数据格式: ",data2)
再转化成 Python 数据格式: {'name': 'jack', 'age': 20, 'like': ['sing', 'dance']}
```

11.5.3　Python 操作 JSON 文件

首先，创建一个 JSON 文件，其步骤是：在某个位置新建一个文本文件，然后，右击新建的文本文件并重命名，将文本文件后面的.txt 修改成.json，这样，一个 JSON 文件就创建成功了。

（1）把一个 Python 类型的数据直接写入 JSON 文件的语法格式如下。

```
json.dump(data1, open('xxx.json', "w"))
```

上面的函数将 data1 转换而得的 JSON 字符串输出到了 xxx.json 文件中。

（2）直接从 JSON 文件中读取数据并返回 Python 对象的语法格式如下。

```
json.load(open('xxx.json'))
```

上面的函数从 JSON 文件 xxx.json 中读取数据后，将其转换成了 Python 对象并返回。

【例 11-2】　使用 dump()函数将转换得到的 JSON 字符串输出到文件。

```
>>> import json
>>> f = open(r'D:\Python\a.json', 'w')  #以写的方式打开 a.json 文件
#将转换而得的字符串输出到（写入）a.json 文件中，写入后以文本方式打开该文件，如图 11-13 所示
>>> json.dump(['course', {'Python': 'excellent'}], f)
>>> data = json.load(open('a.json '))    #从 JSON 文件中读取数据并返回 Python 对象
>>> print(data)                          #输出 Python 对象 data
['course', {'Python': 'excellent'}]
```

图 11-13　以文本方式打开 a.json 文件

习题 11

1. 列举 Python 提供的常用数据库访问模块。
2. 简单介绍 SQLite3 数据库。
3. 叙述使用 Python 操作 Access 数据库的步骤。
4. 叙述使用 Python 操作 MySQL 数据库的步骤。

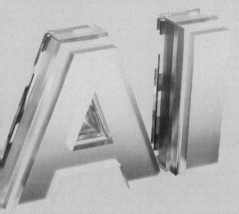

第 12 章

网络编程

  Socket（套接字）是计算机之间进行网络通信的一套程序接口，可以实现跨平台的数据传输。Socket 是网络通信的基础，相当于在发送端和接收端之间建立了一个管道来实现数据和命令的传递。Python 提供了 socket 模块，支持对 Socket 接口的访问，大幅度简化了网络程序的开发步骤。本章将介绍计算机网络的基础知识、Socket 编程、TCP 编程、UDP 编程和 HTTP 编程。

▌ 12.1 计算机网络基础知识

12.1.1 网络协议

　　网络协议是网络中计算机或设备之间进行通信的一系列规则的集合。通俗地讲，网络协议就是网络上两台计算机之间进行通信所要遵守的共同标准。例如，如果一个中国人和一个法国人都不会讲对方的民族语言，则他们想要交流就必须讲一门双方都懂的语言，如"英语"，这时"英语"实际上就成了一种"网络协议"。常用的网络协议有 IP、TCP、HTTP、POP3、SMTP 等。

　　协议本身只是一种通信标准，但协议最终要由软件来实现。网络协议是由执行在具体环境下的"协议"翻译程序实现的。这些翻译程序可能执行在 Windows 环境下，也可能执行在 UNIX 环境下；可能执行于一台个人计算机或服务器，也可能执行于一部手机中。这些翻译程序可能都不一样，但却都会翻译同一种网络协议，如 TCP/IP。

　　TCP/IP（Transmission Control Protocol/Internet Protocol），即传输控制协议/互联网协议，定义了主机如何联入因特网以及数据如何在它们之间传输，从字面意思来看，TCP/IP 是 TCP 和 IP 的合称，但实际上 TCP/IP 是指因特网的整个 TCP/IP 族。IP 负责把数据从一台计算机通过网络发送到另一台计算机，数据首先被分割成一个个的小块，然后通过 IP 包发送出去。一个 IP 包除了包含要传输的数据外，还包含源 IP 地址和目标 IP 地址，源端口和目标端口。这是因为一台计算机上往往执行着多个网络程序（例如浏览器、QQ 等网络程序），一个 IP 包来了之后，到底是交给浏览器还是 QQ，需要端口号来区分，如浏览器通常使用 80 端口，FTP 程序使用 21 端口，邮件收发使用 25 端口等。

　　网络上两个计算机之间的数据通信，实质上是不同主机进程间的交互。主机上的每个进程都对应着某个端口。

　　不同于 ISO 模型的 7 个分层，TCP/IP 参考模型把所有的 TCP/IP 系列协议归类到了 4 个抽象层，如图 12-1 所示，每个抽象层建立在低一层提供的服务上，并且为高一层提供服务。

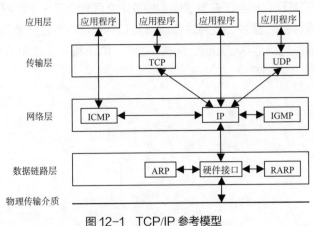

图 12-1 TCP/IP 参考模型

- 应用层协议：TFTP、HTTP、SNMP、FTP、SMTP、DNS、Telnet 协议等。
- 传输层协议：TCP、UDP。
- 网络层协议：IP、ICMP、OSPF、EIGRP、IGMP。
- 数据链路层协议：ARP、RARP、PPP、MTU。

12.1.2　应用层协议

在应用层中定义了很多面向应用的协议，应用程序通过本层协议，利用网络完成数据交互的任务。应用层协议直接与最终用户进行交互，定义了执行在不同终端系统上的应用程序进程如何相互传递报文。下面简单列出了几种常见的应用层协议。

1. 域名系统

在因特网上，域名与 IP 地址之间是一一对应的，域名虽然便于人们记忆，但机器之间只能互相认识 IP 地址，它们之间的转换工作称为域名解析。域名解析需要由专门的域名解析服务器来完成，域名系统（Domain Name System，DNS）服务器就是进行域名解析的服务器。当用户在应用程序中输入 DNS 名称时，DNS 服务器就会将此名称解析为与之相关的其他信息，如 IP 地址。

2. 文件传输协议

文件传输是将文件从一个计算机系统传输到另一个计算机系统的过程，这个过程经由网络，但由于网路中各台计算机的文件系统往往不相同，因此需要建立全网公用的文件传输规则，即文件传输协议（File Transport Protocol，FTP）。FTP 是 TCP/IP 网络上两台计算机传输文件的协议，属于应用层。FTP 要用到两个 TCP 连接，一个是命令连接（21 端口），用来在 FTP 客户端与服务器之间传递命令；另一个是数据连接（20 端口），用来上传或下载数据。

3. 超文本传输协议

超文本传输协议（Hypertext Transfer Protocol，HTTP）是用于从 WWW 服务器传输超文本到本地浏览器的协议。

4. 简单邮件传输协议

简单邮件传输协议（Simple Mail Transfer Protocol，SMTP）是由源地址到目的地址传送邮件的一组规则，用来控制邮件的中转方式。SMTP 可使每台计算机在发送或中转邮件时能找到下一个目的地。通过使用指定的服务器，把邮件寄到收件人的服务器上。

5. 远程登录协议

远程登录是指用户使用远程登录（Telnet）协议命令，使自己的计算机暂时成为远程主机的一个仿真终端的过程。仿真终端等效于一个非智能的机器，它只负责把用户输入的每个字符传递给主机，再将主机输出的每个信息回显在屏幕上。Telnet 协议是进行远程登录的标准协议和主要方式，它为用户提供了在本地计算机上完成远程主机工作的能力。

12.1.3　传输层协议

在传输层主要执行 TCP 和用户数据报协议（User Datagram Protocol，UDP）两个协议。TCP 是面向连接的可靠传输协议，利用 TCP 进行通信时，需要通过三次握手，以建立通信双方的连

接。TCP 提供了数据的确认和数据重传的机制，以保证发送的数据一定能到达通信的对方。

　　UDP 是无连接、不可靠的传输协议。采用 UDP 进行通信时不用建立连接，可直接向一个 IP 地址发送数据，但是不能保证对方一定能收到，常用于视频在线点播之类的应用。

12.1.4　IP 地址和 MAC 地址

　　IP 地址（Internet Protocol Address）是指互联网协议地址，又译为网际协议地址，它为互联网上的每一个网络和每一台主机分配一个逻辑地址，以此来屏蔽物理地址的差异。在公开网络上或同一个局域网内部，每台主机都必须使用不同的 IP 地址，而由于网络地址转换和代理服务器等技术的广泛应用，不同内网之间的主机 IP 地址可以相同并且能互不影响地正常工作。IP 地址与端口号共同来标志网络上特定主机上的特定应用进程，俗称 Socket。

　　网络中每台设备都有一个唯一的网络地址，这个地址叫 MAC 地址或网卡地址，由网络设备制造商生产时写在硬件内部。IP 地址与 MAC 地址在计算机中都是以二进制表示的，IP 地址是 32 位的，而 MAC 地址则是 48 位的（6 个字节），通常表示为 12 个十六进制数，每 2 个十六进制数之间用冒号隔开，如 08:00:20:0A:8C:6D 就是一个 MAC 地址，其中前 6 位十六进制数 08:00:20 代表网络硬件制造商的编号，它由 IEEE 分配，而后 6 位十六进制数 0A:8C:6D 代表该制造商所制造的某个网络产品（如网卡）的系列号。只要不去更改自己的 MAC 地址，那么 MAC 地址在世界上就是唯一的。在网络底层的物理传输过程中，数据传输是通过物理地址识别主机的。

12.2　Socket 编程

12.2.1　Socket 概念

　　Socket 的原意是"插座"，在计算机通信领域，Socket 被翻译为"套接字"，它是计算机之间进行通信的一种约定或一种方式。通过 Socket 这种约定，一台计算机可以接收其他计算机传来的数据，也可以向其他计算机发送数据。正如把插头插到插座上就能从电网中获得电力供应一样，为了与远程计算机进行数据传输，用户必须先连接到因特网，而 Socket 就是将计算机连接到因特网的工具。

　　Socket 的典型应用就是 Web 服务器和浏览器：浏览器获取用户输入的网址，并向服务器发起请求；服务器分析接收到的网址，将对应的网页内容返回给浏览器；浏览器再经过解析和渲染，将文字、图片、视频等元素呈现给用户。

　　通常用一个 Socket 表示"打开一个网络连接"。网络通信归根到底还是进程间的通信，以及不同计算机上的进程间通信。在网络中，每一个节点都有一个网络地址，即 IP 地址。两个进程通信时，首先要确定各自所在的网络节点的网络地址。但是，网络地址只能确定进程所在的计算机，而一台计算机上很可能同时执行着多个进程，所以仅凭网络地址还不能确定到底是和网络中的哪一个进程进行通信，因此套接字中还需要包括其他信息，如端口号（Port）。在一台

计算机中，一个端口号一次只能分配给一个进程，也就是说，在一台计算机中，端口号和进程之间是一一对应的关系。Socket 使用（IP 地址、协议、端口号）来标志一个进程。因此，使用端口号和网络地址的组合可以唯一地确定整个网络中的一个网络进程。

12.2.2 Socket 类型

在 Python 中，Socket 类型被定义在 socket 模块中，调用方式为 socket.SOCK_XXXX。

1. 流式 Socket

流式 Socket 也叫作"面向连接的套接字"，用 SOCK_STREAM 表示，针对面向连接的 TCP 服务应用。SOCK_STREAM 是一种可靠的、双向的通信数据流，数据可以准确无误地到达另一台计算机，如果数据损坏或丢失，则可以重新发送。SOCK_STREAM 具有以下特征：数据在传输过程中不会消失；数据是按照顺序传输的；数据的发送和接收不是同步的。

2. 数据报式 Socket

数据报式 Socket 也叫作"无连接的套接字"，用 SOCK_DGRAM 表示。数据报式 Socket 定义了一种无连接的服务，数据通过相互独立的报文进行传输，是无序的，并且不能保证可靠、无差错。

3. 原始 Socket

原始 Socket 用于新的网络协议实现的测试等，普通的 Socket 无法处理 ICMP、IGMP 等网络报文，而 SOCK_RAW 可以；其次，SOCK_RAW 还可以处理特殊的 IPv4 报文；此外，利用原始 Socket，用户可以通过 IP_HDRINCL 套接字选项构造 IP 头。

12.2.3 Socket 对象的常用方法

根据给定的通信协议的协议族、套接字类型、协议编号（默认为 0），可使用 socket 模块提供的套接字函数 socket() 来创建套接字。socket() 函数的语法格式如下。

```
socket.socket([family[, type[, protocol]]])
```

参数说明如下。

● family：指定应用程序使用的通信协议的协议族，其参数取值有 socket.AF_INET（默认，针对 IPv4，服务器之间通信）、socket.AF_INET6（针对 IPv6）和 socket.AF_UNIX（UNIX 系统进程间通信）。

● type：要创建套接字的类型，其参数取值有 socket.SOCK_STREAM（流式 Socket，针对 TCP）、socket.SOCK_DGRAM（数据报式 Socket，针对 UDP）和 socket. SOCK_RAW（原始 Socket）。

● protocol：指定协议，常用的协议有 IPPROTO_TCP、IPPROTO_UDP、IPPROTO_STCP、IPPROTO_TIPC 等，分别对应 TCP、UDP、STCP、TIPC。默认为 0，表示会自动选择 type（类型）对应的默认协议。

如果 socket 创建失败，则会抛出一个 socket.error 异常。

创建 TCP Socket 的示例如下。

```
s=socket.socket(socket.AF_INET,socket.SOCK_STREAM)
```

创建 UDP Socket 的示例如下。

```
s=socket.socket(socket.AF_INET,socket.SOCK_DGRAM)
```

Python 程序设计与应用

Socket 同时支持数据流 Socket 和数据报 Socket。下面是利用 Socket 进行通信连接的过程框图，其中图 12-2 是支持数据流面向连接 TCP 的时序图，图 12-3 是支持数据报面向无连接 UDP 的时序图。

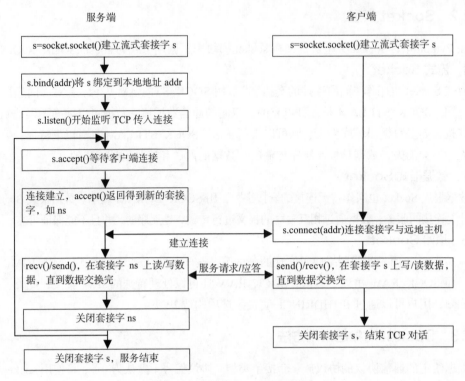

图 12-2　面向连接 TCP 的时序图

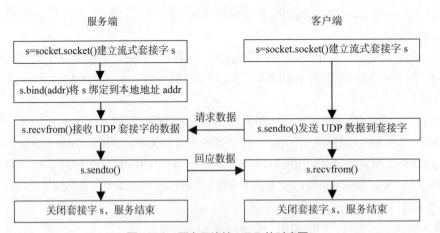

图 12-3　面向无连接 UDP 的时序图

对于 TCP，服务端通信步骤如下。

（1）调用 socket()，创建一个 TCP 套接字，返回套接字 s。

（2）调用 bind()，将 s 绑定到已知地址，通常为 IP 和 port。

（3）调用 listen()，将 s 设为监听模式，准备接收来自各客户端的连接请求。

（4）调用 accept()，等待接收客户端的连接请求。

（5）如果接收到客户端请求，则 accept() 返回，得到新的连接套接字。

（6）调用 recv()，接收来自客户端的数据，调用 send() 以向客户端发送数据。

（7）与客户端通信结束，服务端可以调用 close() 来关闭套接字。

对于 TCP，客户端通信步骤如下。

（1）创建一个套接字。

（2）调用 connect() 以将套接字连接到服务器。

（3）调用 send() 以向服务器发送数据，调用 recv() 以接收来自服务器的数据。

（4）与服务器的通信结束后，客户端可以调用 close() 来关闭套接字。

对于 UDP，客户机并不与服务器建立连接，而仅会调用函数 SendTo() 来给服务器发送数据报。相似地，服务器也不从客户端接收连接，只是调用函数 ReceiveFrom()，等待从客户端发来的数据报。依照 ReceiveFrom() 得到的协议地址以及数据报，服务器可以给客户发送一个应答。

注意

- TCP 在发送数据时，已建立好了 TCP 连接，因此不需要指定地址；UDP 是无连接协议，每次发送都要指定是发给谁。

- 服务端与客户端不能直接发送列表、元组、字典，需要对数据 data 进行字符串化 repr(data)。

Python 的服务端 Socket 对象的常用方法如表 12-1 所示，客户端 Socket 对象的常用方法如表 12-2 所示，Socket 对象的公共方法如表 12-3 所示。

表 12-1 服务端 Socket 对象的常用方法

服务端 Socket 对象 s 的方法	描述
s.bind(address)	将套接字 s 绑定到地址 address，在 AF_INET 通信协议下，以元组(host, port)的形式表示地址，即将其绑定在一个特定的 IP 地址和端口上
s.listen(backlog)	开始监听 TCP 传入连接。backlog 表示可以同时接收 socket 连接的个数。该值至少为 1，大部分应用程序将该值设为 5 就可以了
connection, address = s.accept()	被动接收 TCP 客户端连接。调用 accept()方法后，s 会进入 waiting 状态。客户请求连接时，accept()方法会建立连接并返回一个含有两个元素的元组(connection,address)。connection 是新的 socket 对象，服务器必须通过 connection 与客户通信；address 是客户端的网络地址

表 12-2 客户端 Socket 对象的常用方法

客户端 Socket 对象 s 的方法	描述
s.connect(address)	主动与 TCP 服务器连接，address 的格式为元组(hostname, port)，若连接出错，则返回 socket.error 异常
s.connect_ex(adddress)	功能与 connect(address)相同，但是成功后会返回 0，失败后会返回出错码，而不是抛出异常

Python 程序设计与应用

表 12-3　Socket 对象的公共方法

Socket 对象 s 的公共方法	描述
s.recv(bufsize[,flag])	接收 TCP 套接字的数据，数据以字符串形式返回，bufsize 指定要接收的最大数据量。flag 提供有关消息的其他信息，通常可以被忽略
s.send(string[,flag])	发送 TCP 数据，将 string 中的数据发送到连接的套接字。返回值是要发送的字节数量，该数量可能小于 string 的字节大小
s.sendall(string[,flag])	完整发送 TCP 数据。将 string 中的数据发送到连接的套接字，但在返回之前会尝试发送所有数据。成功则返回 None，失败则抛出异常
s.recvfrom(bufsize[.flag])	接收 UDP 套接字的数据。与 recv()类似，但返回值是（data, address），其中 data 是包含接收数据的字符串，address 是发送数据的套接字地址
s.sendto(string[, flag],address)	发送 UDP 数据，将数据发送到套接字，address 是形式为（ipaddr, port）的元组，用于指定远程地址。返回值是发送的字节数
s.close()	关闭套接字
s.getpeername()	返回连接套接字的远程地址，返回值通常是元组(ipaddr, port)
s.getsockname()	返回套接字自己的地址，通常采用元组(ipaddr, port)的形式
s.settimeout(timeout)	设置套接字操作的超时时间，timeout 是一个浮点数，单位是秒。值为 None 则表示没有超时时间。一般，超时时间应该在刚创建套接字时设置，因为它们可能用于连接的操作
s.gettimeout()	返回当前超时时间的值，单位是秒，如果没有设置超时时间，则返回 None
s.fileno()	返回套接字的文件描述符
s.setblocking(flag)	如果 flag 为 0，则将套接字设为非阻塞模式，否则将套接字设为阻塞模式（默认值）。在非阻塞模式下，如果调用 recv()没有发现任何数据，或调用 send()无法立即发送数据，那么将引起 socket.error 异常
s.makefile()	创建一个与该套接字相关联的文件

12.3　TCP 编程

大多数网络通信连接都是可靠的 TCP 连接。创建 TCP 连接时，主动发起连接的是客户端，被动响应连接的是服务端；连接成功后，通信双方都能以流的形式发送数据。对于客户端，要主动连接服务端的 IP 和指定端口；对于服务端，首先要监听指定端口，然后，对于一个新的连接，要创建一个线程或进程来对其进行处理。

【**例 12-1**】　TCP 编程举例。

TCP 服务端实例代码文件 TCP-server.py 的代码如下。

```
import socket
import threading
import time
#定义处理客户端的函数，s 为 socket，addr 为客户端地址
def tcp_server(s, addr):
    print("接收的连接来自于 %s:%s" % addr)
    s.send("请问您来自哪里?".encode(encoding="utf-8"))
```

236

```
    while True:
        data = s.recv(1024)
        time.sleep(1)
        if not data or data.decode("utf-8") == "断开":
            break
        s.send(('欢迎, %s 是个好地方!' % data.decode('utf-8')).encode('utf-8'))
    s.close()
    print('来自于 %s:%s 连接被关闭.' % addr)
if __name__ == "__main__":
    #创建基于 IPv4 和 TCP 的套接字
    s = socket.socket(socket.AF_INET, socket.SOCK_STREAM)
    '''绑定监听的地址和端口。服务器可能有多块网卡,可以绑定到某一块网卡的 IP 地址上,也可以用
    0.0.0.0 来绑定到所有的网络地址,还可以用 127.0.0.1 来绑定到本机地址。127.0.0.1 是一个特殊的
    IP 地址,表示本机地址,如果绑定到这个地址,则客户端必须同时在本机执行才能连接,也就是说,
    外部的计算机无法连接进来'''
    '''端口号需要预先指定,因为写的这个服务不是标准服务,这里用 1688 这个端口号。注意,小于 1024 的
    端口号必须要有管理员权限才能绑定'''
    s.bind(("127.0.0.1", 1688))          #绑定地址到 s
    s.listen(5)                          #设置最大连接数,并开始监听
    print("TCP 服务器正在执行! ")
    print("等待新的连接")
    while True:
        s_fd, addr = s.accept()          #接收 TCP 客户端连接
        #开启新线程以对 TCP 连接进行处理
        thread = threading.Thread(target=tcp_server, args=(s_fd, addr))
        thread.start()
```

TCP 客户端代码文件 TCP-client.py 的代码如下。

```
import socket
if __name__ == "__main__":
    #创建一个基于 IPv4 和 TCP 的套接字
    s = socket.socket(socket.AF_INET, socket.SOCK_STREAM)
    s.connect(("127.0.0.1", 1688))
    print(s.recv(1024).decode("utf-8"))
    #持续与服务器交互:
    while True:
        msg = input('请输入:')          #获取用户输入
        if not msg or msg == '退出':
            break
        s.send(msg.encode('utf-8'))     #发送数据
        #输出服务器返回的消息
        print('来自服务器的信息: ', s.recv(1024).decode('utf-8'))
    #发送断开连接的指令
    s.send('断开'.decode("utf-8"))
    #套接字关闭
    s.close()
```

同时执行 TCP-server.py 和 TCP-client.py 两个代码文件,TCP-server.py 的执行输出结果如图 12-4 所示,TCP-client.py 的执行输出结果如图 12-5 所示。

237

Python 程序设计与应用

```
*Python 3.6.2 Shell*
File  Edit  Shell  Debug  Options  Window  Help
Python 3.6.2 (v3.6.2:5fd33b5, Jul  8 2017, 04:57:36) [MSC v.1900 64 bit (AMD64)] on win32
Type "copyright", "credits" or "license()" for more information.
>>>
=========== RESTART: G:\教材\Python程序设计及应用\各章节代码\网络编程\TCP-server.py ===========
TCP服务器正在运行!
等待新的连接
接收的连接来自于 127.0.0.1:53687
来自于 127.0.0.1:53687 连接被关闭.

                                                                                    Ln: 5  Col: 0
```

图 12-4　TCP-server.py 的执行输出结果

```
*Python 3.6.2 Shell*
File  Edit  Shell  Debug  Options  Window  Help
Python 3.6.2 (v3.6.2:5fd33b5, Jul  8 2017, 04:57:36) [MSC v.1900 64 bit (AMD64)] on win32
Type "copyright", "credits" or "license()" for more information.
>>>
=========== RESTART: G:\教材\Python程序设计及应用\各章节代码\网络编程\TCP-client.py ===========
请问您来自哪里?
请输入:北京
来自服务器的信息:  欢迎, 北京是个好地方!
请输入:西安
来自服务器的信息:  欢迎, 西安是个好地方!
请输入:断开
来自服务器的信息:
请输入:

                                                                                    Ln: 12  Col: 4
```

图 12-5　TCP-client.py 的执行输出结果

　　在进行网络编程时,最好使用大量的错误处理,以便尽可能地发现错误,同时也可使代码显得更加严谨。

【**例 12-2**】　带异常处理的客户端服务端 TCP 连接。

服务端代码如下。

```python
import sys
import socket                        #socket 模块
BUF_SIZE = 1024                      #设置缓冲区大小
server_addr = ('127.0.0.1', 9999)    #IP 和端口构成地址
try :
    server = socket.socket(socket.AF_INET, socket.SOCK_STREAM)
    #生成一个新的 socket 对象
except socket.error as msg :
    print("Creating Socket Failure. Error Code : " + str(msg[0]) + " Message : " + msg[1])
    sys.exit()
print("Socket 创建!")
server.setsockopt(socket.SOL_SOCKET, socket.SO_REUSEADDR, 1)    #设置地址复用
try :
    server.bind(server_addr)          #绑定地址
except socket.error as msg :
    print("Binding Failure. Error Code : " + str(msg[0]) + " Message : " + msg[1])
    sys.exit()
print("Socket 绑定!")
server.listen(5)                     #监听, 最大监听数为 5
```

```
print("Socket 监听!")
while True:
    client, client_addr = server.accept()
    #接收 TCP 连接，并返回新的套接字和地址
    print('Connected by', client_addr)
    while True :
        data = client.recv(BUF_SIZE)          #从客户端接收数据
        print(data)
        client.sendall(data)                  #发送数据到客户端
server.close()
```

客户端代码如下。

```
import sys
import socket
BUF_SIZE = 1024                               #设置缓冲区的大小
server_addr = ('127.0.0.1', 9999)             #IP 和端口构成地址
try :
    client = socket.socket(socket.AF_INET, socket.SOCK_STREAM)
    #返回新的 socket 对象
except socket.error as msg :
    print("Creating Socket Failure. Error Code : " + str(msg[0]) + " Message : " + msg[1])
    sys.exit()
client.connect(server_addr)                   #要连接的服务端地址
while True:
    data = input("Please input some string > ")
    if not data :
        print("input can't empty, Please input again..")
        continue
    client.sendall(data.encode())             #发送数据到服务端
    data = client.recv(BUF_SIZE)              #从服务端接收数据
    print(data)
client.close()
```

12.4 UDP 编程

TCP 是面向连接的协议，并且通信双方都能以流的形式发送数据。相对于 TCP，UDP 则是面向无连接的协议。

使用 UDP 时，不需要建立连接，只需要知道对方的 IP 地址和端口号，就可以直接发数据包。但是，能不能到达就不确定了。虽然用 UDP 传输数据不可靠，但它的优点是速度快，对于不要求可靠传输的数据，就可以使用 UDP。

和 TCP 类似，使用 UDP 的通信双方也分为服务端和客户端。

【例 12-3】 UDP 编程举例。

UDP 服务端实例代码文件 UDP-server.py 的代码如下。

```python
import socket
from time import ctime
HOST = '127.0.0.1'
PORT = 3366
BUFSIZE = 2048
ADDR = (HOST, PORT)
udpServer = socket.socket(socket.AF_INET, socket.SOCK_DGRAM)
'''创建 Socket 时, SOCK_DGRAM 指定了这个 Socket 的类型是 UDP, 绑定地址和 TCP 一样, 但是不需要调用
listen()方法, 而是直接接收来自任何客户端的数据'''
udpServer.bind(ADDR)      #将套接字 udpServer 绑定到地址 ADDR
while True:
    print('等待信息...')
    '''recvfrom()方法返回数据和客户端的地址与端口, 这样, 服务器收到数据后, 直接调用 sendto()就
    可以把数据用 UDP 发给客户端'''
    data, addr = udpServer.recvfrom(BUFSIZE)
    print(data.decode())
    if not data or data.decode("utf-8") == "断开":
        break
    buf = '[' + ctime() + ']' + data.decode()
    udpServer.sendto(buf.encode(), addr)
udpServer.close()
print('连接被关闭.')
```

UDP 客户端实例代码文件 UDP-client.py 的代码如下。

```python
import socket
HOST = '127.0.0.1'
port = 3366
bufsize = 2048
ADDR = (HOST, port)
'''客户端使用 UDP 时, 首先仍须创建基于 UDP 的 Socket, 然后, 不需要调用 connect(), 直接通过 sendto()
即可向服务器发送数据'''
udpClient = socket.socket(socket.AF_INET,socket.SOCK_DGRAM)
while True:
    data = input('请输入数据: ')
    if not data:
        break
    udpClient.sendto(data.encode(), ADDR)            #发送数据
    data, addr = udpClient.recvfrom(bufsize)         #接收数据
    print(data.decode())
    if not data:
        break
udpClient.close()
```

同时执行 UDP-server.py 和 UDP-client.py 两个代码文件，执行 UDP-server.py 的输出结果如图 12-6 所示，执行 UDP-client.py 的输出结果如图 12-7 所示。

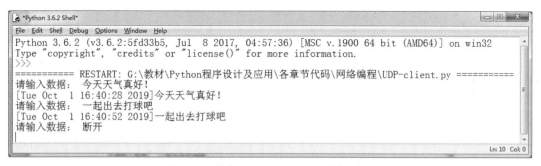

图 12-6　执行 UDP-server.py 的输出结果

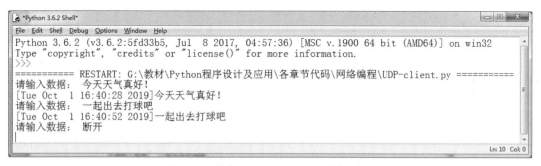

图 12-7　执行 UDP-client.py 的输出结果

12.5　HTTP 编程

超文本传输协议（Hypertext Transfer Protocol，HTTP），是用于从 WWW 服务器传输超文本到本地浏览器的协议。客户端浏览器通过它从服务端获取所需资源，服务端通过它接收并处理从客户端传来的数据。

当通过浏览器访问指定的 URL 时，需要遵守 HTTP。打开一个网页的过程，就是一次 HTTP 请求的过程。在这个过程中，用户的主机充当客户机的作用，而充当客户端的是浏览器。输入的 URL 对应着网络中某服务端上的资源，服务端接收到客户端发来的 HTTP 请求之后，会给客户端一个响应，响应的内容就是请求的 URL 对应的内容，当客户端接收到服务端的响应时，在浏览器上就可以看见请求的信息了。

12.5.1　HTTP 特性

1. 无连接

HTTP 的无连接性指的是客户端与服务端建立连接并发送 HTTP 请求之后，连接立即关闭。之后，客户端便会等待来自服务端的响应。当服务端准备向客户端发送响应时，其会重新与客户端建立连接，并将响应发送给客户端。

2. 无状态

HTTP 之所以是无连接的，是因为 HTTP 本身的无状态性，客户端与服务端只在发送 HTTP 报文的过程中建立连接，发送完毕便断开，在这个过程中并不保存对方的基本信息。换句话说，客户端与服务端的每次发送与接收 HTTP 报文都如同第一次通信，两者互不相识。

3. 可以传输任意类型的数据

HTTP 支持任何数据类型的传输，前提是客户端与服务端彼此知晓如何处理这些不同类型的数据。

12.5.2　HTTP 通信过程

由于 HTTP 是应用层协议，所以抽象来看，通信的双方分别是客户端应用程序（通常是浏览器）与服务端应用程序（服务器后端处理程序）。HTTP 通信过程包括客户端往服务端发送请求以及服务端给客户端返回响应两个过程。

用户向客户端主机的浏览器输入统一资源定位符（Uniform Resource Locator，URL），然后浏览器与服务端建立连接，并将用户所请求的 URL 变为一个 HTTP 请求发送至服务端，向服务端请求特定资源。URL 是用于完整地描述因特网上网页和网络资源的地址的一种标志方法。

当服务端对客户端所发送的 HTTP 请求进行处理之后，若存在请求的资源，则服务端将会把资源通过 HTTP 报文传送给用户。

12.5.3　HTTP 报文结构

HTTP 交互的信息用 HTTP 报文表示，HTTP 报文是由多行数据构成的字符串文本。客户端的 HTTP 报文叫作请求报文，服务端的 HTTP 报文叫作响应报文。

1. HTTP 请求报文

当用户在浏览器中输入一个 URL 时，浏览器将会根据用户的要求创建并发送请求报文，该请求报文包含所输入的 URL 以及一些与浏览器本身相关的信息。HTTP 请求报文主要由请求行、请求头部、空白行、请求正文 4 部分组成，组成结构如图 12-8 所示。

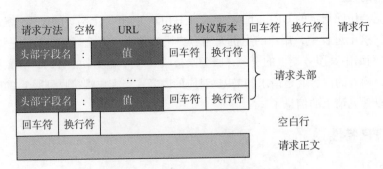

图 12-8　HTTP 请求报文组成结构

一个简单的例子：

```
POST /user HTTP/1.1        #请求行
Host: www.user.com
```

```
Content-Type: application/x-www-form-urlencoded
Connection: Keep-Alive
User-Agent: Mozilla/5.0.        #以上是请求头部
（此处必须有一空行）              #空行用于分割请求头部和请求内容
name=world                      #请求正文
```

（1）请求行

请求行由请求方法、URL 以及协议版本 3 部分组成，3 者之间由空格分隔。常用的请求方法如表 12-4 所示。

表 12-4　常用的请求方法

方法	描述
GET	请求指定的页面信息，并返回实体主体
HEAD	类似于 GET 请求，只不过返回的响应中没有具体的内容，用于获取报头
POST	向指定资源提交数据并处理请求（如提交表单或者上传文件）。数据被包含在请求主体中。POST 请求可能会导致新的资源的建立和/或已有资源的修改
PUT	用从客户端向服务端传送的数据取代指定的文档内容
DELETE	请求服务端删除指定的页面
CONNECT	HTTP/1.1 中预留给能够将连接改为管道方式的代理服务器
OPTIONS	允许客户端查看服务端的性能
TRACE	回显服务端收到的请求，主要用于测试或诊断

协议版本的格式为：HTTP/主版本号.次版本号，常用的协议有 HTTP/1.0 和 HTTP/1.1。

（2）请求头部

请求头部就是所有当前需要用到的协议项的集合，协议项就是浏览器在请求服务器时事先告诉服务器的一些信息，或者一些事先的约定。请求头部由"关键字/值"对组成，每行一对，关键字和值用英文冒号":"分隔。常见的请求头部如下所示。

- User-Agent：用户代理，当前发起请求的浏览器的内核信息。

- Accept：表示浏览器可以接收的数据类型，如 Accept:text/xml（application/json）表示希望接收到的是 xml（json）类型。

- Accept-Charset：通知服务端可以发送的编码格式。

- Accept-Encoding：表示浏览器发给服务端自身支持的压缩编码类型，如 gzip。

- Accept_Charset：表示浏览器支持的字符集。

- Content-Length：只有 post 提交的时候才会有的请求头，表示请求数据正文的长度。

- Accept-Language：客户端可以接收的语言类型，如 cn、en。

- Cookie：指某些网站为了辨别用户身份、进行 session 跟踪而存储在用户本地终端上的数据。如果当前请求的服务端在浏览器中设置了 cookie，那么当前浏览器再次请求该服务端时，就会把对应的数据带过去。

- Connection：表示是否需要持久连接。

- Content-Type：发送端发送的实体数据的数据类型。

- Host：接收请求的服务器地址，可以是 IP:端口号，也可以是域名。

- Referer：表示此次请求来自哪个网址。

常见的 Content-Type 如表 12-5 所示。

表 12-5　常见的 Content-Type

Content-Type	描述
text/html	HTML 格式
text/plain	纯文本格式
text/css	CSS 格式
text/javascript	JS 格式
image/gif	GIF 图片格式
image/jpeg	JPG 图片格式
image/png	PNG 图片格式
application/x-www-form-urlencoded	POST 专用，普通的表单提交默认通过这种方式。form 表单数据被编码为 key/value 格式发送到服务端
application/json	POST 专用，用来告诉服务端消息主体是序列化后的 JSON 字符串
text/xml	POST 专用，发送 xml 数据
multipart/form-data	POST 专用，用来支持向服务端发送二进制数据，以便可以在 POST 请求中实现文件上传等功能

（3）空白行

最后一个请求头之后是一个空白行，包含回车符和换行符，通知服务端以下不再有请求头。

（4）请求正文

请求正文包含的就是请求数据。请求正文不在 GET 方法中使用，GET 方法中没有请求正文；使用 POST 方法提交时才有请求正文。POST 方法适用于需要客户填写表单的场合。

① GET

GET 方法最常见的一种请求方法。客户端从服务端读取文档，点击网页上的链接或者通过在浏览器的地址栏中输入网址来浏览网页等，使用的都是 GET 方法。GET 方法要求服务端将 URL 定位的资源放在响应报文的数据部分，回送给客户端。使用 GET 方法时，请求的参数和对应的值会附加在 URL 后面，利用一个问号 "?" 代表 URL 的结尾与请求参数的开始，例如/index.jsp?id=100&op=bind，这样，通过 GET 方法传递的数据就会直接表示在地址中。注意：传递的参数长度受限制。

【例 12-4】　www.███.com 的 GET 请求。

```
GET / HTTP/1.1
Host: www.█████.com
User-Agent: Mozilla/5.0 (Windows; U; Windows NT 5.1; en-US; rv:1.7.6)
Gecko/20050225 Firefox/1.0.1
Connection: Keep-Alive
```

第 1 行请求行的第一部分说明了该请求是 GET 请求。该行的第二部分是一个斜杠（/），用来说明请求的是该域名的根目录。该行的最后一部分说明使用的协议是 HTTP/1.1。

第 2 行用来设定请求发往的目的地。请求头部 Host 将指出请求的目的地。结合 Host 和上一行中的斜杠（/），可以通知服务端请求的是 www.███.com。

第 3 行中包含的是头部 User-Agent，服务端和客户端脚本都能够访问它，它是浏览器类型检测逻辑的重要基础。该信息由用户使用的浏览器来定义（在本例中是 Firefox 1.0.1），并且在每个请求中都会自动发送。

最后一行是头部 Connection，通常会将是否需要持久连接设置为 Keep-Alive。注意，在最后一个头部之后有一个空行，即使不存在请求正文，这个空行也是必需的。

若要发送 GET 请求的参数，则必须将这些额外的信息附在 URL 的后面，格式类似于：

```
URL?name1=value1&name2=value2&..&nameN=valueN
```

称"name1=value1&name2=value2&..&nameN=valueN"为查询字符串，它将会被复制在 HTTP 请求的请求行中。

【例 12-5】 以使用 google 搜索 domety 为例，给出如下 GET 请求格式。

```
GET /search?hl=zh-CN&source=hp&q=domety&aq=f&oq= HTTP/1.1
Accept: image/gif, image/x-xbitmap, image/jpeg, image/pjpeg, application/vnd.ms-excel,
application/vnd.ms-powerpoint,
application/msword, application/x-silverlight, application/x-shockwave-flash, */*
Referer: <a href="http://www.      .cn/">http://www.      .cn/</a> Accept-Language: zh-cn
Accept-Encoding: gzip, deflate
User-Agent: Mozilla/4.0 (compatible; MSIE 6.0; Windows NT 5.1; SV1; .NET CLR 2.0.50727;
TheWorld)
Host: <a href="http://www.      .cn">www.      .cn</a> Connection: Keep-Alive
Cookie: PREF=ID=80a06da87be9ae3c:U=f7167333e2c3b714:NW=1:TM=1261551909:LM=1261551917:S=
ybYcq2wpfefs4V9g;
NID=31=ojj8d-IygaEtSxLgaJmqSjVhCspkviJrB6omjamNrSm8lZhKy_yMfO2M4QMRKcH1g0iQv9u-2h
fBW7bUFwVh7pGaRUb0RnHcJU37y-FxlRugatx63JLv7CWMD6UB_O_r
```

可以看到，GET 方法的请求一般不包含"请求正文"部分，请求数据以地址的形式表现在请求行中。地址链接如下。

```
<a href="http://www.      .cn/search?hl=zh-CN&source=hp&q=domety&aq=f&oq=">
http://www.      .cn/search?hl=zh-CN&source=hp&q=domety&aq=f&oq=</a>
```

地址中"?"之后的部分就是通过 GET 发送的请求数据，可以在地址栏中清楚看到，各个数据之间用"&"符号隔开。显然，这种方式不适合传送私密数据。另外，由于不同的浏览器对地址的字符限制也有所不同，一般最多只能识别 1024 个字符，因此如果需要传送大量数据，则 GET 方法不适用。

② POST

对于上面提到的不适合使用 GET 方法的情况，可以考虑使用 POST 方法。由于 POST 不是通过 URL 传值，理论上数据不受限，但实际各个 Web 服务器会规定对 POST 提交数据的大小进行限制。POST 方法将请求参数封装在 HTTP 请求正文中，以名称/值的形式出现。

【例 12-6】 以上述搜索 domety 为例，给出如下 POST 请求格式。

```
POST /search HTTP/1.1
Accept: image/gif, image/x-xbitmap, image/jpeg, image/pjpeg, application/vnd.ms-excel,
application/vnd.ms-powerpoint,
```

```
application/msword, application/x-silverlight, application/x-shockwave-flash, */*
Referer: <a href="http://www.▮▮▮▮.cn/">http://www.▮▮▮▮.cn/</a> Accept-Language: zh-cn
Accept-Encoding: gzip, deflate
User-Agent: Mozilla/4.0 (compatible; MSIE 6.0; Windows NT 5.1; SV1; .NET CLR 2.0.50727;
TheWorld)
Host: <a href="http://www.▮▮▮▮.cn">www.▮▮▮▮.cn</a> Connection: Keep-Alive
Cookie: PREF=ID=80a06da87be9ae3c:U=f7167333e2c3b714:NW=1:TM=1261551909:LM=1261551917:
S=ybYcq2wpfefs4V9g;
NID=31=ojj8d-IygaEtSxLgaJmqSjVhCspkviJrB6omjamNrSm8lZhKy_yMfO2M4QMRKcH1g0iQv9u-2h
fBW7bUFwVh7pGaRUb0RnHcJU37y-FxlRugatx63JLv7CWMD6UB_O_r
hl=zh-CN&source=hp&q=domety
```

可以看到，POST 方法请求行中不包含数据字符串，这些数据被保存在"请求正文"部分，各数据之间也是使用"&"符号隔开。POST 方法多用于页面的表单中。由于 POST 也能完成 GET 的功能，因此多数人在设计表单时通常都会使用 POST 方法。

2. HTTP 响应报文

HTTP 响应报文的格式与请求报文的格式十分类似，HTTP 响应报文主要由状态行、响应头部、空白行、响应正文 4 部分组成，如图 12-9 所示。响应报文与请求报文相比，唯一真正的区别在于第一行中用状态信息代替了请求信息。

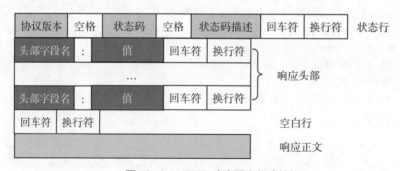

图 12-9　HTTP 响应报文组成结构

（1）状态行

状态行（status line）通过提供一个状态码来说明所请求的资源情况。状态行由 3 部分组成，分别为协议版本、状态码、状态码描述，3 者之间由空格分隔。

状态码为 3 位数字，200～299 的状态码表示成功，300～399 的状态码表示资源重定向，400～499 的状态码表示客户端请求出错，500～599 的状态码表示服务端出错（向 HTTP/1.1 中引入了信息状态码，范围为 100～199）。常见的状态码如表 12-6 所示。

表 12-6　常见的状态码

状态码	说明
200	(OK)：响应成功
301	永久重定向，搜索引擎将删除源地址，保留重定向地址

状态码	说明
302	暂时重定向，重定向地址由响应头中的 Location 属性指定
304	(NOT MODIFIED)：缓存文件并未过期，还可继续使用，无须再次从服务端获取
400	客户端请求有语法错误，不能被服务端识别
403	(FORBIDDEN)：服务端接收到请求，但是拒绝提供服务（认证失败）
404	(NOT FOUND)：请求资源不存在
500	服务端内部错误

（2）响应头部

响应头部也是协议的集合，由关键字/值对组成，每行一对，关键字和值用英文冒号 ":" 分隔。常见的响应头如表 12-7 所示。

表 12-7　常见的响应头

响应头	说明
Server	服务器主机信息
Date	响应时间
Last-Modified	文件最后修改时间
Content-Type	响应正文的数据类型，如 text/html、image/png 等
Location	重定向，浏览器遇到这个选项会立马跳转（不会解析后面的内容）
Refresh	重定向（刷新），浏览器遇到这个选项会准备跳转，刷新一般有时间限制，时间到了才跳转；跳转后浏览器会继续向下解析
Content-Length	响应正文长度
Content-Encoding	响应正文使用的编码格式
Content-Language	响应正文使用的语言

（3）空白行

最后一个响应头之后是一个空白行，包含回车符和换行符，表示以下不再是响应头的内容。

（4）响应正文

响应正文是服务端返回给浏览器的响应信息。

【例 12-7】　HTTP 响应报文举例。

```
HTTP/1.1 200 OK
Accept-Ranges: bytes
Cache-Control: no-cache
Connection: Keep-Alive
Content-Length: 227
Content-Type: text/html
Date: Wed, 02 Oct 2019 02:56:46 GMT
Etag: "5d7f08a7-e3"
Last-Modified: Mon, 16 Sep 2019 03:59:35 GMT
Pragma: no-cache
Server: BWS/1.1
```

```
Set-Cookie: BD_NOT_HTTPS=1; path=/; Max-Age=300
Strict-Transport-Security: max-age=0
X-Ua-Compatible: IE=Edge,chrome=1
<html>
<head>
<script>
location.replace(location.href.replace("https://","http://"));
</script>
</head>
<body>
<noscript><meta http-equiv="refresh" content="0;url=http://www.████.com/"></noscript>
</body>
</html>
```

在本例中，状态行给出的 HTTP 状态代码 200 以及状态码描述 OK。

在状态行之后是一些响应头部。通常，服务端会返回一个名为 Date 的头部，用来说明响应生成的日期和时间（服务端通常还会返回一些关于自身的信息，尽管它们并非是必需的）。下面还有 Content-Length 和 Content-Type 两个头部。

所有响应头部的下面都是空白行。

空白行下面是响应正文，其所包含的就是所请求资源的 HTML 源文件（尽管还可能包含纯文本或其他资源类型的二进制数据），浏览器将会把这些数据显示给用户。

注 意 这里并没有指明针对该响应的请求类型，不过这对于服务端来说并不重要。客户端知道每种类型的请求将返回什么类型的数据，并决定如何使用这些数据。

12.5.4 使用 requests 库实现 HTTP 请求

requests 库是第三方库，在使用之前，需要先使用 pip install requests 安装它。requests 库的 7 个主要方法如表 12-8 所示。

表 12-8 requests 库的 7 个主要方法

方法	说明
request(method,url,**kwargs)	创建一个 Request 请求对象，返回一个 Response 对象。method：创建 Request 对象要使用的 HTTP 方法，包括 GET、POST、PUT、DELETE 等；url：创建 Request 对象的 URL 链接；**kwargs：13 个控制访问的可选参数
get(url)	获取 HTML 网页，对应于 HTTP 的 GET（请求 URL 位置的资源），url 为拟获取页面的 URL 链接
head(url)	获取 HTML 网页头部信息，对应于 HTTP 的 HEAD（请求 URL 位置的资源的头部信息）
post()	向 HTML 网页提交 POST 请求的方法，对应于 HTTP 的 POST（请求向 URL 位置的资源附加新的数据）
put()	向 HTML 网页提交 PUT 请求的方法，对应于 HTTP 的 PUT（请求向 URL 位置存储一个资源，覆盖原来 URL 位置的资源）
patch()	向 HTML 网页提交局部修改的请求，对应于 HTTP 的 PATCH（请求局部更新 URL 位置的资源）
delete()	向 HTML 网页提交删除请求，对应于 HTTP 的 DELETE（请求删除 URL 位置存储的资源）

request()方法有 13 个控制访问的可选参数，其中主要的可选参数如表 12-9 所示。

表 12-9　request()方法控制访问的主要可选参数

主要可选参数	说明
params	将字典或字节序列作为参数添加到 url 中，如 requests.request('GET', 'https://www.███.com', params={'key1': 'value1','key2':'value2'})，相当于访问了'https://www.███.com?key1=value1&key2=value2' 这个 URL
data	将字典、字节序列或者文件对象作为 Request 的内容
json	将 JSON 格式的数据作为 Request 的内容
headers	将字典作为 HTTP 定制头
files	字典类型，传输文件，files={'file':open('data.xls', 'rb')

1. requests.request()函数创建请求对象

函数的语法格式如下。

```
requests.request(method,url,**kwargs)
```

参数说明如下。

- method：创建 Request 请求对象要使用的 HTTP 方法，包括 GET、POST、PUT、DELETE 等。
- url：创建 Request 对象的 URL 链接。
- **kwargs：13 个控制访问的可选参数。
- 函数功能：创建 Request 请求对象并返回。

使用 requests 库的 7 个主要方法后，会返回一个 Response 对象，其存储了服务端响应的内容。Response 对象的主要属性如表 12-10 所示。

表 12-10　Response 对象的主要属性

属性	说明
status_code	HTTP 请求返回的状态，200 表示成功
text	HTTP 响应内容的字符串形式，即 url 对应的页面内容
encoding	从 HTTP header 中猜测的响应内容编码方式
apparent_encoding	从内容中分析出的响应内容编码方式（备选编码方式）
content	HTTP 响应内容的二进制形式
headers	HTTP 响应内容的头部信息
url	HTTP 响应的 url 地址，str 类型
cookies	获取响应中的 Cookie

【例 12-8】　requests. request ()函数使用举例。

```
>>> import requests
>>> kv={'wd':'requests'}
#将字典 kv 作为参数添加到'https://www.███.com'中
>>> r=requests.request('GET', 'https://www.███.com', params=kv) #创建 Request 对象
>>> print(r.url)
https://www.███.com/?wd=requests
```

```
#将字典 kv 作为 Request 的内容
>>> r1=requests.request('POST', 'https://www.▇▇▇▇.com', data=kv) #创建 Request 请求对象
>>> print(r1.encoding)          #从 HTTP header 中猜测的响应内容编码方式
ISO-8859-1
>>> print(r1.status_code)       #HTTP 请求的返回状态
302
```

2. requests.get()函数获取网页

函数的语法格式如下。

```
requests.get(url, params = None, **kwargs)
```

参数说明如下。

- url：拟获取页面的 URL 链接。
- params：在 url 中增加的额外参数，格式为字典或者字节流，此参数是可选的。
- **kwargs：其他 12 个控制访问的参数也是可选的。
- 函数功能：构造一个向服务端请求资源的 Request 对象，并返回一个包含服务端所有相关资源的 Response 响应对象。

【例 12-9】 requests.get()函数使用举例。（12-9.py）

```
import requests
param={'wd':'Python'}
r=requests.get('http://www.▇▇▇▇.com/s', params=param)
print(r.url)
```

执行 12-9.py 程序文件得到的输出结果如下。

```
http://www.▇▇▇▇.com/s?wd=Python
```

3. requests.head()函数获取 HTML 网页的头部信息

函数的语法格式如下。

```
requests.head(url,**kwargs)
```

参数说明如下。

- url：拟获取页面的 URL 链接。
- **kwargs：12 个控制访问的参数。

```
>>> import requests
>>> r = requests.head("https://www.▇▇▇▇.com/mzc1997/p/7813801.html")
>>> r.headers
{'Date': 'Wed, 02 Oct 2019 14:21:10 GMT', 'Content-Type': 'text/html; charset=utf-8',
'Connection': 'keep-alive', 'Allow': 'GET, POST'}
```

4. requests.post()函数向 HTML 网页提交 POST 请求

函数的语法格式如下。

```
requests.post(url,data=None,json=None,**kwargs)
```

参数说明如下。

- url：拟获取页面的 URL 链接。

- data：字典、字节序列或文件，Request 的内容。
- json：JSON 格式的数据，Request 的内容。
- **kwargs：12 个控制访问的参数。

【例 12-10】　requests. post ()函数使用举例。（12-10.py）

```
import requests
data={"username":"XiaoWang","password":"123456"}
#httpbin.org 这个网站能测试 HTTP 请求和响应的各种信息
r = requests.post(url="http://        .org/post",data=data)   #带数据的 post
print (r.text)
```

执行 12-10.py 程序文件得到的输出结果如下。

```
{
  "args": {},
  "data": "",
  "files": {},
  "form": {
    "password": "123456",
    "username": "XiaoWang"
  },
  "headers": {
    "Accept": "*/*",
    "Accept-Encoding": "gzip, deflate",
    "Content-Length": "33",
    "Content-Type": "application/x-www-form-urlencoded",
    "Host": "httpbin.org",
    "User-Agent": "python-requests/2.22.0"
  },
  "json": null,
  "origin": "117.156.221.16, 117.156.221.16",
  "url": "https://        .org/post"
}
```

【例 12-11】　带参数的 requests.post ()函数使用举例。（12-11.py）

```
import requests
URL = "https://www.        .com"
param ={'wd':'requests'}
r = requests.post(url=URL,params=param)
print (r.url)
```

执行 12-11.py 程序文件得到的输出结果如下。

```
https://www.        .com/?wd=requests
```

12.5.5　Cookie

Cookie 和 Session 都用来保存网络状态信息和客户端状态的机制，最终都是为了解决 HTTP
无状态的问题。对于爬虫开发来说，关注更多的是 Cookie，因为 Cookie 将状态保存在客户端，

而 Session 将状态保存在服务端。

Cookies 是指某些网站为了辨别用户身份而存储在用户本地终端上的数据。Cookies 是一段键-值对形式的字符串，各个 Cookie 之间用分号加空格隔开。用户访问某网站时，浏览器就会通过 HTTP 将本地与该网站相关的 Cookie 发送给网站服务器，从而完成登录验证。

Cookie 存在有效期，默认有效期为从 Cookie 生成到浏览器关闭。Cookie 的有效期也可以自行定义，一旦超过规定时间，目标 Cookie 就会被系统自动清除。

```
>>> import requests
>>> url = "https://fanyi.████.com"
>>> res = requests.get(url)
>>> res.cookies
<requestsCookieJar[Cookie(version=0, name='BAIDUID', value='B92A4918BA6DF852AC5F0BB250BE0C34:
FG=1', port=None, port_specified=False, domain='.baidu.com', domain_specified=True,
domain_initial_dot=True, path='/', path_specified=True, secure=False, expires=1601624698,
discard=False, comment=None, comment_url=None, rest={}, rfc2109=True), Cookie(version=0,
name='locale', value='zh', port=None, port_specified=False, domain='.baidu.com', domain_
specified= True, domain_initial_dot=True, path='/', path_specified=True, secure=False,
expires=1596008696, discard=False, comment=None, comment_url=None, rest={}, rfc2109=
False)]>
```

12.5.6　使用 requests 库简单获取网页内容

```
import requests
#请求的首部信息
headers = {'user-agent': 'Mozilla/5.0 (Windows NT 10.0; Win64; x64) AppleWebKit/537.36
(KHTML, like Gecko) Chrome/65.0.3325.146 Safari/537.36'}
url = 'https://sports.████.com/zc/'              #网易体育中超新闻
#利用 requests 模块的 get()方法，对指定的 url 发起请求
res = requests.get(url, headers=headers)       #返回一个 Response 对象
#通过 Response 对象的 text 属性获取网页的文本信息
print(res.text)
```

在上面的代码中，向网易的服务器发送了一个 GET 请求，以获取网易体育中超新闻。headers 参数指定 HTTP 请求的头部信息，请求的 URL 对应的资源是网易体育中超新闻的首页。获取对应的网页资源之后，即可从中提取感兴趣的信息。

习题 12

1. TCP 和 UDP 的主要区别是什么？
2. Socket 有什么用途？
3. 简述开发 TCP 程序的过程。
4. 简述开发 UDP 程序的过程。
5. 编写获取本机 IP 地址的程序。

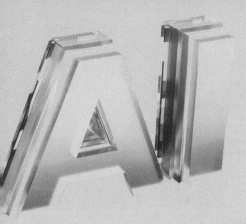

第 13 章

网络爬虫

随着大数据时代的到来，网络爬虫在互联网中的地位越来越重要。人们利用爬虫技术可以下载感兴趣的图片、文章，可以自动地完成很多需要人工完成的工作。本章将首先介绍网络爬虫的概念以及如何通过 Beautiful Soup 库解析 HTML 或 XML，即从网页中提取数据；然后介绍如何使用 urllib 库来开发最简单的网络爬虫，最后给出一个用 requests 库爬取京东小米手机评论的网络爬虫综合案例。

13.1　网络爬虫概述

13.1.1　网页的概念

网页是构成网站的基本元素，通俗地说，网站就是由网页组成的。网页是一个包含 HTML 标签的纯文本文件，它可以存放于世界上某个角落的某一台计算机中，是万维网中的一"页"，具有超文本标记语言格式（文件扩展名为.html 或.htm），通过网页浏览器来阅读。文字与图片是构成网页的两个最基本的元素，除此之外，网页的元素还包括动画、音乐、程序等。

在网页上单击鼠标右键，选择菜单中的"查看源文件"，就可以通过记事本看到网页的实际内容。可以看到网页实际上只是一个纯文本文件。它通过各式各样的标记对页面上的文字、图片、表格、声音等元素进行描述（如字体、颜色、大小等），而浏览器则对这些标记进行解释并生成页面，于是就可以得到现在所看到的画面了。为什么在源文件中看不到任何图片呢？这是因为网页文件中存放的只是图片的链接位置，而图片文件与网页文件是互相独立存放的，甚至可以存放在不同的计算机上。

13.1.2　网络爬虫工作流程

网络爬虫（又称作网页蜘蛛、网络机器人），是一种按照一定的规则，自动地抓取万维网信息的程序或者脚本。通俗地讲，就是用户通过向需要的 URL 发出 HTTP 请求，获取该 URL 对应的 HTTP 报文主体内容，之后在该报文主体内容中提取所需要的信息。爬虫的基本工作流程如下。

1. 发起请求

向目标站点发起请求，创建 Request 请求对象，请求可以包含额外的 header 等信息，等待服务器响应。

2. 获取响应内容

如果服务器能正常响应，则返回一个 Response 对象，Response.text 的内容便是所要获取的页面内容。

3. 解析内容

得到的内容可能是 HTML，可以用正则表达式、页面解析库等对其进行解析；解析所得内容可能是 JSON 格式的数据，可将其直接转换为 JSON 对象。

4. 保存数据

数据的保存形式多样，可以保存为文本，也可以保存为特定格式的文件。

13.2　通过 Beautiful Soup 库提取网页信息

Beautiful Soup 库是 Python 的一个 HTML 或 XML 的解析库，可以用来从网页中提取数据，

即从被标记的信息中识别出标记信息。Beautiful Soup 库提供了很多解析 HTML 的方法，可以帮助用户方便地提取所需要的内容。在 Beautiful Soup 中，用户最常用的方法就是 find() 和 find_all()，借助这两个方法，用户可以轻松地获取所需要的标签或者标签组。

13.2.1　Beautiful Soup 库的安装

Beautifu Soup 库是一个非常优秀的 Python 第三方库，可以很好地对 HTML 进行解析并提取其中的信息。可通过"pip install beautifulsoup4"安装 Beautifu Soup 库。

13.2.2　Beautiful Soup 库的导入

Beautiful Soup 库，也叫作 beautifulsoup4 或 bs4，使用 Beautiful Soup 库，主要是使用其中的 BeautifulSoup 类。

```
from bs4 import BeautifulSoup    #导入 BeautifulSoup 类
```

假设 html_doc 是已经下载的网页文件，要想从中解析并获取感兴趣的内容，可先通过 BeautifulSoup(html_doc,***)方法将文件 html_doc 按指定的解析器***转换成一个 BeautifulSoup 对象（HTML 文件的标签树）。BeautifulSoup()方法除了支持 Python 标准库中的 HTML 解析器外，还支持第三方解析器，如 lxml。BeautifulSoup()支持的解析器以及它们的优缺点如表 13-1 所示。

表 13-1　Beautiful Soup()支持的解析器以及它们的优缺点

解析器	语法格式	说明
Python 标准库中的 HTML 解析器	BeautifulSoup(markup,"html.parser")	速度适中，容错能力强
lxml HTML 解析器	BeautifulSoup(markup,"lxml")	速度快，容错能力强
lxml XML 解析器	BeautifulSoup(markup,"xml")	速度快，支持 XML 的解析
html5lib 解析器	BeautifulSoup(markup,"html5lib")	具有最好的容错性，以浏览器方式解析文档，生成 HTML5 格式的文档，速度比较慢

13.2.3　BeautifulSoup 类的基本元素

Beautiful Soup 通过 BeautifulSoup(html_doc,***)方法将 HTML 文件 html_doc 按指定的解析器***转换成一个 BeautifulSoup 对象（HTML 文件的标签树），每个节点都是 Python 对象，具体可归纳为 5 种：Tag、Name、Attributes、NavigableString、Comment，它们的具体说明如表 13-2 所示。

表 13-2　BeautifulSoup 类的基本元素

基本元素	说明
Tag	标签，最基本的信息组织单元，分别用<>和</>标明开头和结尾
Name	标签的名字，<p>…</p>的名字是"p"，格式：<tag>.name
Attributes	标签的属性，字典形式组织，格式：<tag>.attrs
NavigableString	标签内非属性字符串，<>…</>中…字符串，格式：<tag>.string
Comment	标签内字符串的注释部分

标签（Tag）是最基本的信息组织单元，分别用<>和</>标明开头和结尾，标签的组成以及相关内容的获取方式如图 13-1 所示。任何存在于标签树中的标签的相关内容"＿＿"都可以用"beautifulsoup 对象.＿＿"访问获得，当标签树中存在多个相同的内容时，"beautifulsoup 对象.＿＿"只返回第 1 个。如果想得到所有标签，则可使用 find_all()方法。find_all()方法返回的是一个序列，可以对它进行循环，依次得到想要的内容。

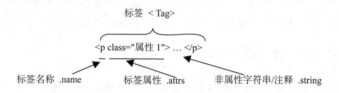

图 13-1　标签的组成以及相关内容的获取方式

【**例 13-1**】　输出一个 BeautifulSoup 类对象的组成元素。

```
>>> from bs4 import BeautifulSoup
#待分析字符串
>>> html_doc = """
<html>
    <head>
        <title>这是网页的标题</title>
    </head>
    <body>
    <p class="标题属性">
        <b>
            这是网页的标题
        </b>
    </p>
    </body>
</html>
"""
>>> soup = BeautifulSoup(html_doc)  #用 html_doc 字符串创建 beautifulsoup 对象
>>> print(soup.prettify())           #HTML 文件的格式化输出，便于人们分析网页
<html>
 <head>
  <title>
   这是网页的标题
  </title>
 </head>
 <body>
  <p class="标题属性">
   <b>
    这是网页的标题
   </b>
  </p>
 </body>
</html>
```

```
>>> print(soup.title)                #输出 title 标签
<title>这是网页的标题</title>
>>> print(soup.title.name)           #输出 title 标签的标签名称
title
>>> print(soup.title.string)         #输出 title 标签的非属性内容
这是网页的标题
>>> print(soup.title.parent.name)    #输出 title 标签的父标签的标签名称
head
>>> print(soup.p['class'])           #输出 p 标签的 class 属性内容
['标题属性']
>>> print(soup.get_text())           #获取所有文字内容
这是网页的标题
            这是网页的标题
>>> soup.p.attrs                     #输出 p 标签的属性
{'class': ['标题属性']}
```

13.2.4 HTML 内容搜索

HTML 的英文全称是 Hypertext Marked Language，即超文本标记语言。超文本是一种组织信息的方式，它通过超级链接方法将文本中的文字、图表等与其他信息媒体相关联。这些相互关联的信息媒体可能在同一文本中，也可能在不同文件中，如地理位置相距遥远的两台计算机上的文件中。使用 HTML 语言，将所需要表达的信息按某种规则写成 HTML 文件，通过专用的浏览器来识别，并将这些 HTML 文件"翻译"成可以识别的信息，即通常所见到的网页。

HTML 文件是由各种 HTML 元素组成的，如<html>…</html>定义 HTML 文件，<head>…</head>定义 HTML 文件头部，<title>…</title>定义 HTML 文件的标题，<body>…</body>定义 HTML 文件可见的页面内容，<!--……-->定义 HTML 文件的注释，<p>…</p>定义 HTML 文件的段落，这些元素都是通过尖括号"<>"组成的标签形式来表现的。HTML 标签是由一对尖括号"<>"及标签名组成的。标签分为"起始标签"和"结束标签"两种，两者的标签名称是相同的，只是结束标签多了一个斜杠"/"，具体如图 13-1 所示。<p>为起始标签，</p>为结束标签，"p"为标签名称，它是英文"paragraph"（段落）的缩写。

Beautiful Soup 通过 BeautifulSoup(html_doc)方法将 HTML 文件 html_doc 转换成一个 BeautifulSoup 对象（HTML 文件的标签树），具体来说，<>…<>构成了所属关系，形成了标签的树形结构。标签树举例如图 13-2 所示。

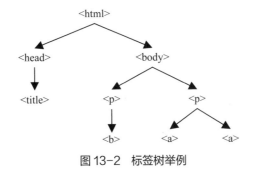

图 13-2 标签树举例

最常用的搜索标签树的函数是 find_all()，其语法格式如下。

```
< >.find_all( name , attrs , recursive, text, limit=None,**kwargs )
```

函数功能：find_all()方法搜索当前 Tag 的所有子节点，并判断是否符合过滤器的条件。

参数说明如下。

- name：该参数可以查找所有名字为 name 的 Tag，该参数的数据类型为字符串。
- attrs：对标签属性值的检索。
- recursive：是否对子孙全部检索，默认为 True。
- text：通过 text 参数可以搜索文档中的字符串内容。
- limit：限制返回结果的数量。

【例 13-2】 find_all()函数使用举例。

```python
>>> from bs4 import BeautifulSoup
>>> import re
>>> # 待分析字符串
>>> html_doc = """
<html>
    <head>
        <title>这是网页的标题</title>
    </head>
    <body>
    <p class="标题属性">
        <b>
            这是网页的标题
        </b>
    </p>
    </body>
    <head>
        <title>这是网页的内容</title>
    </head>
    <body>
    <p class="内容属性">
        <b>
            这是网页的内容
        </b>
    </p>
    </body>
</html>
"""
>>> soup = BeautifulSoup(html_doc)    #用 html_doc 字符串创建 beautifulsoup 对象
>>> soup.find_all('p')                #检索 p 标签，输出了一个列表的类型
[<p class="标题属性">
        <b>
            这是网页的标题
        </b>
</p>, <p class="内容属性">
        <b>
```

```
              这是网页的内容
        </b>
</p>]
>>> soup.find_all(['head', 'p'])                    #检索 head, p 标签
[<head>
<title>这是网页的标题</title>
</head>, <p class="标题属性">
        <b>
              这是网页的标题
        </b>
</p>, <head>
<title>这是网页的内容</title>
</head>, <p class="内容属性">
        <b>
              这是网页的内容
        </b>
</p>]
>>> soup.find_all('p', attrs={'class': '内容属性'})   #输出带有内容属性的 p 标签
[<p class="内容属性">
        <b>
              这是网页的内容
        </b>
</p>]
>>> soup.find_all('p', class_='内容属性')              #class 是关键字, 因此后面加了_
[<p class="内容属性">
        <b>
              这是网页的内容
        </b>
</p>]
>>> soup.find_all(text="这是网页的标题")               #通过 text 参数搜索文档中的字符串内容
['这是网页的标题']
>>> soup.find_all(text=re.compile("这是"))            #使用了正则表达式, 返回一个列表
['这是网页的标题', ' \n 这是网页的标题\n ', '这是网页的内容', ' \n 这是网页的内容\n ']
```

13.3　使用 urllib 库开发简单的爬虫

urllib 库是 Python 的标准库, 提供了一系列用于操作 URL 的功能, 是爬虫时经常使用的一个库。它主要包含以下 4 个模块。

● urllib.request: 基本的 HTTP 请求模块, 可以模拟浏览器向目标服务器发送请求, 然后返回 HTTP 的响应。

● urllib.error: 异常处理模块, 可以捕获请求中的异常, 然后进行重试或其他操作, 以保证程序不会意外终止。

● urllib.parse: URL 解析模块。

● urllib.robotpaser: 主要用来识别网站中的 robots.txt 文件, 判断哪些网站可以"爬", 哪些不可以"爬"。

13.3.1 发送不带参数的 GET 请求

使用 GET 方法时，请求数据直接放在 URL 中。例 13-3 展示了抓取京东网站首页并输出响应内容。

【例 13-3】 利用 request 模块抓取京东网站首页。

```
import urllib.request
#通过 urlopen()方法发送请求到 https://www.▇.com，返回的数据存放在 response 变量里
response = urllib.request.urlopen('https://www.▇.com')
#调用 response 对象的 read()方法以读取对象的内容，并以 utf-8 的格式显示出来
print(response.read().decode('utf-8'))
```

注意　使用 read()方法读出来的是字节流，需要用 decode("utf-8")对读取的字节流进行解码（decode），以显示正确的字符串，这是因为大多数网站都是 utf-8 格式的。

response 对象主要包含 read()、readinto()、getheader(name)、getheaders()、fileno()等方法，以及 msg、version、status、reason、debuglevel、closed 等属性。

【例 13-4】 利用 request 模块抓取百度首页。

```
import urllib.request
response = urllib.request.urlopen('http://www.▇.com')
print(response.status)                    #打印状态码信息
#打印响应的头部信息，内容包括服务器类型、时间、文本内容、连接状态等
print(response.getheaders())
print(response.getheader('Server'))       #获取头部中的服务器数据
print(response.geturl())                  #获取响应的 URL
```

执行上述代码得到的输出结果如下。

```
200
[('Bdpagetype', '1'), ('Bdqid', '0xbfe15b79000fd735'), ('Cache-Control', 'private'),
('Content-Type', 'text/html'), ('Cxy_all', 'baidu+6434ae5b74be22c6cd61508f33879e34'),
('Date', 'Sun, 18 Aug 2019 10:48:28 GMT'), ('Expires', 'Sun, 18 Aug 2019 10:48:05 GMT'),
('P3p', 'CP=" OTI DSP COR IVA OUR IND COM "'), ('Server', 'BWS/1.1'), ('Set-Cookie',
'BAIDUID=EB00EAC19B2224A6EF1B2DACED799B27:FG=1; expires=Thu, 31-Dec-37 23:55:55 GMT;
max-age=2147483647; path=/; domain=.baidu.com'), ('Set-Cookie', 'BIDUPSID=
EB00EAC19B2224A6EF1B2DACED799B27; expires=Thu, 31-Dec-37 23:55:55 GMT; max-age=2147483647;
path=/; domain=.baidu.com'), ('Set-Cookie', 'PSTM=1566125308; expires=Thu, 31-Dec-37
23:55:55 GMT; max-age=2147483647; path=/; domain=.baidu.com'), ('Set-Cookie',
'delPer=0; path=/; domain=.baidu.com'), ('Set-Cookie', 'BDSVRTM=0; path=/'), ('Set-Cookie',
'BD_HOME=0; path=/'), ('Set-Cookie', 'H_PS_PSSID=1996_1437_21086_29523_29520_29098_29567_
8834_29221_26350; path=/; domain=.baidu.com'), ('Vary', 'Accept-Encoding'), ('X-Ua-
Compatible', 'IE=Edge,chrome=1'), ('Connection', 'close'), ('Transfer-Encoding', 'chunked')]
BWS/1.1
http://www.▇.com
```

13.3.2 模拟浏览器发送带参数的 GET 请求

在之前案例中，使用 urlopen 方法打开一个实际链接 URL，实际上该方法还能打开一个

Request 对象。两者看似没有什么区别，但实际在开发爬虫的过程中，通常会先构建 Request 对象，再通过 urlopen 方法发送请求。这是因为构建的 request_url 可以包含 GET 参数或 POST 数据以及头部信息，这些信息是普通的 URL 所不能包含的。之所以要添加请求头 headers，是因为很多网站服务器有反爬机制，不带请求头的访问通常会被认为是爬虫，从而被禁止访问。在例 13-5 中，向 CSDN 网站搜索页面模拟发送带参数的 GET 请求，请求参数是 "q=Python 基础语法"，返回数据是搜索结果。

【例 13-5】 向 CSDN 网站搜索页面模拟发送带参数的 GET 请求，请求参数是 "q=Python 基础语法"。

```
import urllib.request
import urllib.parse
url = 'https://so.▇▇▇.net/so/search/s.do'
params = {'q':'Python 基础语法', }
header = {'User-Agent': 'Mozilla/5.0 (Windows NT 10.0; Win64; x64) AppleWebKit/537.36
(KHTML, like Gecko) Chrome/65.0.3325.146 Safari/537.36'}
#使用 urlencode 方法对传递的 URL 参数进行编码
encoded_params = urllib.parse.urlencode(params)
#构造请求的 URL 地址，添加参数到 URL 后面
#拼装后的 URL 地址是 https://so.▇▇▇.net/so/search/s.do?q=Python 基础语法
request_url = urllib.request.Request(url + '?' + encoded_params, headers=header)
response = urllib.request.urlopen(request_url)
print(response.read().decode('utf-8'))
```

13.3.3 URL 解析

urllib.parse 模块提供了很多拆分和拼接 URL 的函数。

1. 拆分 URL

URL 拆分指的是将 URL 字符串拆分为多个 URL 组件。拆分 URL 的 urlparse() 函数的语法格式如下。

```
urllib.parse.urlparse(urlstring, scheme ='', allow_fragments = True )
```

函数功能：将 URL 拆分为 6 个组件，返回一个含 6 个元素的元组，6 个元素分别为：协议（scheme）、域名（netloc）、路径（path）、路径参数（params）、查询参数（query）、片段（fragment）。每个元组项都是一个字符串，但可能为空。

参数说明如下。

- urlstring：必填项，即待解析的 URL。
- scheme：默认的协议，只有在 URL 中不包含 scheme 信息时生效。
- allow_fragments：是否忽略 fragment 标识符，设置成 False 就会忽略，这时 URL 将会被解析为 path、parameters 或者 query 的一部分，而 fragment 部分为空。

urlparse() 函数的使用举例如下。

```
>>> from urllib.parse import urlparse
>>> url='https://▇▇▇▇.com/100002757767.html#comment'
>>> parsed_result=urlparse(url)
>>> print('parsed_result 包含了',len(parsed_result),'个元素')
parsed_result 包含了 6 个元素
```

```
>>> parsed_result
ParseResult(scheme='https', netloc='item.jd.com', path='/100002757767.html', params='',
query='', fragment='comment')
```

2. 拼接 URL

urlunparse 可以拼接 URL，这属于 urlparse 的反向操作。它可以将已经分解后的 URL 再组合成一个 URL 地址，示例如下。

```
>>> from urllib.parse import urlunparse
>>> print(urlunparse(parsed_result))
https://www.█████.com/search/?keyword=python
```

除此之外，urllib.parse 还提供了一个 urljoin()函数，使用它可将相对路径的 URL 转换成绝对路径的 URL。

```
>>> from urllib.parse import urljoin
>>> print(urljoin('http://www.█████.com/path/file1.html', 'file2.html'))
http://www.█████.com/path/file2.html
>>> print(urljoin('http://www.█████.com/path/','file3.html'))
http://www.█████.com/path/file3.html
>>> print(urljoin('http://www.█████.com/path/file.html', '../anotherfile.html'))
http://www.█████.com/anotherfile.html
```

13.4 抓取京东网站上小米手机的评论

13.4.1 京东网站页面分析

在京东网站上拟要抓取的小米手机评论页中主要抓取小米手机评论的用户昵称、机身颜色、手机规格以及用户评论内容，并把这些信息保存在本地计算机上。

通常，很多网站会用到 Ajax 和动态 HTML 技术，因而只使用基于静态页面爬取的方法是行不通的，对于动态网站信息的抓取需要使用另外一些方法。

1. 静态网页和动态网页的判断

通常而言，网页中含有"查看更多"字样或者打开网站时下拉才会加载出内容的基本都是动态网页。判断网页是否为动态网页的简便方法是，在浏览器中查看页面相应的内容，当在查看页面源代码而找不到该内容时，就可以确定该页面使用了动态技术。

2. 静态网页和动态网页抓取方法

静态网页抓取方法：当判断网页是静态网页后，利用该网页的 URL 即可获得该网页的信息。

动态网页抓取方法：当判断网页是动态网页后，需要找到该网页的真实 URL，可通过在网页上单击鼠标右键→单击"检查"→Network，然后从 JS 或者 XHR 中找到动态网页的真实 URL。

下面针对京东网站上小米手机的评论页面进行网页分析，首先在谷歌浏览器中打开目标网页，把网页中的"首先颜值特别好，855 性能绝对能比过 A10! 拍照我很喜欢，像素很好。对小米的系统一直都是情有独钟，小爱同学真的不错，可以和 Siri 媲美了! 快充真的很快，一个小

时就可以充满。无线充电、NFC、红外这些功能更是加分项。总之非常赞的" HTML 信息复制下来。

在浏览器呈现的网页中，右击页面，单击"查看网页源代码"选项，在弹出的 HTML 源码中用"Ctrl+F"组合键调出查询窗口，然后在查询窗口中粘贴复制的 HTML 信息，如图 13-3 所示。但是在 HTML 源代码中却找不到它，因此可以确定该网页是由 JavaScript 动态生成的动态网页。

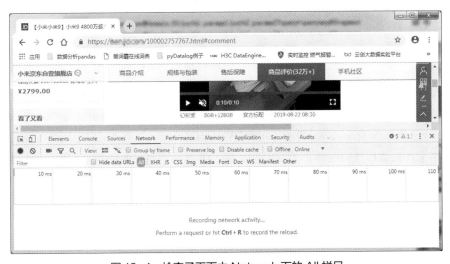

图 13-3　在查询窗口中粘贴复制的 HTML 信息

在确定网页是动态网页后，需要获取在网页响应中由 JavaScript 动态加载而生成的信息，即需要找到产品评论数据接口 URL，然后通过该 URL 获取需要的数据。这里使用 Chrome 浏览器打开京东小米手机评论页面，打开 Chrome 浏览器的"检查"功能，在弹出的检查子页面中选择 Network，然后单击下面的 All，可见 All 栏目下的内容是空的，如图 13-4 所示。

图 13-4　检查子页面中 Network 下的 All 栏目

在网页中单击"下一页"按钮，加载评论数据，这时 All 栏目下面出现了很多请求信息，如图 13-5 所示。

图 13-5　加载评论数据后呈现的请求信息

从图 13-5 中可以看出，这些请求信息大部分都是以 .jpg 结束的图片请求，但也有特别的 URL，因为该网页是由 JavaScript 动态生成的动态网页，所以可以直接查看 Network 中的 JS 或者 XHR，通过查找发现手机评论信息在 JS 的"Preview"标签中，如图 13-6 所示。

图 13-6　小米手机评论的 Preview 信息

在"Headers"标签中可获得的评论数据接口 URL 是"https://████.jd.com/comment/productPage
Comments.action?callback=fetchJSON_comment98vv4882&productId=100002757767&score=0&sor
tType=5&page=0&pageSize=10&isShadowSku=0&rid=0&fold=1"，根据此 URL 就可以获得所需要
的数据。由于评论数据是以分页形式显示的，接下来就需要对页面的真实 URL 进行分析，从该
URL 中可以看到它包含了 page 和 pageSize 这样的关键字。在第 1 页时 page=0、pageSize=10，
然后单击"下一页"按钮或者单击第 2 页，就可以看到 JS 中增加一个请求"https://████.jd.com/
comment/productPageComments.action?callback=fetchJSON_comment98vv4882&productId=100002
757767&score=0&sortType=5&page=1&pageSize=10&isShadowSku=0&rid=0&fold=1"，可以看出
关键字 page 由原来的 0 变成了 1，而 pageSize 未发生变化。再次单击"下一页"按钮，可以看到
page 由 1 变成了 2，而 pageSize 未变。由此可以总结出一个规律：每次翻页，page 都将会变成当
前页的页码数加 1，而 pageSize 不发生变化。根据该规律，即可构造 URL 并进行数据的批量抓取。

13.4.2　编写京东网站上小米手机评论爬虫代码

这里将抓取京东网站上小米手机评论的用户昵称、机身颜色、手机规格以及用户评论内容。将抓取的数据保存为 CSV 格式，通过自定义的函数来存储数据。为防止被京东服务器的反爬虫机制禁止或 IP 被封，需要控制爬虫的抓取速度。

```
#将抓取的评论数据保存成 CSV 文件
comment_file_path='comments.csv'                    #设置存储评论数据的文件路径
#定义存储数据的函数
def csv_writer(item):
#以追加的方式打开一个文件，newline 的作用是防止添加数据时插入空行
    with open(comment_file_path, 'a+', encoding='utf-8', newline='') as csvfile:
        writer = csv.writer(csvfile)
        #以读的方式打开 CSV 文件，然后判断其中是否存在标题，以防止重复写入标题
        with open(comment_file_path,'r',encoding='utf-8',newline='') as f:
            reader=csv.reader(f)            #返回一个 reader 对象
            if not[row for row in reader]:
                writer.writerow(['用户名', '机身颜色', '手机型号','评论内容'])
            else:
                writer.writerow(item)        #写入数据
```

下面定义一个 spider_comment 爬虫函数，负责抓取评论页面并解析。由于产品的评论页面是分页显示的，这里先抓取一个页面的评论。

```
#先分析页面以获得产品评论数据接口 URL，再抓取评论数据
'''定义获取评论页面的函数，其参数 page 表示页数，在 URL 中添加占位符，这样就可以动态修改 URL，抓取
指定的页数'''
#定义抓取评论页面的函数
def spider_comment(page=0):
    print('开始抓取第%d 页' % int(page)) url="https://▓▓▓▓.jd.com/comment/productPage
Comments.action?callback=fetchJSON_comment98vv4694&productId=100002757767&score=
0&sortType=5&page=%s&pageSize=10&isShadowSku=0&rid=0&fold=1"% page
    #定制请求头，告诉服务器是浏览器，防止反爬。
    kv={'Referer': 'https://▓▓▓▓.jd.com/100002757767.html',
        'User-Agent': 'Mozilla/5.0 (Windows NT 6.1; Win64; x64) AppleWebKit/537.36
        (KHTML, like Gecko) Chrome/74.0.3729.157 Safari/537.36'}
    try:
        r = requests.get(url,headers=kv)    #发起一个带请求头的 HTTP 请求
        r.raise_for_status()                #若状态不是 200，则引发 HTTPError 异常
        #将编码方式修改为网页内容解析出来的编码方式，即可以阅读的编码方式
        r.encoding = r.apparent_encoding
    except:
        print('第%d 页抓取失败'%page)
    r_json_str=r.text[26:-2]                            #截取 JSON 数据字符串
    r_json_object=json.loads(r_json_str)               #将字符串转 JSON 对象
    r_json_comments=r_json_object['comments']          #获取评论相关数据
    #遍历评论列表，获取评论对象的相关数据
    for r_json_comment in r_json_comments:
        nickname= r_json_comment['nickname']               #用户名
        productColor= r_json_comment['productColor']       #机身颜色
        productSize= r_json_comment['productSize']          #机身型号
        content= r_json_comment['content']                  #评论内容
        item=[nickname,productColor,productSize,content]    #将抓取的数据组织成列表
        print('正在抓取用户: %s 的评论'% nickname)
        csv_writer(item)                #然后调用 csv_writer 函数以存储数据
```

再接着定义一个 batch_spider_comments()函数来批量抓取手机评论数据，这里抓取了 100 页
数据。

```
#批量抓取手机评论数据
def batch_spider_comments():
    #写入数据前先清空数据
    if os.path.exists(comment_file_path):
        os.remove(comment_file_path)
    for i in range(100):
        spider_comment(i)
        #模拟用户浏览，设置一个爬虫间隔，防止因为抓取太频繁而 IP 被封
        time.sleep(random.random()*2)
```

最后，编写一个主程序来调用 batch_spider_comments()函数，以实现小米手机评论的抓取。

```
if __name__ == "__main__":
    batch_spider_comments()
```

将整个爬虫代码保存为 Jingdong_xiaomi_mobile_phone_review.py 文件，完整代码如下所示。

```
import requests
import json
import os
import csv
import time
import random
#将抓取的评论数据保存成 CSV 文件
comment_file_path='comments.csv'
#定义存储数据的函数
def csv_writer(item):
#以追加的方式打开一个文件，newline 的作用是防止添加数据时插入空行
    with open(comment_file_path, 'a+', encoding='utf-8', newline='') as csvfile:
        writer = csv.writer(csvfile)
        #以读的方式打开 CSV 文件，然后判断其中是否存在标题，以防止重复写入标题
        with open(comment_file_path,'r',encoding='utf-8',newline='') as f:
            reader=csv.reader(f)                    #返回一个 reader 对象
            if not[row for row in reader]:
                writer.writerow(['用户名', '机身颜色', '手机型号', '评论内容'])
            else:
                writer.writerow(item)        #写入数据
#定义抓取评论页面的函数
def spider_comment(page=0):
    print('开始抓取第%d 页' % int(page))
    url="https://██████.jd.com/comment/productPageComments.action?callback=
    fetchJSON_comment98vv4694&productId=100002757767&score=0&sortType=5&page=
    %s&pageSize=10&isShadowSku=0&rid=0&fold=1"% page
    #定制请求头，告诉服务器是浏览器，以防止反爬
    kv={'Referer': 'https://██████.jd.com/100002757767.html',
        'User-Agent': 'Mozilla/5.0 (Windows NT 6.1; Win64; x64) AppleWebKit/537.36
        (KHTML, like Gecko) Chrome/74.0.3729.157 Safari/537.36'}
    try:
        r = requests.get(url,headers=kv)        #发起一个带请求头的 HTTP 请求
        r.raise_for_status()                    #若状态不是 200，则引发 HTTPError 异常
        #修改编码方式为网页内容解析出来的编码方式，即可以阅读的编码方式
        r.encoding = r.apparent_encoding
    except:
```

```
            print('第%d 页爬取失败'%page)
    r_json_str=r.text[26:-2]                              #截取 json 数据字符串
    r_json_object=json.loads(r_json_str)                  #将字符串转换为 json 对象
    r_json_comments=r_json_object['comments']             #获取评论相关数据
    #遍历评论列表，获取评论对象的相关数据
    for r_json_comment in r_json_comments:
        nickname= r_json_comment['nickname']              #用户名
        productColor= r_json_comment['productColor']      #机身颜色
        productSize= r_json_comment['productSize']        #机身型号
        content= r_json_comment['content']                #评论内容
        item=[nickname,productColor,productSize,content]  #将抓取的数据组织成列表
        print('正在抓取用户：%s 的评论'% nickname)
        csv_writer(item)                         #然后调用 csv_writer 函数以存储数据
#批量抓取手机评论数据
def batch_spider_comments():
    #写入数据前先清空数据
    if os.path.exists(comment_file_path):
        os.remove(comment_file_path)
    for i in range(100):
        spider_comment(i)
        #模拟用户浏览，设置一个爬虫间隔，防止因为抓取太频繁而 IP 被封
        time.sleep(random.random()*2)
if __name__ == "__main__":
    batch_spider_comments()
```

Jingdong_xiaomi_mobile_phone_review.py 文件整体执行后将会把抓取的数据存储在 comments.csv 文件中，文件内容如图 13-7 所示。

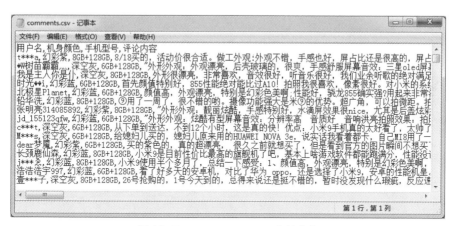

图 13-7　comments.csv 文件内容

习题 13

1. 简述网络爬虫的工作流程。
2. 简述 urllib 库的功能。
3. 简述 Beautiful Soup 库的功能。
4. 编写代码以实现读取新浪网首页的内容。

参考文献

[1] 梁勇. Python 语言程序设计[M]. 李娜，译. 北京：机械工业出版社，2016.

[2] 董付国. Python 可以这样学[M]. 北京：清华大学出版社，2017.

[3] 江红，余青松. Python 程序设计与算法基础教程[M]. 北京：清华大学出版社，2017.

[4] 严蔚敏，李冬梅，吴伟民. 数据结构（C 语言版）[M]. 北京：人民邮电出版社，2015.

[5] 夏敏捷，杨关，张慧档，等. Python 程序设计——从基础到开发[M]. 北京：清华大学出版社，2017.

[6] 曹洁，张志锋，孙玉胜，等. Python 语言程序设计（微课版）[M]. 北京：清华大学出版社，2019.

[7] 周元哲. Python 3.x 程序设计基础[M]. 北京：清华大学出版社，2019.

[8] 谭浩强. C 程序设计（第五版）[M]. 北京：清华大学出版社，2017.